한 한
연산

수학은 마라톤입니다.
지금 여러분은 출발 지점에 서 있습니다.
초등학교 저학년 때는
수학 마라톤을 잘 하기 위해
기초 체력을 튼튼히 길러야 합니다.

한솔 완벽한 연산으로 시작하세요.
마라톤을 잘 뛸 수 있는 완벽한 연산 실력을 키워줍니다.

한솔스쿨

이 책이 궁금해요!

왜 완벽한 연산인가요?

기초 연산은 물론, 학교 연산까지 이 책 시리즈 하나면 완벽하게 끝나기 때문입니다. '한솔 완벽한 연산'은 하루 8쪽씩, 5일 동안 4주분을 학습하고, 마지막 주에는 학교 시험에 완벽하게 대비할 수 있도록 '연산 UP' 16쪽을 추가로 제공합니다.

매일 꾸준한 연습으로 연산 실력을 키우기에 충분한 학습량입니다.

'한솔 완벽한 연산' 하나면 기초 연산도 학교 연산도 완벽하게 대비할 수 있습니다.

몇 단계로 구성되고, 몇 학년이 풀 수 있나요?

모두 6단계로 구성되어 있습니다.

'한솔 완벽한 연산'은 한 단계가 1개 학년이 아닙니다. 연산의 기초 훈련이 가장 필요한 시기인 초등 2~3학년에 집중하여 여러 단계로 구성하였습니다.

이 시기에는 수학의 기초 체력을 튼튼히 길러야 하니까요.

단계	권장 학년	학습 내용
MA	6~7세	100까지의 수, 더하기와 빼기
MB	초등 1~2학년	한 자리 수의 덧셈, 두 자리 수의 덧셈
MC	초등 1~2학년	두 자리 수의 덧셈과 뺄셈
MD	초등 2~3학년	두·세 자리 수의 덧셈과 뺄셈
ME	초등 2~3학년	곱셈구구, (두·세 자리 수)×(한 자리 수), (두·세 자리 수)÷(한 자리 수)
MF	초등 3~4학년	(두·세 자리 수)×(두 자리 수), (두·세 자리 수)÷(두 자리 수), 분수·소수의 덧셈과 뺄셈

책 한 권은 어떻게 구성되어 있나요?

책 한 권은 모두 4주 학습으로 구성되어 있습니다.
한 주는 모두 40쪽으로 하루에 8쪽씩, 5일 동안 푸는 것을 권장합니다.
마지막 5주차에는 학교 시험에 대비할 수 있는 '연산 UP'을 학습합니다.

'한솔 완벽한 연산'도 매일매일 풀어야 하나요?

물론입니다. 매일매일 규칙적으로 연습을 해야 연산 능력이 향상되기 때문입니다.
월요일부터 금요일까지 매일 8쪽씩, 4주 동안 규칙적으로 풀고, 마지막 주에 '연산 UP' 16쪽을 다 풀면 한 권 학습이 끝납니다.
매일매일 푸는 습관이 잡히면 개인 진도에 따라 두 달에 3권을 푸는 것도 가능합니다.

하루 8쪽씩이라구요? 너무 많은 양 아닌가요?

'한솔 완벽한 연산'은 술술 풀면서 잘 넘어가는 학습지입니다.
공부하는 학생 입장에서는 빡빡한 문제를 4쪽 푸는 것보다 술술 넘어가는 문제를 8쪽 푸는 것이 훨씬 큰 성취감을 느낄 수 있습니다.
'한솔 완벽한 연산'은 학생의 연령을 고려해 쪽당 학습량을 전략적으로 구성했습니다. 그래서 학생이 부담을 덜 느끼면서 효과적으로 학습할 수 있습니다.

학교 진도와 맞추려면 어떻게 공부해야 하나요?

이 책은 한 권을 한 달 동안 푸는 것을 권장합니다.
각 단계별 학교 진도는 다음과 같습니다.

단계	MA	MB	MC	MD	ME	MF
권 수	8권	5권	7권	7권	7권	7권
학교 진도	초등 이전	초등 1학년	초등 2학년	초등 3학년	초등 3학년	초등 4학년

초등학교 1학년이 3월에 MB 단계부터 매달 1권씩 꾸준히 푼다고 한다면 2학년이 시작될 때 MD 단계를 풀게 되고, 3학년 때 MF 단계(4학년 과정)까지 마무리할 수 있습니다.

이 책 시리즈로 꼼꼼히 학습하게 되면 일반 방문학습지 못지 않게 충분한 연산 실력을 쌓게 되고 조금씩 다음 학년 진도까지 학습할 수 있다는 장점이 있습니다.

매일 꾸준히 성실하게 학습한다면 학년 구분 없이 원하는 진도를 스스로 계획하고 진행해 나갈 수 있습니다.

'연산 UP'은 어떻게 공부해야 하나요?

'연산 UP'은 4주 동안 훈련한 연산 능력을 확인하는 과정이자 학교에서 흔히 접하는 계산 유형 문제까지 접할 수 있는 코너입니다.
'연산 UP'의 구성은 다음과 같습니다.

1단계		2단계		3단계
4주 학습 총정리 문제	➡	연산력 강화를 위한 연산 활용 문제	➡	연산력 강화를 위한 문장제

'연산 UP'은 모두 16쪽으로 구성되었으므로 하루 8쪽씩 2일 동안 학습하고, 다음 단계로 진행할 것을 권장합니다.

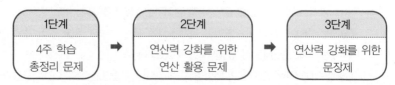

MA 6~7세

권	제목	주차별 학습 내용	
1	20까지의 수 1	1주	5까지의 수 (1)
		2주	5까지의 수 (2)
		3주	5까지의 수 (3)
		4주	10까지의 수
2	20까지의 수 2	1주	10까지의 수 (1)
		2주	10까지의 수 (2)
		3주	20까지의 수 (1)
		4주	20까지의 수 (2)
3	20까지의 수 3	1주	20까지의 수 (1)
		2주	20까지의 수 (2)
		3주	20까지의 수 (3)
		4주	20까지의 수 (4)
4	50까지의 수	1주	50까지의 수 (1)
		2주	50까지의 수 (2)
		3주	50까지의 수 (3)
		4주	50까지의 수 (4)
5	1000까지의 수	1주	100까지의 수 (1)
		2주	100까지의 수 (2)
		3주	100까지의 수 (3)
		4주	1000까지의 수
6	수 가르기와 모으기	1주	수 가르기 (1)
		2주	수 가르기 (2)
		3주	수 모으기 (1)
		4주	수 모으기 (2)
7	덧셈의 기초	1주	상황 속 덧셈
		2주	더하기 1
		3주	더하기 2
		4주	더하기 3
8	뺄셈의 기초	1주	상황 속 뺄셈
		2주	빼기 1
		3주	빼기 2
		4주	빼기 3

MB 초등 1 · 2학년 ①

권	제목	주차별 학습 내용	
1	덧셈 1	1주	받아올림이 없는 (한 자리 수)+(한 자리 수) (1)
		2주	받아올림이 없는 (한 자리 수)+(한 자리 수) (2)
		3주	받아올림이 없는 (한 자리 수)+(한 자리 수) (3)
		4주	받아올림이 없는 (두 자리 수)+(한 자리 수)
2	덧셈 2	1주	받아올림이 없는 (두 자리 수)+(한 자리 수)
		2주	받아올림이 있는 (한 자리 수)+(한 자리 수) (1)
		3주	받아올림이 있는 (한 자리 수)+(한 자리 수) (2)
		4주	받아올림이 있는 (한 자리 수)+(한 자리 수) (3)
3	뺄셈 1	1주	(한 자리 수)−(한 자리 수) (1)
		2주	(한 자리 수)−(한 자리 수) (2)
		3주	(한 자리 수)−(한 자리 수) (3)
		4주	받아내림이 없는 (두 자리 수)−(한 자리 수)
4	뺄셈 2	1주	받아내림이 없는 (두 자리 수)−(한 자리 수)
		2주	받아내림이 있는 (두 자리 수)−(한 자리 수) (1)
		3주	받아내림이 있는 (두 자리 수)−(한 자리 수) (2)
		4주	받아내림이 있는 (두 자리 수)−(한 자리 수) (3)
5	덧셈과 뺄셈의 완성	1주	(한 자리 수)+(한 자리 수), (한 자리 수)−(한 자리 수)
		2주	세 수의 덧셈, 세 수의 뺄셈 (1)
		3주	(한 자리 수)+(한 자리 수), (두 자리 수)−(한 자리 수)
		4주	세 수의 덧셈, 세 수의 뺄셈 (2)

MC 초등 1 · 2학년 ②

권	제목	주차별 학습 내용	
1	두 자리 수의 덧셈 1	1주	받아올림이 없는 (두 자리 수)+(한 자리 수)
		2주	몇십 만들기
		3주	받아올림이 있는 (두 자리 수)+(한 자리 수) (1)
		4주	받아올림이 있는 (두 자리 수)+(한 자리 수) (2)
2	두 자리 수의 덧셈 2	1주	받아올림이 없는 (두 자리 수)+(두 자리 수) (1)
		2주	받아올림이 없는 (두 자리 수)+(두 자리 수) (2)
		3주	받아올림이 없는 (두 자리 수)+(두 자리 수) (3)
		4주	받아올림이 없는 (두 자리 수)+(두 자리 수) (4)
3	두 자리 수의 덧셈 3	1주	받아올림이 있는 (두 자리 수)+(두 자리 수) (1)
		2주	받아올림이 있는 (두 자리 수)+(두 자리 수) (2)
		3주	받아올림이 있는 (두 자리 수)+(두 자리 수) (3)
		4주	받아올림이 있는 (두 자리 수)+(두 자리 수) (4)
4	두 자리 수의 뺄셈 1	1주	받아내림이 없는 (두 자리 수)−(한 자리 수)
		2주	몇십에서 빼기
		3주	받아내림이 있는 (두 자리 수)−(한 자리 수) (1)
		4주	받아내림이 있는 (두 자리 수)−(한 자리 수) (2)
5	두 자리 수의 뺄셈 2	1주	받아내림이 없는 (두 자리 수)−(두 자리 수) (1)
		2주	받아내림이 없는 (두 자리 수)−(두 자리 수) (2)
		3주	받아내림이 없는 (두 자리 수)−(두 자리 수) (3)
		4주	받아내림이 없는 (두 자리 수)−(두 자리 수) (4)
6	두 자리 수의 뺄셈 3	1주	받아내림이 있는 (두 자리 수)−(두 자리 수) (1)
		2주	받아내림이 있는 (두 자리 수)−(두 자리 수) (2)
		3주	받아내림이 있는 (두 자리 수)−(두 자리 수) (3)
		4주	받아내림이 있는 (두 자리 수)−(두 자리 수) (4)
7	덧셈과 뺄셈의 완성	1주	세 수의 덧셈
		2주	세 수의 뺄셈
		3주	(두 자리 수)+(한 자리 수), (두 자리 수)−(한 자리 수) 종합
		4주	(두 자리 수)+(두 자리 수), (두 자리 수)−(두 자리 수) 종합

MD 초등 2 · 3학년 ①

권	제목	주차별 학습 내용	
1	두 자리 수의 덧셈	1주	받아올림이 있는 (두 자리 수)+(두 자리 수) (1)
		2주	받아올림이 있는 (두 자리 수)+(두 자리 수) (2)
		3주	받아올림이 있는 (두 자리 수)+(두 자리 수) (3)
		4주	받아올림이 있는 (두 자리 수)+(두 자리 수) (4)
2	세 자리 수의 덧셈 1	1주	받아올림이 없는 (세 자리 수)+(두 자리 수)
		2주	받아올림이 있는 (세 자리 수)+(두 자리 수) (1)
		3주	받아올림이 있는 (세 자리 수)+(두 자리 수) (2)
		4주	받아올림이 있는 (세 자리 수)+(두 자리 수) (3)
3	세 자리 수의 덧셈 2	1주	받아올림이 있는 (세 자리 수)+(세 자리 수) (1)
		2주	받아올림이 있는 (세 자리 수)+(세 자리 수) (2)
		3주	받아올림이 있는 (세 자리 수)+(세 자리 수) (3)
		4주	받아올림이 있는 (세 자리 수)+(세 자리 수) (4)
4	두·세 자리 수의 뺄셈	1주	받아내림이 있는 (두 자리 수)−(두 자리 수) (1)
		2주	받아내림이 있는 (두 자리 수)−(두 자리 수) (2)
		3주	받아내림이 있는 (두 자리 수)−(두 자리 수) (3)
		4주	받아내림이 없는 (세 자리 수)−(두 자리 수)
5	세 자리 수의 뺄셈 1	1주	받아내림이 있는 (세 자리 수)−(두 자리 수) (1)
		2주	받아내림이 있는 (세 자리 수)−(두 자리 수) (2)
		3주	받아내림이 있는 (세 자리 수)−(두 자리 수) (3)
		4주	받아내림이 있는 (세 자리 수)−(두 자리 수) (4)
6	세 자리 수의 뺄셈 2	1주	받아내림이 있는 (세 자리 수)−(세 자리 수) (1)
		2주	받아내림이 있는 (세 자리 수)−(세 자리 수) (2)
		3주	받아내림이 있는 (세 자리 수)−(세 자리 수) (3)
		4주	받아내림이 있는 (세 자리 수)−(세 자리 수) (4)
7	덧셈과 뺄셈의 완성	1주	덧셈의 완성 (1)
		2주	덧셈의 완성 (2)
		3주	뺄셈의 완성 (1)
		4주	뺄셈의 완성 (2)

ME 초등 2 · 3학년 ②

권	제목	주차별 학습 내용	
1	곱셈구구	1주	곱셈구구 (1)
		2주	곱셈구구 (2)
		3주	곱셈구구 (3)
		4주	곱셈구구 (4)
2	(두 자리 수)×(한 자리 수) 1	1주	곱셈구구 종합
		2주	(두 자리 수)×(한 자리 수) (1)
		3주	(두 자리 수)×(한 자리 수) (2)
		4주	(두 자리 수)×(한 자리 수) (3)
3	(두 자리 수)×(한 자리 수) 2	1주	(두 자리 수)×(한 자리 수) (1)
		2주	(두 자리 수)×(한 자리 수) (2)
		3주	(두 자리 수)×(한 자리 수) (3)
		4주	(두 자리 수)×(한 자리 수) (4)
4	(세 자리 수)×(한 자리 수)	1주	(세 자리 수)×(한 자리 수) (1)
		2주	(세 자리 수)×(한 자리 수) (2)
		3주	(세 자리 수)×(한 자리 수) (3)
		4주	곱셈 종합
5	(두 자리 수)÷(한 자리 수) 1	1주	나눗셈의 기초 (1)
		2주	나눗셈의 기초 (2)
		3주	나눗셈의 기초 (3)
		4주	(두 자리 수)÷(한 자리 수)
6	(두 자리 수)÷(한 자리 수) 2	1주	(두 자리 수)÷(한 자리 수) (1)
		2주	(두 자리 수)÷(한 자리 수) (2)
		3주	(두 자리 수)÷(한 자리 수) (3)
		4주	(두 자리 수)÷(한 자리 수) (4)
7	(두·세 자리 수)÷(한 자리 수)	1주	(두 자리 수)÷(한 자리 수) (1)
		2주	(두 자리 수)÷(한 자리 수) (2)
		3주	(세 자리 수)÷(한 자리 수) (1)
		4주	(세 자리 수)÷(한 자리 수) (2)

MF 초등 3 · 4학년

권	제목	주차별 학습 내용	
1	(두 자리 수)×(두 자리 수)	1주	(두 자리 수)×(한 자리 수)
		2주	(두 자리 수)×(두 자리 수) (1)
		3주	(두 자리 수)×(두 자리 수) (2)
		4주	(두 자리 수)×(두 자리 수) (3)
2	(두·세 자리 수)×(두 자리 수)	1주	(두 자리 수)×(두 자리 수)
		2주	(세 자리 수)×(두 자리 수) (1)
		3주	(세 자리 수)×(두 자리 수) (2)
		4주	곱셈의 완성
3	(두 자리 수)÷(두 자리 수)	1주	(두 자리 수)÷(두 자리 수) (1)
		2주	(두 자리 수)÷(두 자리 수) (2)
		3주	(두 자리 수)÷(두 자리 수) (3)
		4주	(두 자리 수)÷(두 자리 수) (4)
4	(세 자리 수)÷(두 자리 수)	1주	(세 자리 수)÷(두 자리 수) (1)
		2주	(세 자리 수)÷(두 자리 수) (2)
		3주	(세 자리 수)÷(두 자리 수) (3)
		4주	나눗셈의 완성
5	혼합 계산	1주	혼합 계산 (1)
		2주	혼합 계산 (2)
		3주	혼합 계산 (3)
		4주	곱셈과 나눗셈, 혼합 계산 총정리
6	분수의 덧셈과 뺄셈	1주	분수의 덧셈 (1)
		2주	분수의 덧셈 (2)
		3주	분수의 뺄셈 (1)
		4주	분수의 뺄셈 (2)
7	소수의 덧셈과 뺄셈	1주	분수의 덧셈과 뺄셈
		2주	소수의 기초, 소수의 덧셈과 뺄셈 (1)
		3주	소수의 덧셈과 뺄셈 (2)
		4주	소수의 덧셈과 뺄셈 (3)

주별 학습 내용 MA단계 ❷권

MA단계 2권

10까지의 수 (1)

요일	교재 번호	학습한 날짜	확인
1일차(월)	01~08	월 일	
2일차(화)	09~16	월 일	
3일차(수)	17~24	월 일	
4일차(목)	25~32	월 일	
5일차(금)	33~40	월 일	

● 세어 보고, 알맞은 수를 쓰세요.

(1)

5

(4)

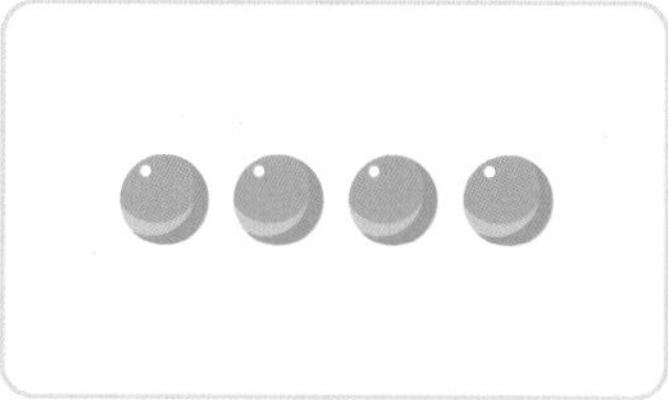

(2)

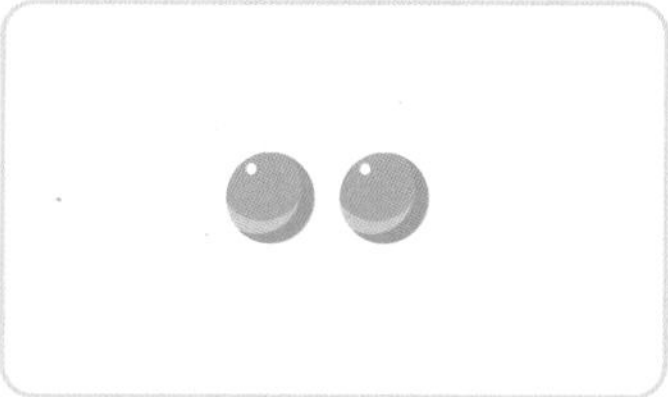

(5)

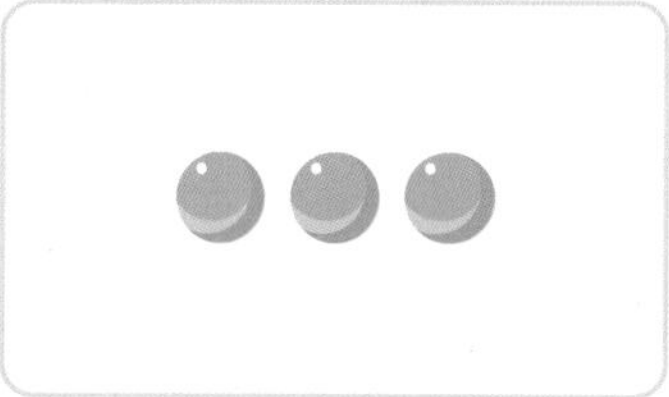

(3)

(6)

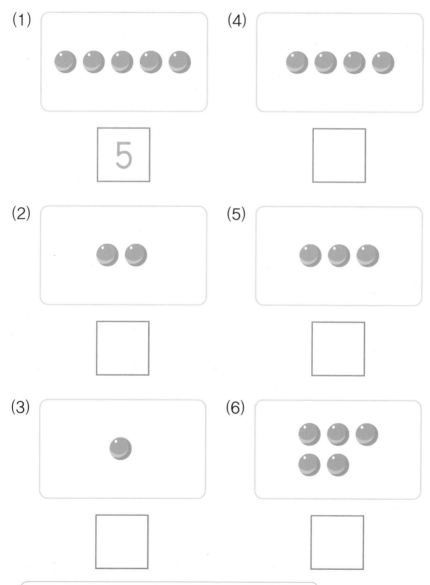

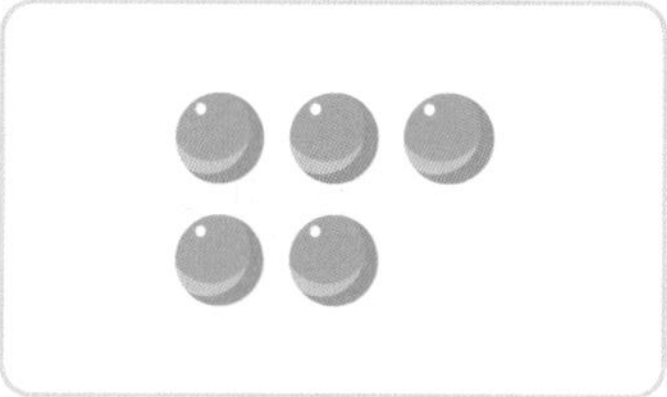

Talk

1부터 20까지의 수를 큰 소리로 세어 봅니다.

11	12	13	14	15	16	17	18	19	20
십일	십이	십삼	십사	십오	십육	십칠	십팔	십구	이십

● 세어 보고, 알맞은 수를 쓰세요.

(1)

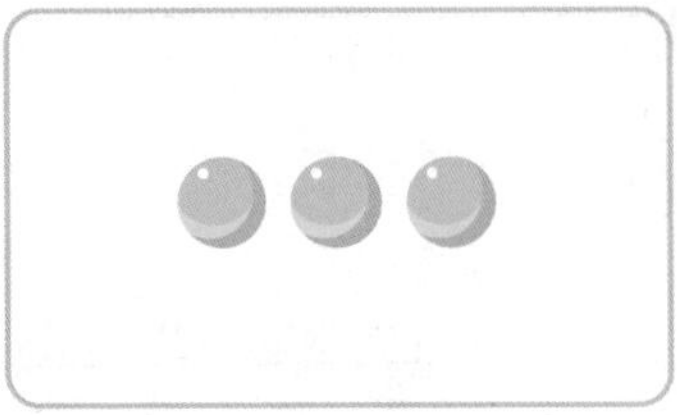

(4)

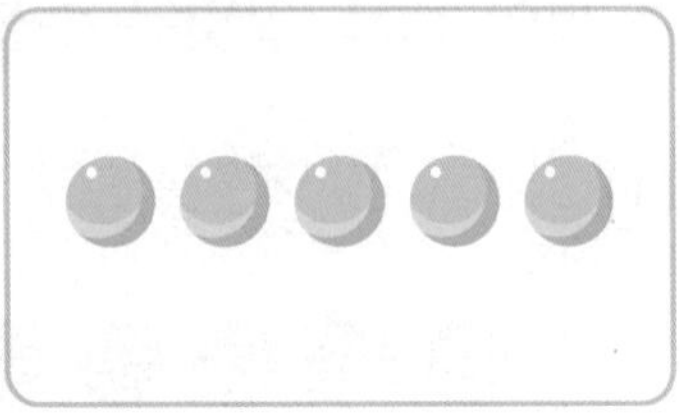

(2)

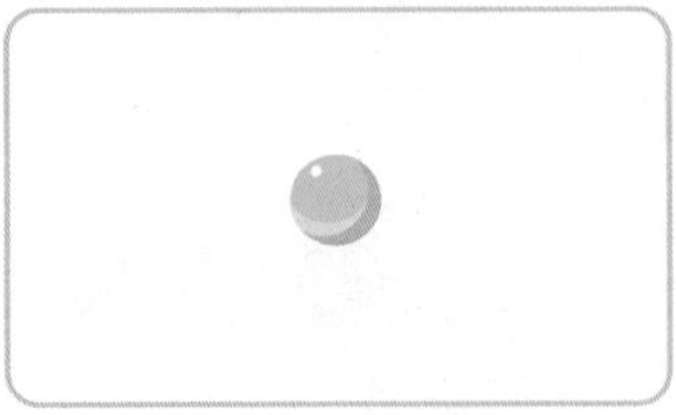

(5)

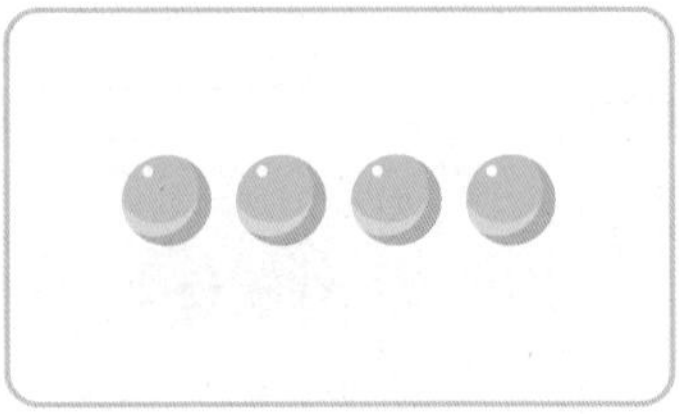

(3)

(6)

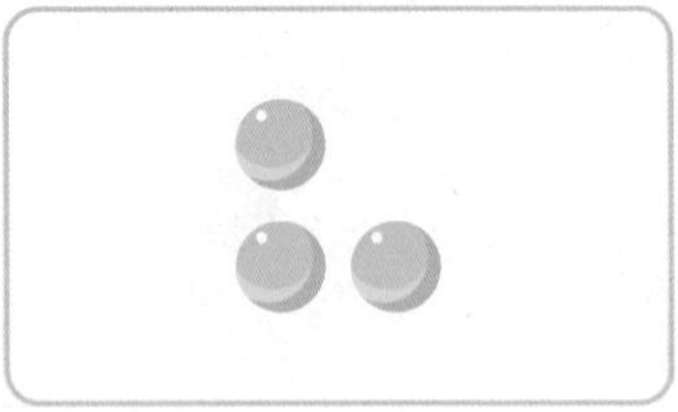

● 세어 보고, 알맞은 수를 쓰세요.

(1)

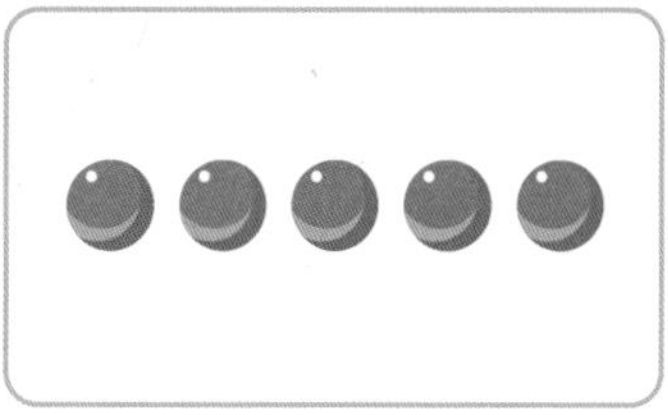

(4)

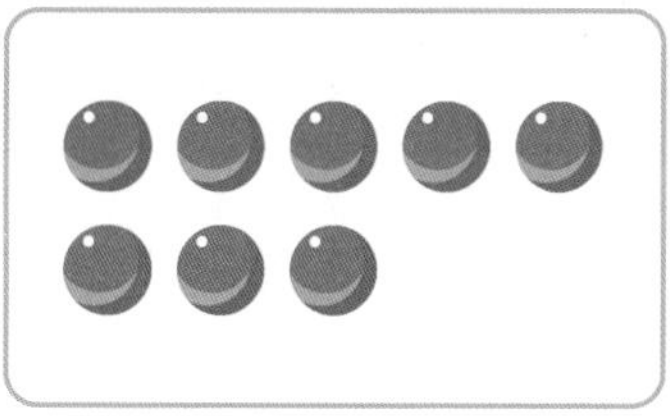

(2)

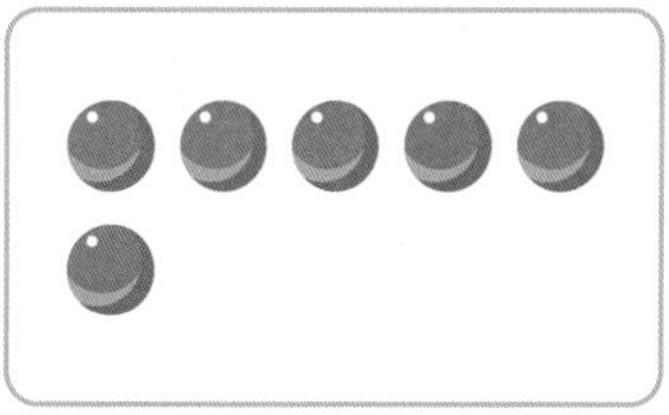

(5)

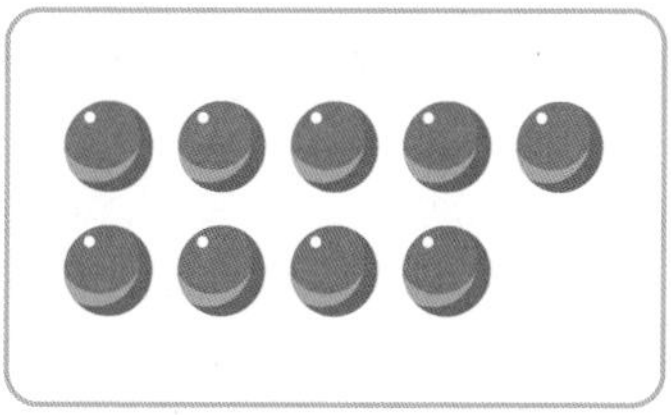

(3)

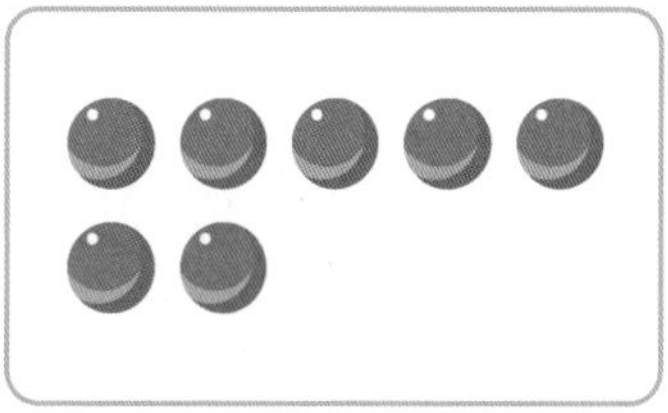

(6)

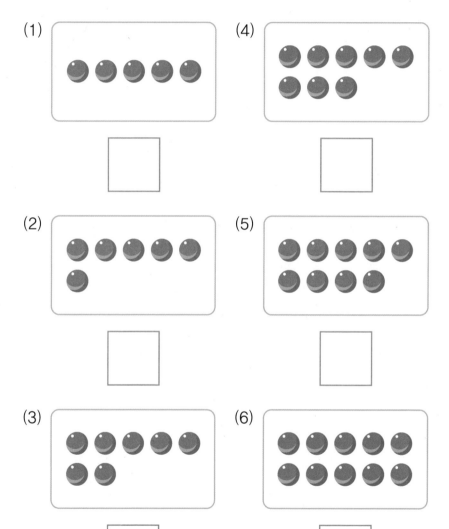

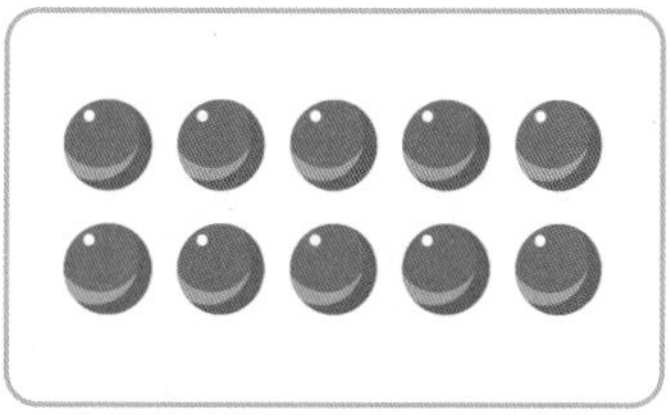

● 세어 보고, 알맞은 수를 쓰세요.

(1)

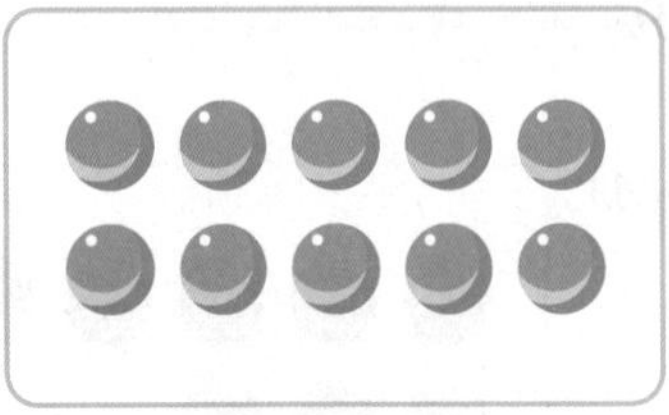

(4)

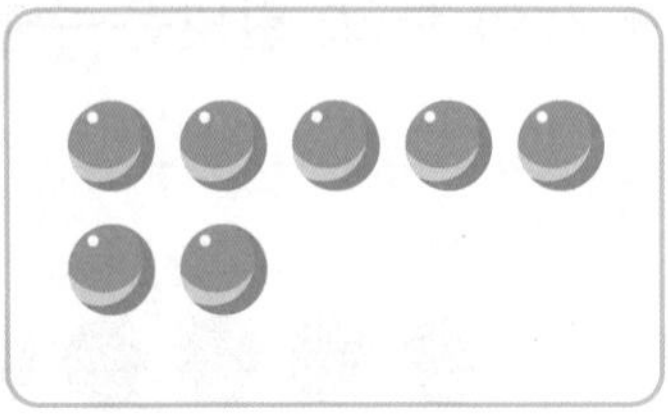

(2)

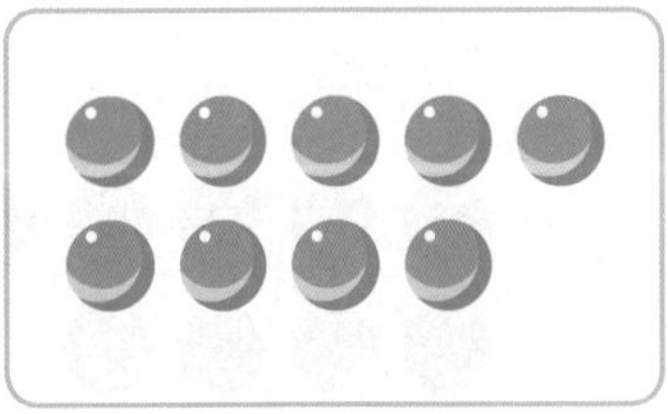

(5)

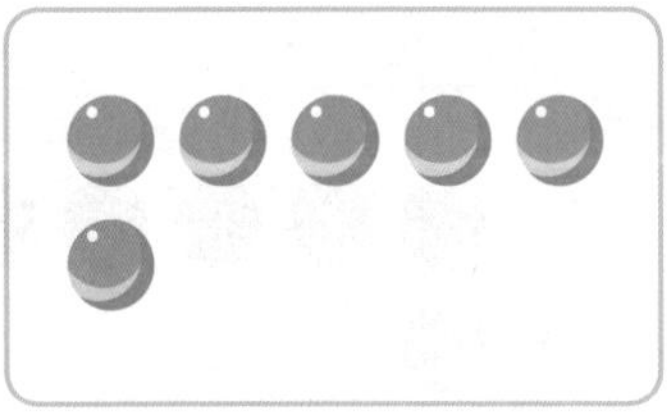

(3)

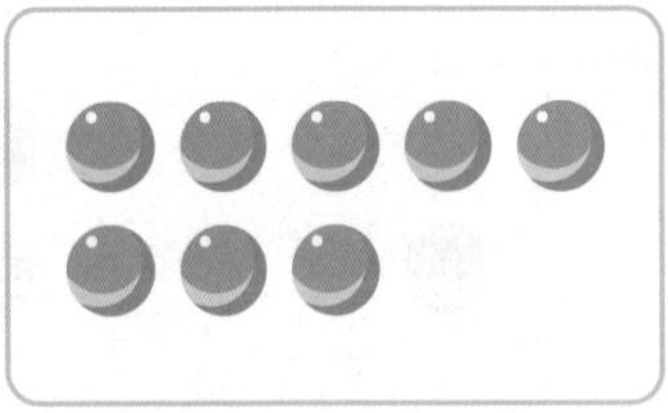

(6)

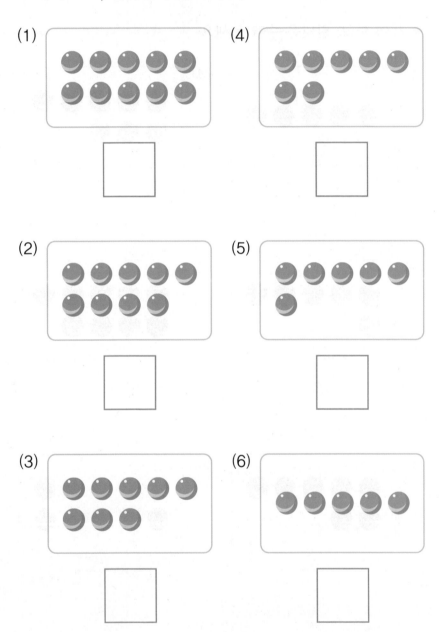

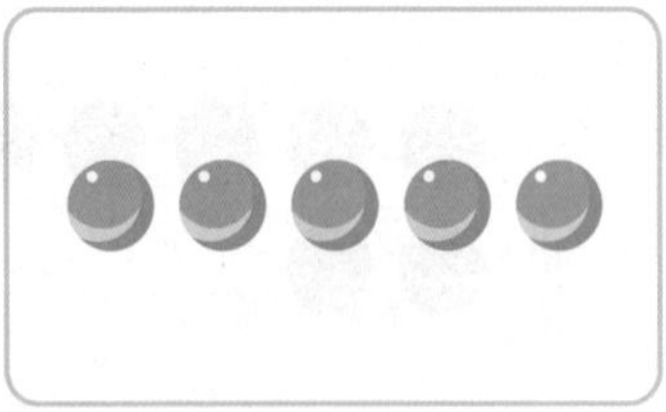

● 세어 보고, 알맞은 수를 쓰세요.

(1)

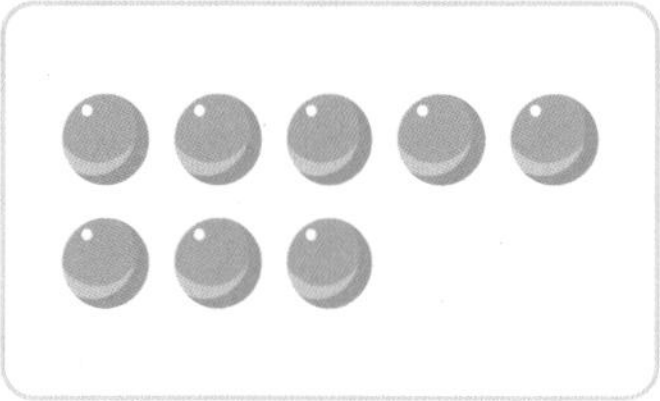

(4)

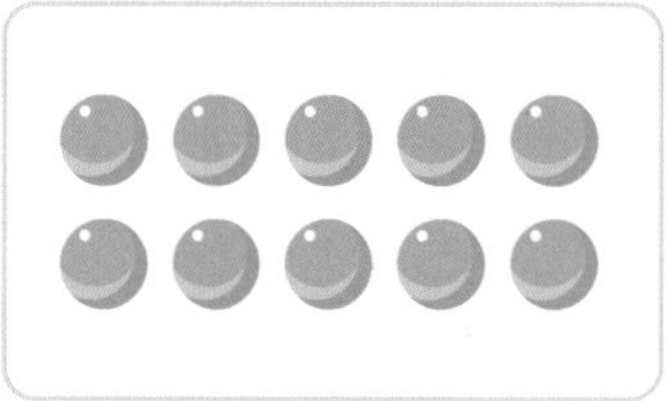

(2)

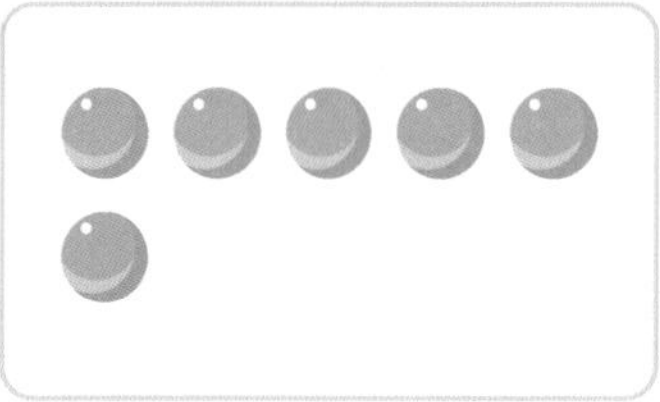

(5)

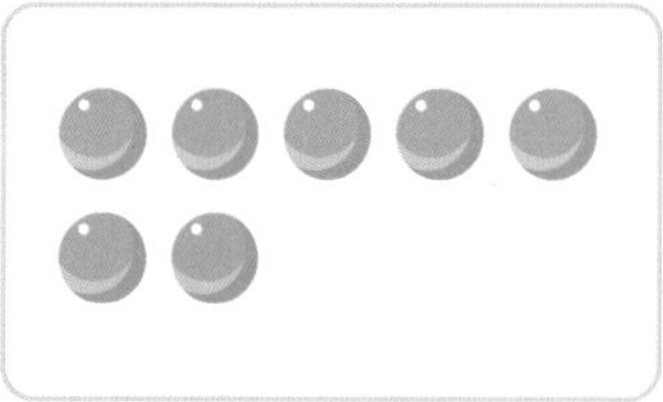

(3)

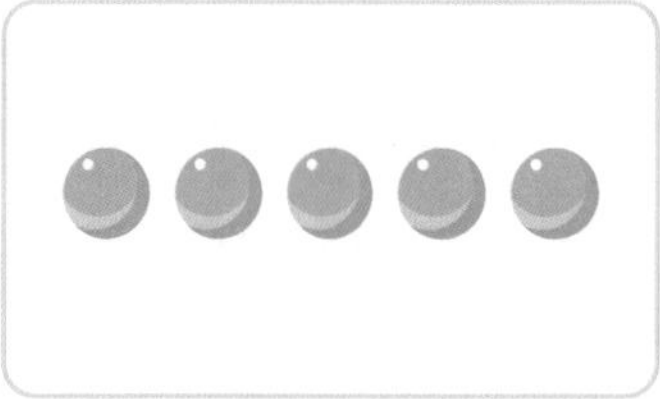

(6)

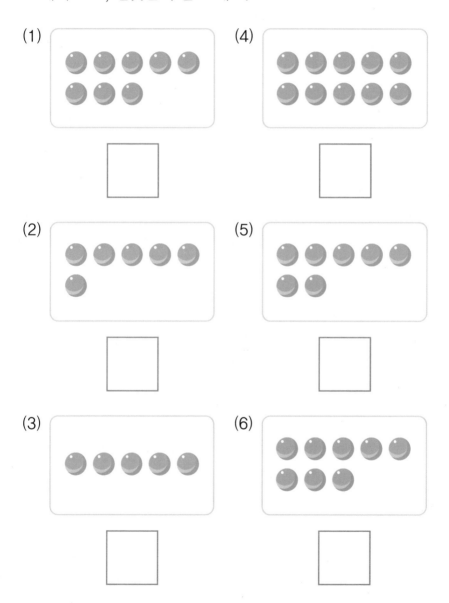

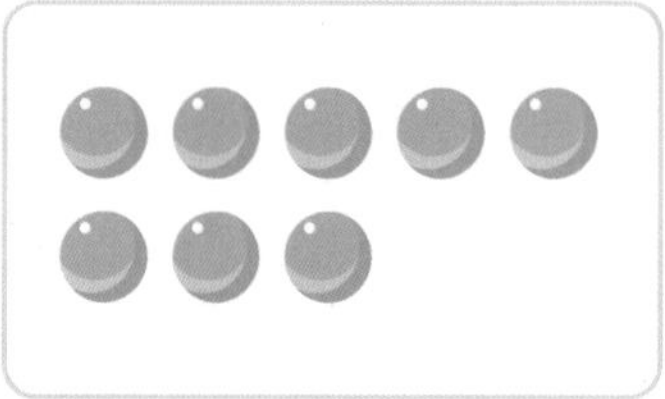

● 세어 보고, 알맞은 수를 쓰세요.

(1)

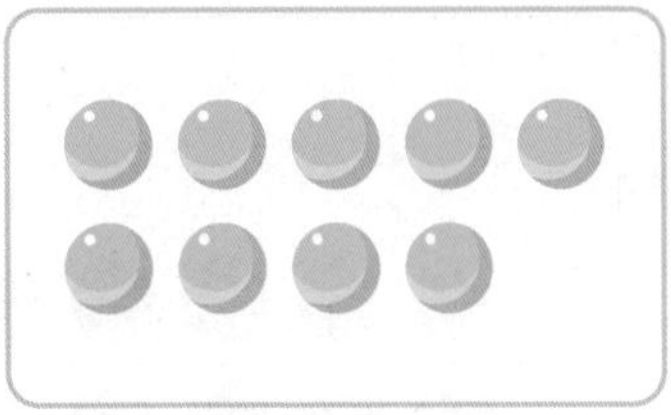

(4)

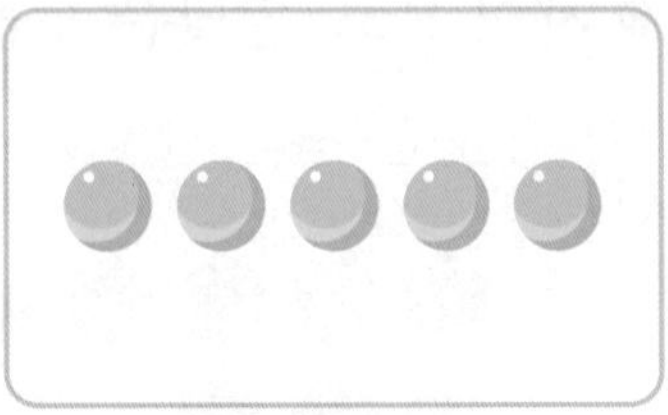

(2)

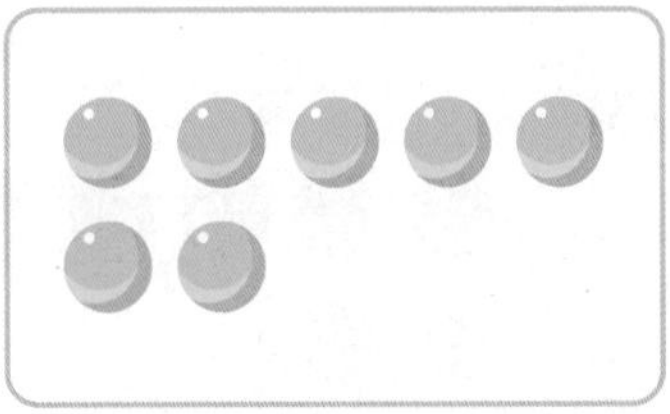

(5)

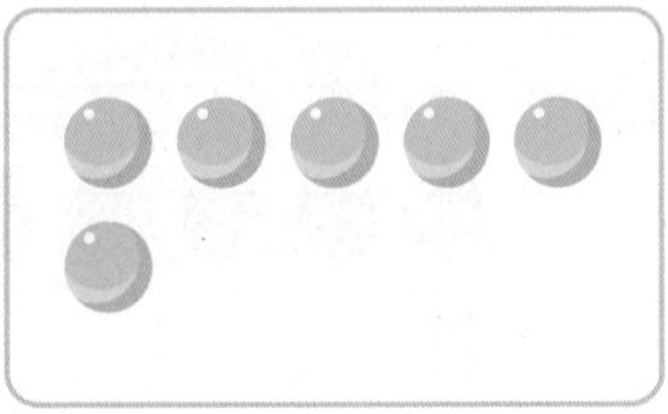

(3)

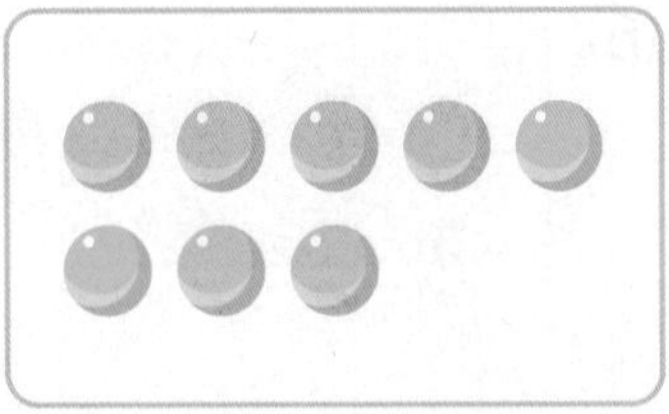

(6)

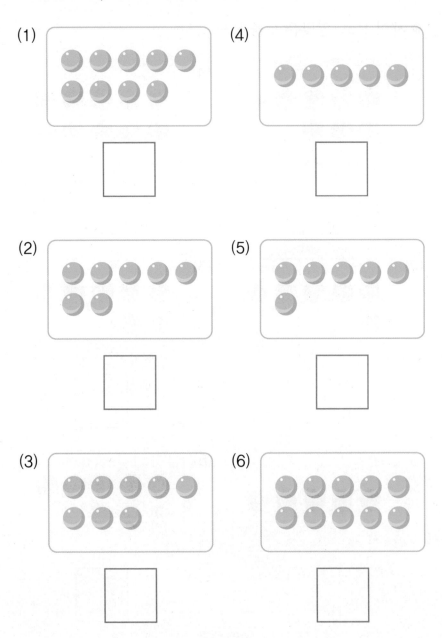

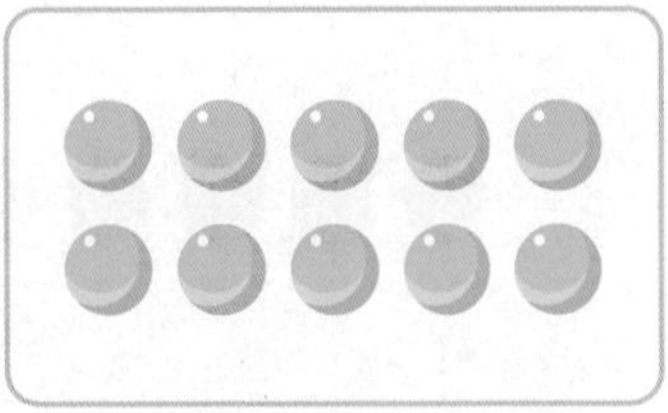

● 세어 보고, 알맞은 수를 쓰세요.

(1)

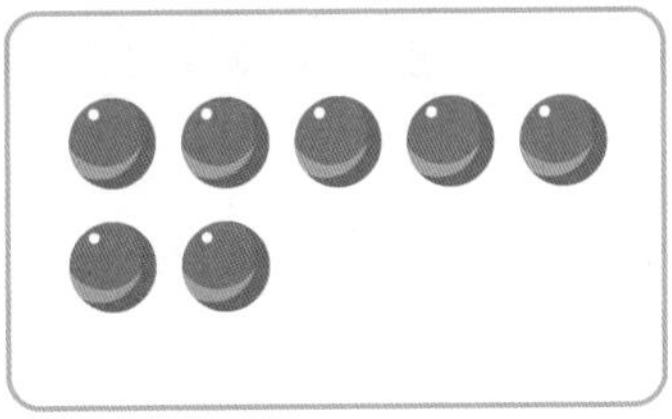

(4)

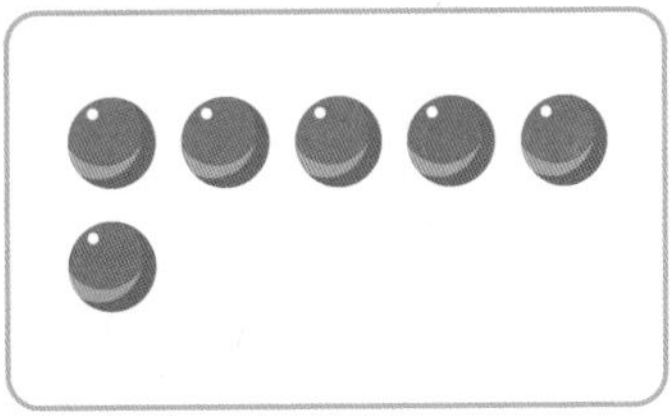

(2)

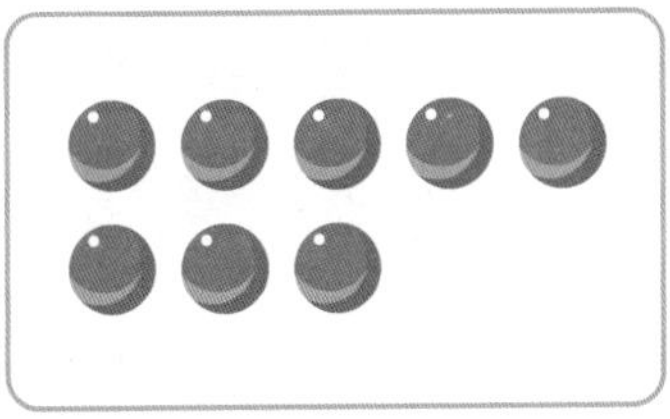

(5)

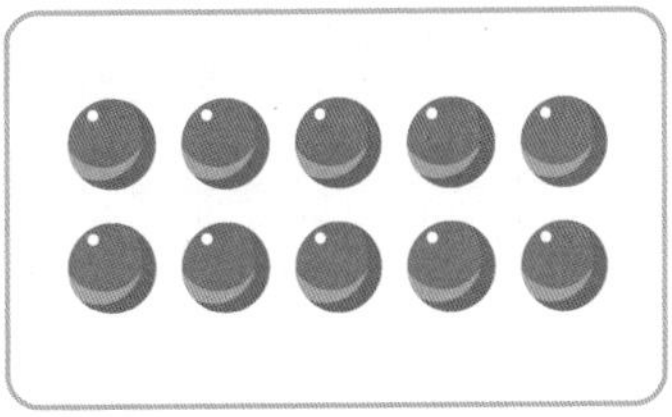

(3)

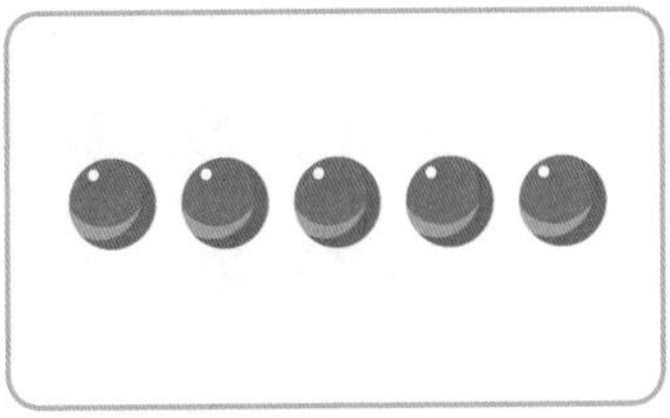

(6)

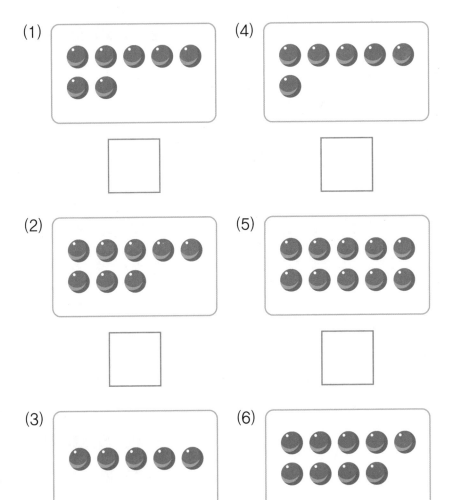

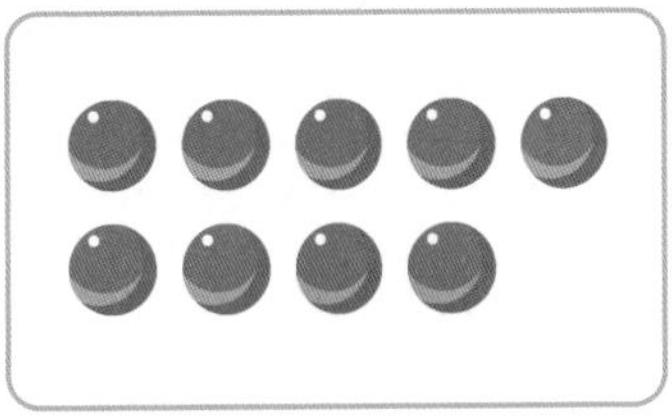

8

● 세어 보고, 알맞은 수를 쓰세요.

(1)

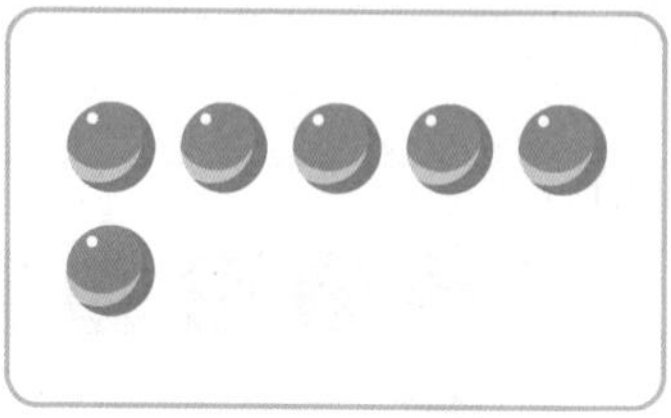

(4)

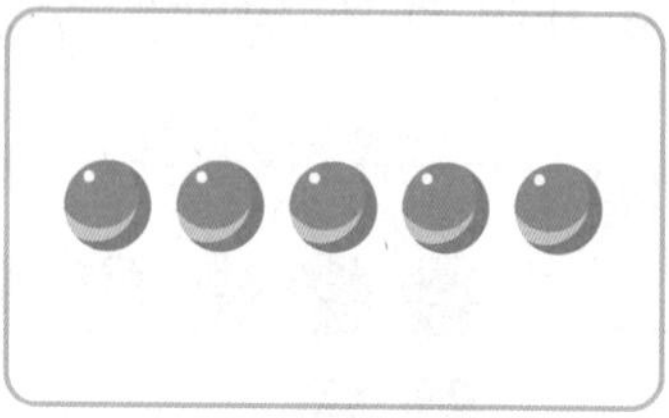

(2)

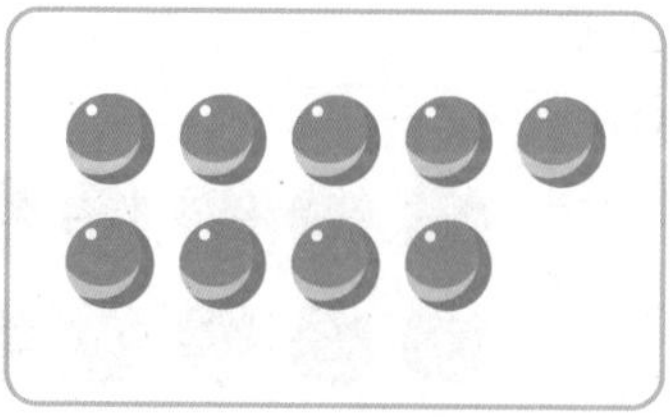

(5)

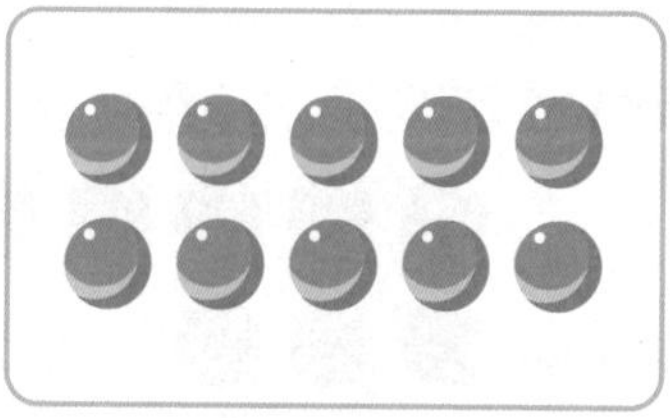

(3)

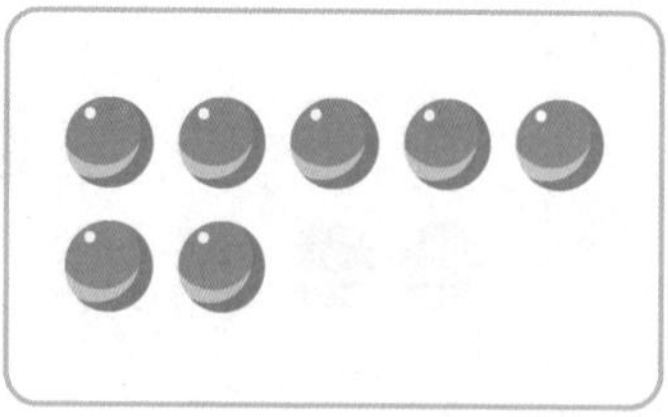

(6)

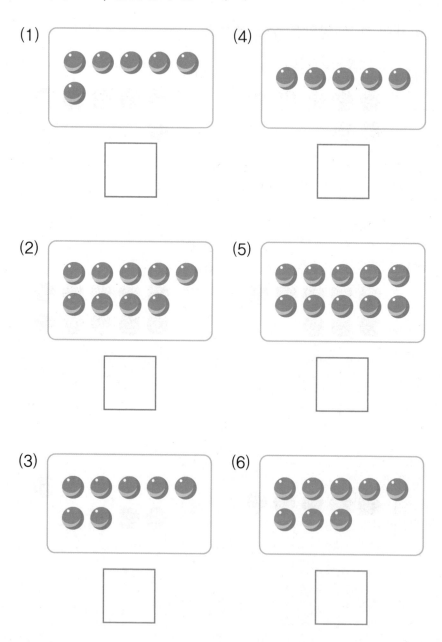

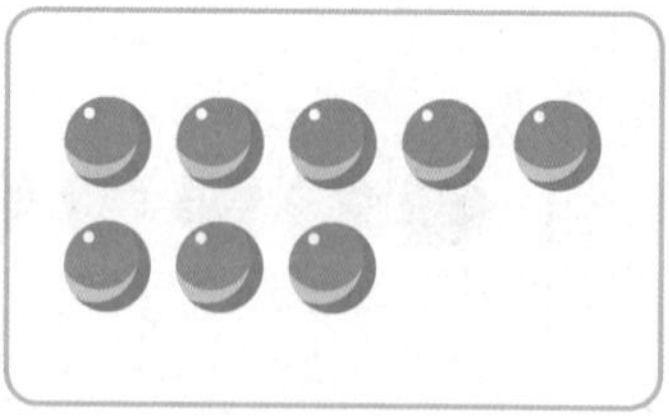

● 세어 보고, 알맞은 수를 쓰세요.

(1)

(2)

(3)

(4)

(5)

(6)

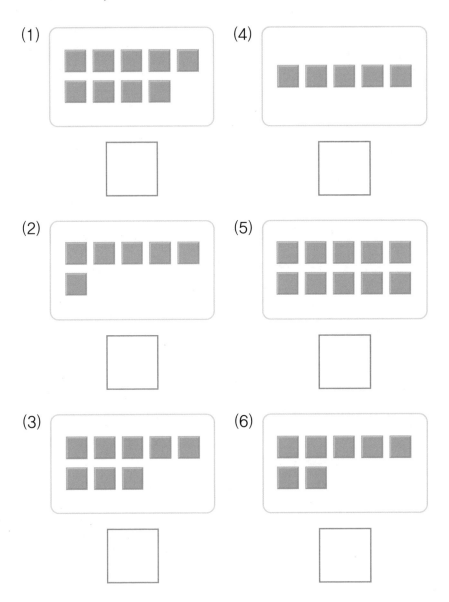

● 세어 보고, 알맞은 수를 쓰세요.

(1)

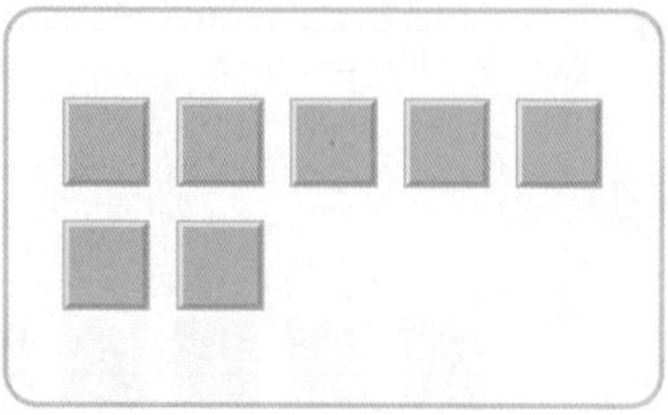

(2)

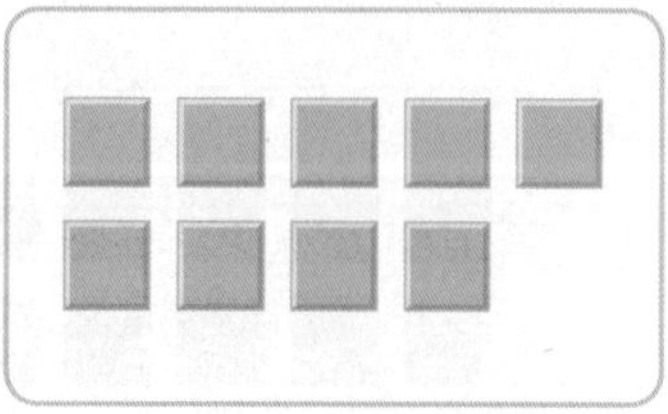

(3)

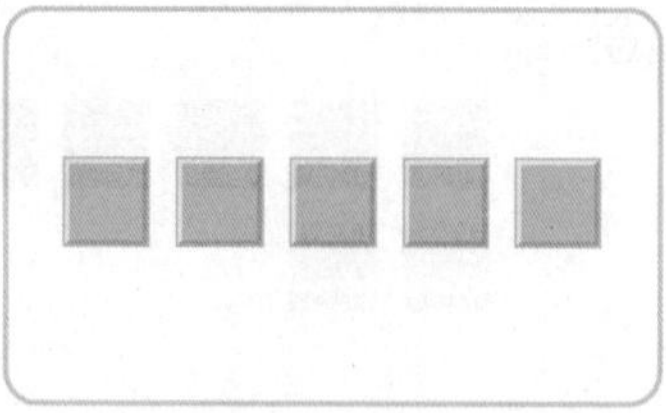

(4)

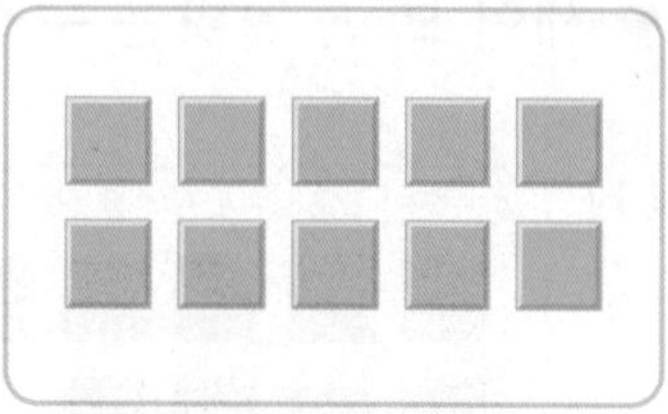

(5)

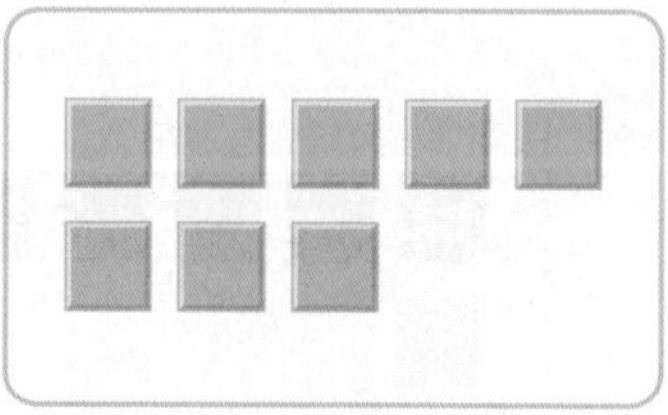

(6)

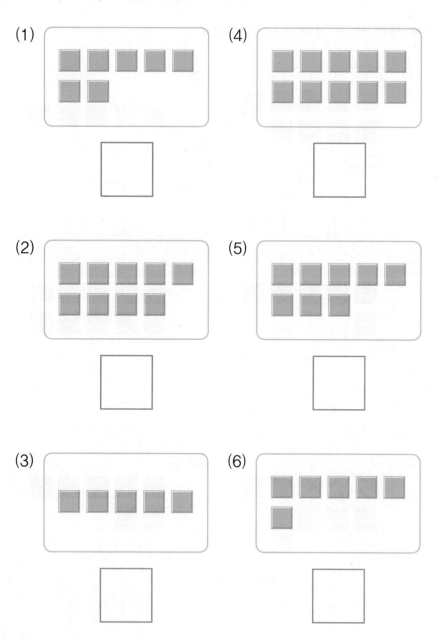

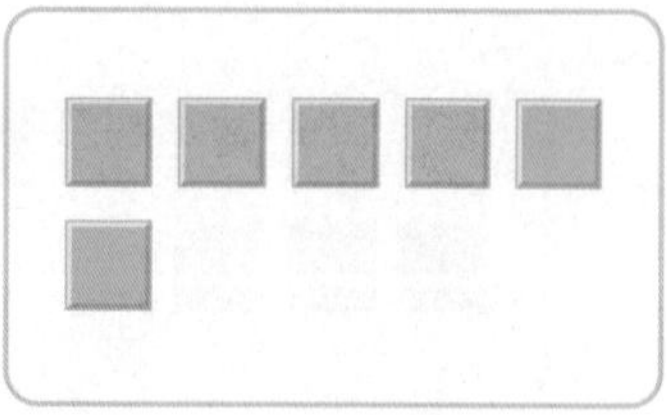

● 세어 보고, 알맞은 수를 쓰세요.

(1)

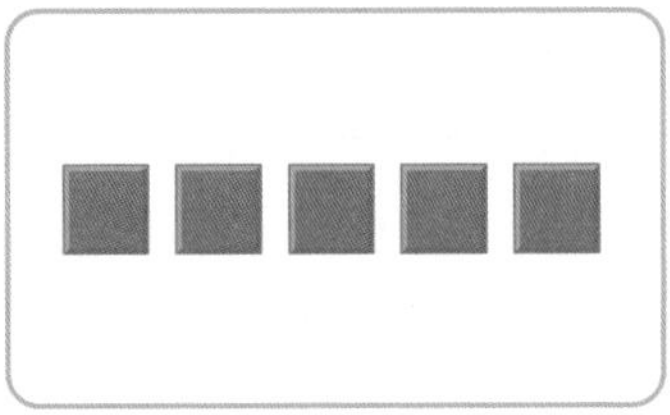

(4)

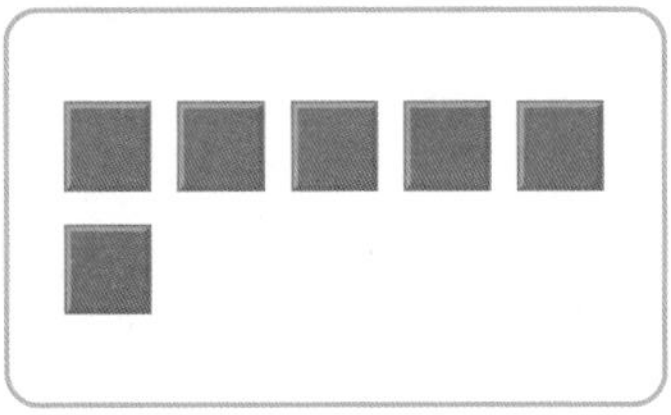

(2)

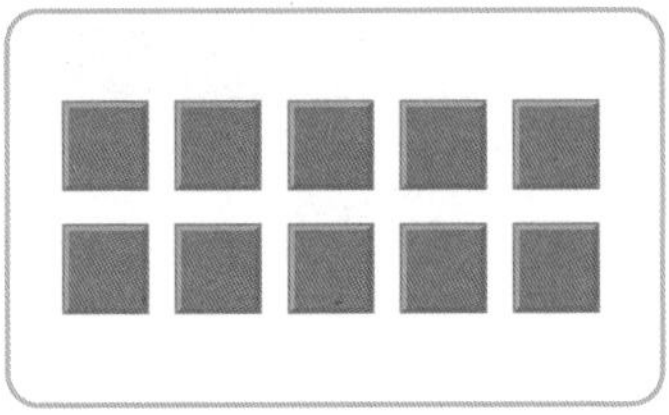

(5)

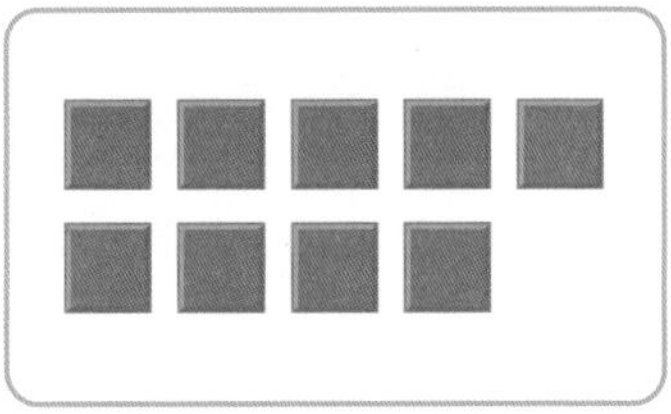

(3)

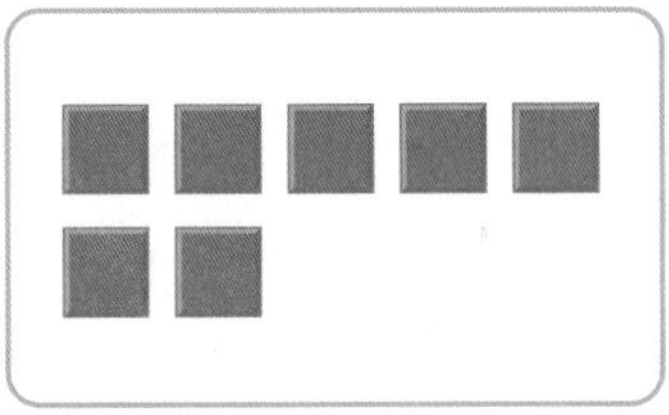

(6)

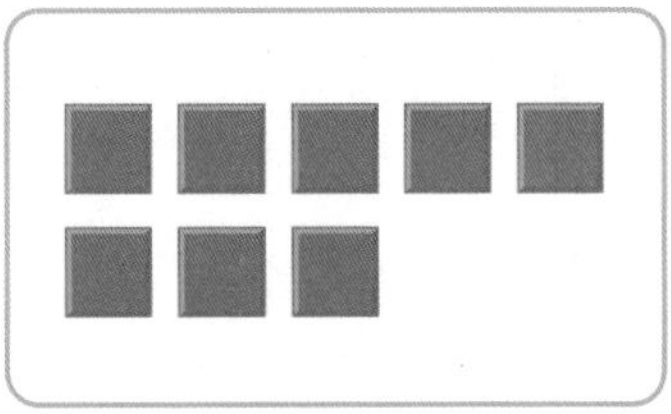

● 세어 보고, 알맞은 수를 쓰세요.

(1)

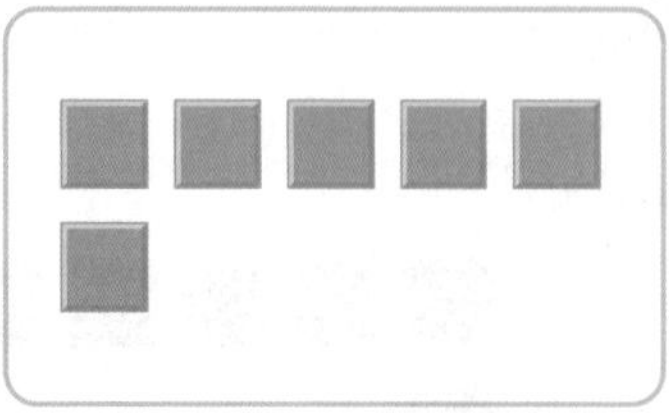

(4)

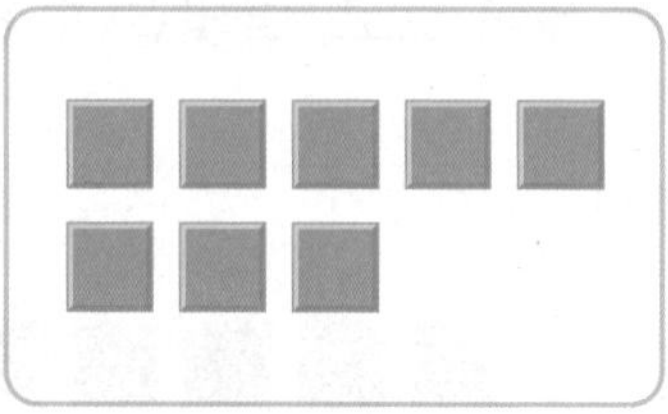

(2)

(5)

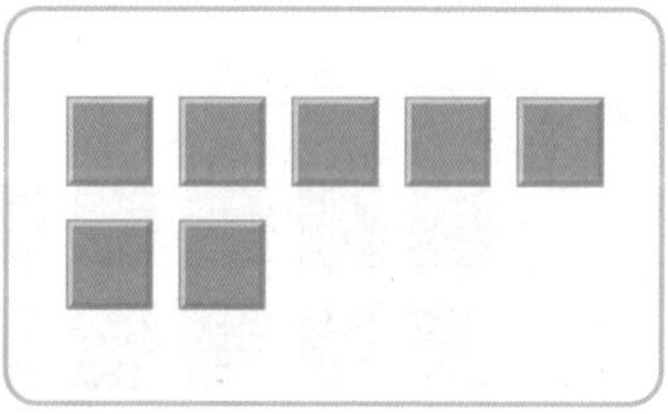

(3)

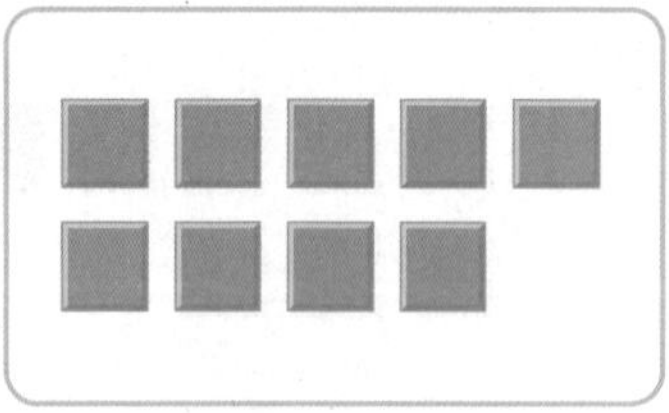

(6)

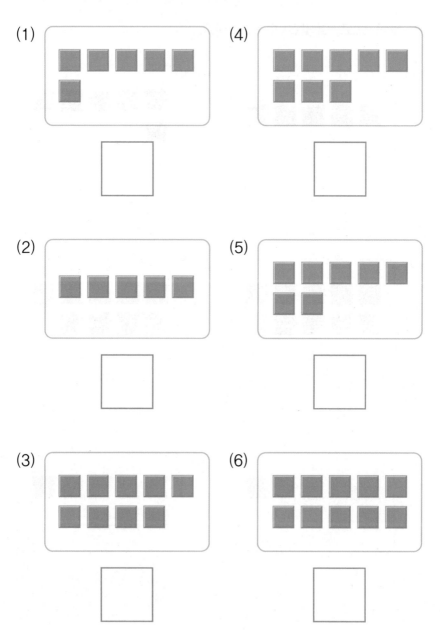

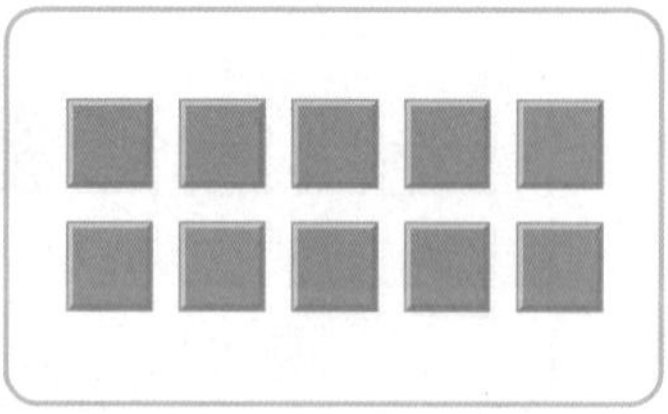

● 세어 보고, 알맞은 수를 쓰세요.

(1)

(4)

(2)

(5)

(3)

(6)

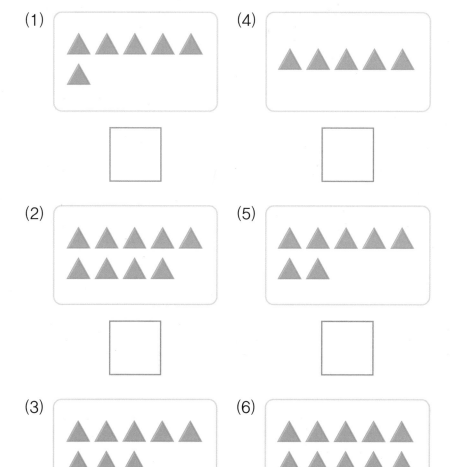

● 세어 보고, 알맞은 수를 쓰세요.

(1)

(4)

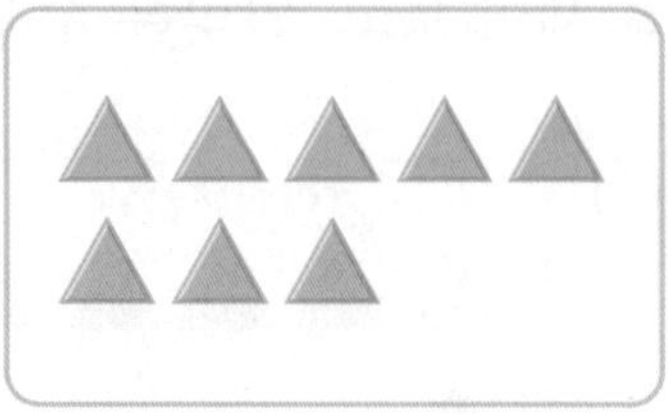

(2)

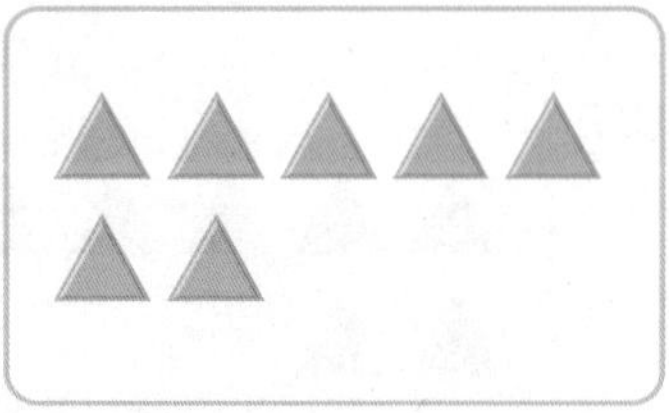

(5)

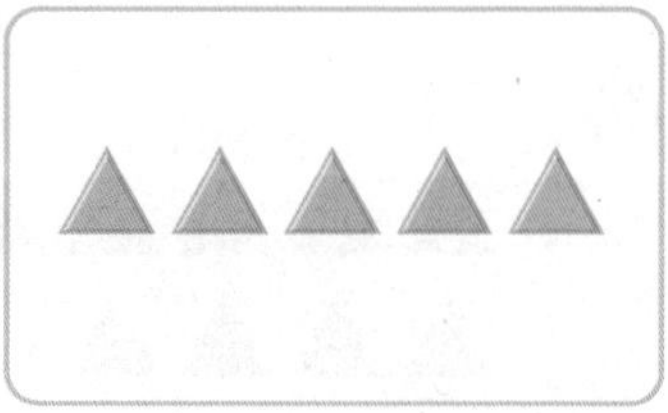

(3)

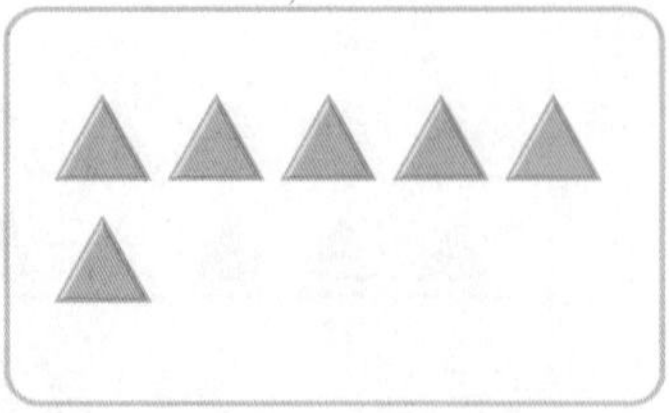

(6)

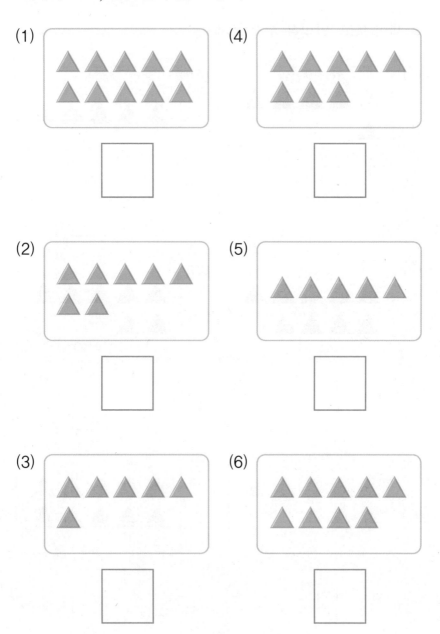

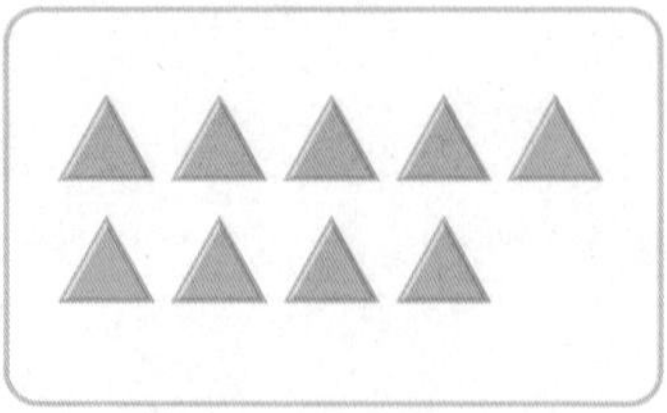

● 세어 보고, 알맞은 수를 쓰세요.

(1)

(2)

(3)

(4)

(5)

(6)

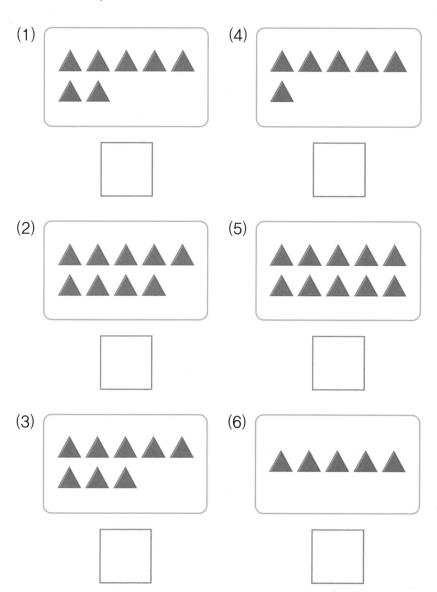

● 세어 보고, 알맞은 수를 쓰세요.

(1)

(4)

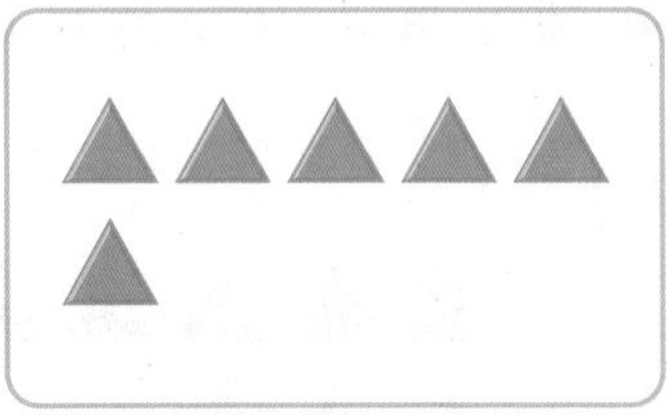

(2)

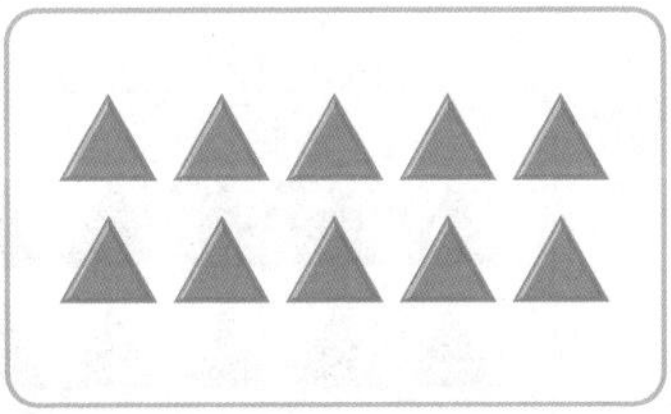

(5)

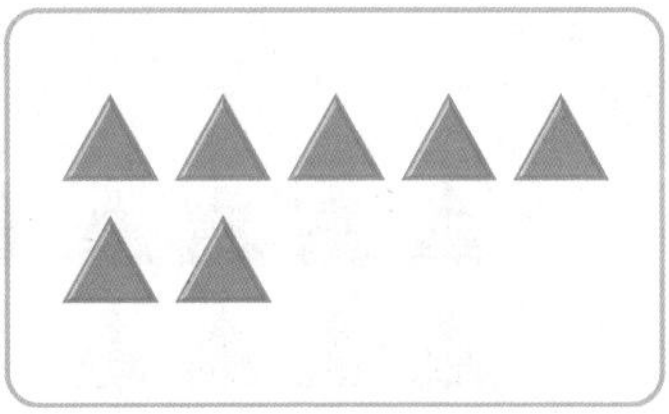

(3)

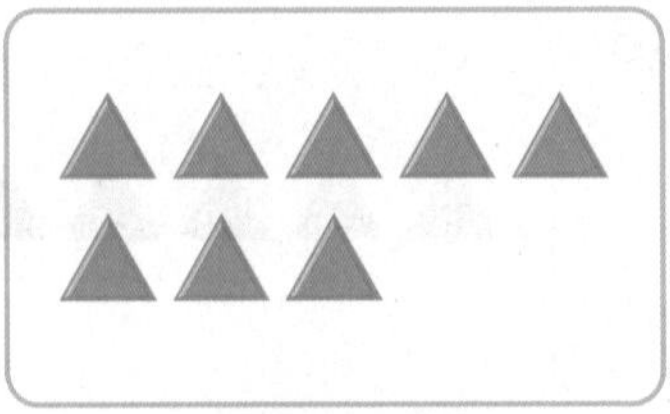

(6)

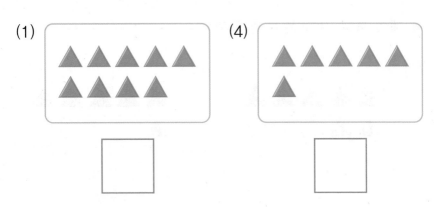

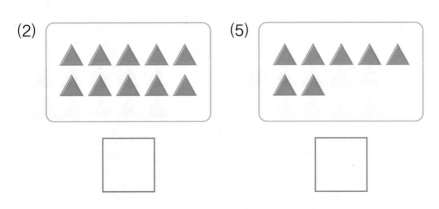

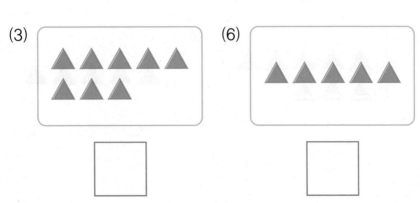

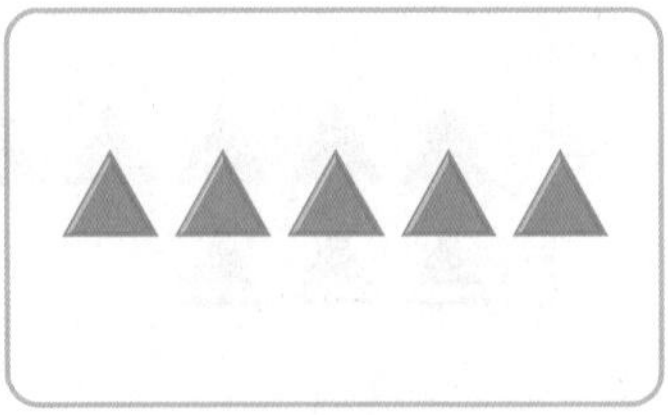

● 세어 보고, 알맞은 수를 쓰세요.

(1)

(2)

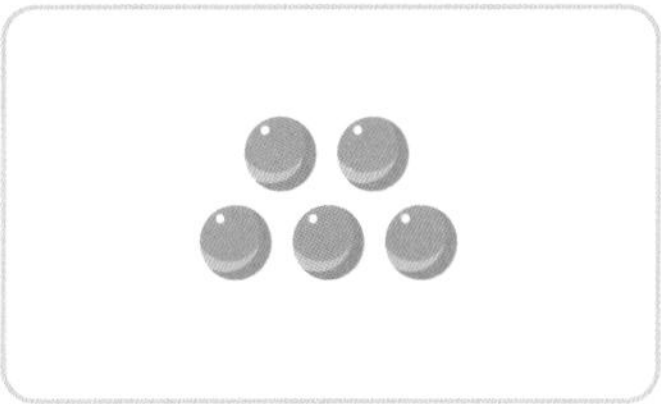

(3)

(4)

(5)

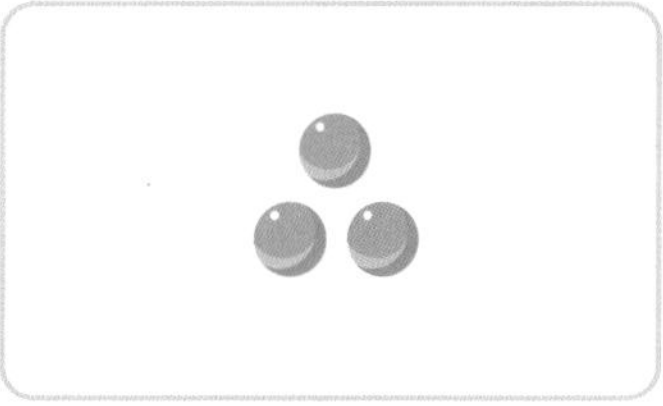

(6)

● 세어 보고, 알맞은 수를 쓰세요.

(1)

(4)

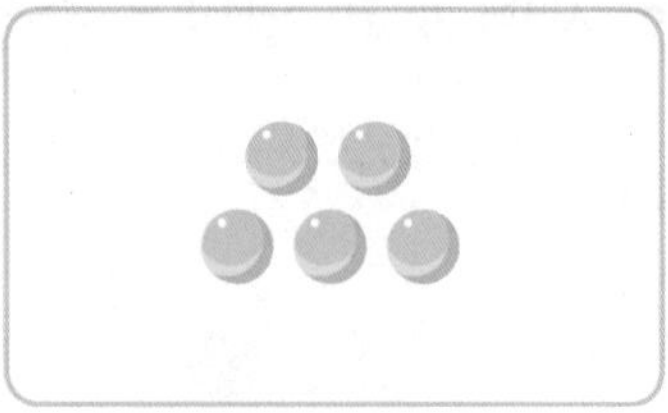

(2)

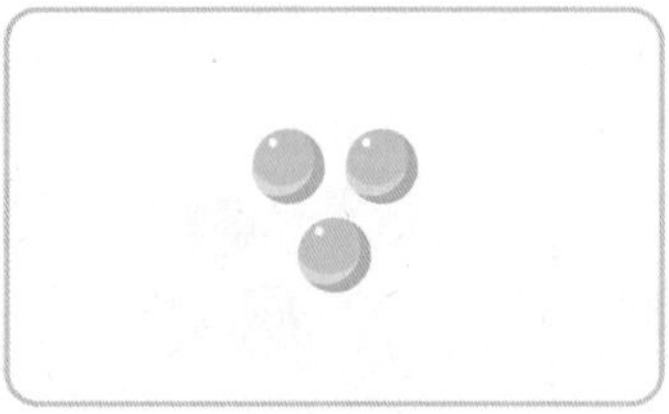

(5)

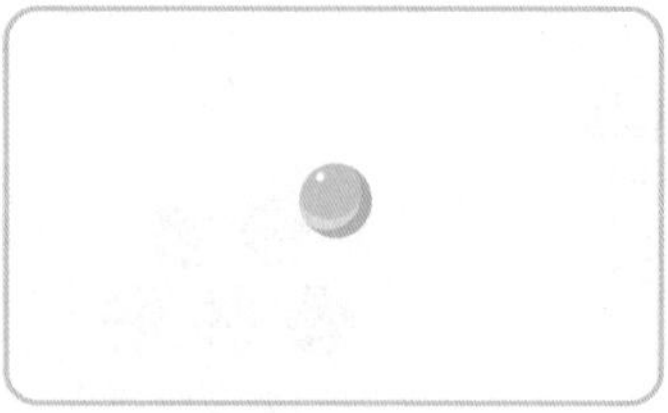

(3)

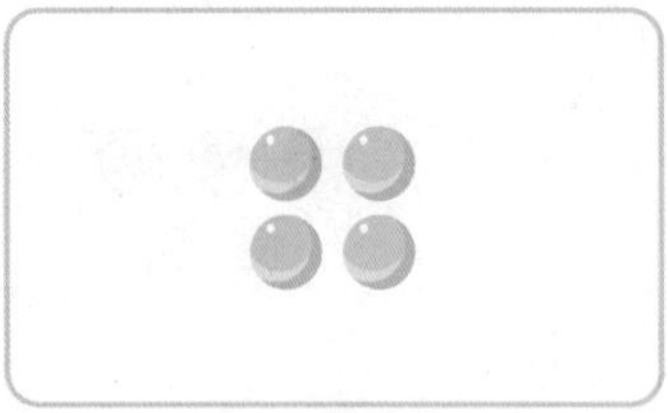

(6)

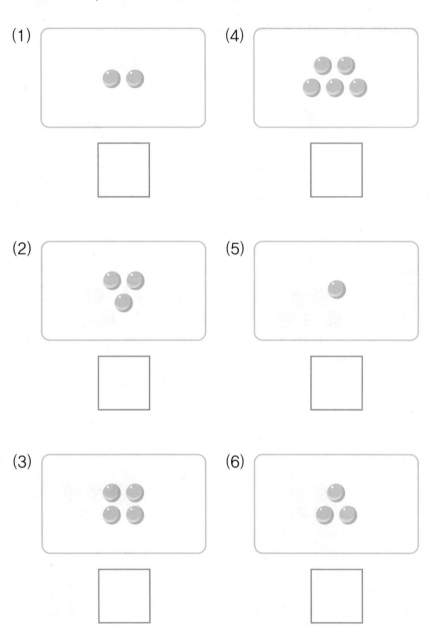

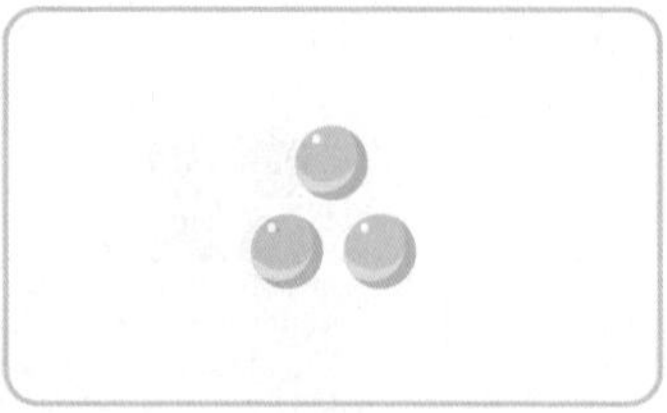

● 세어 보고, 알맞은 수를 쓰세요.

(1)

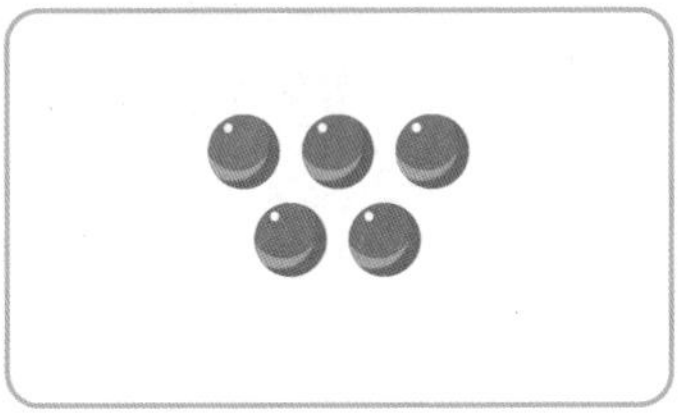

(4)

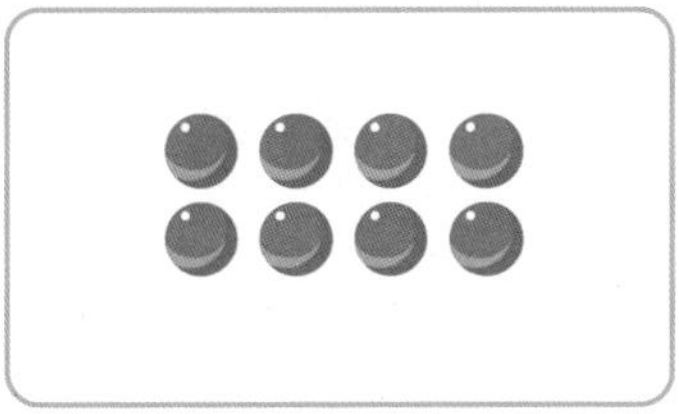

(2)

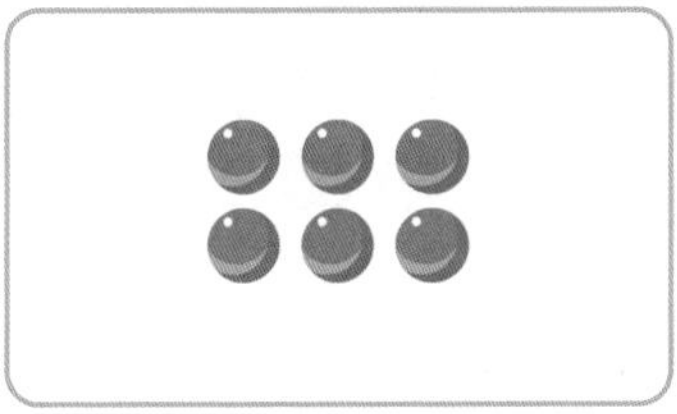

(5)

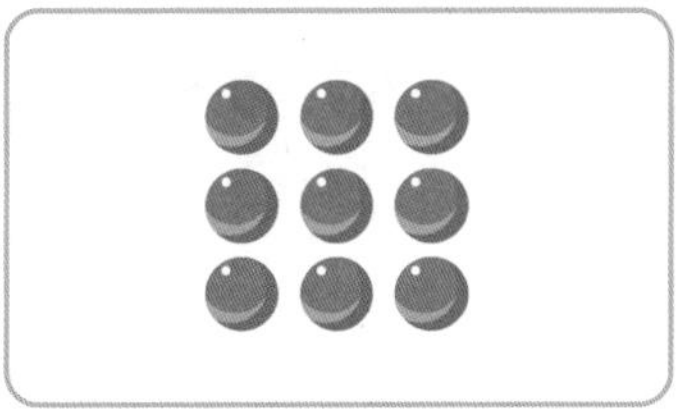

(3)

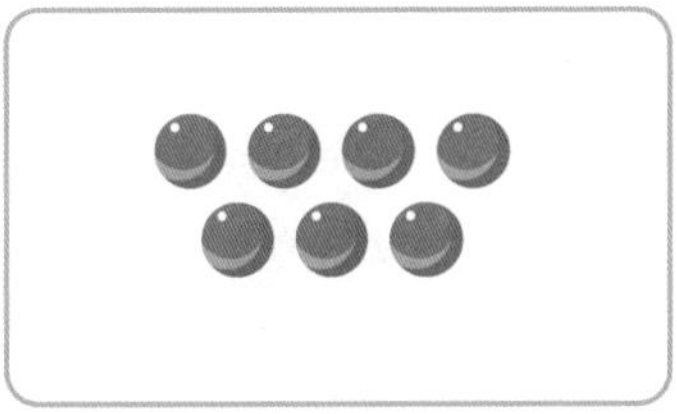

(6)

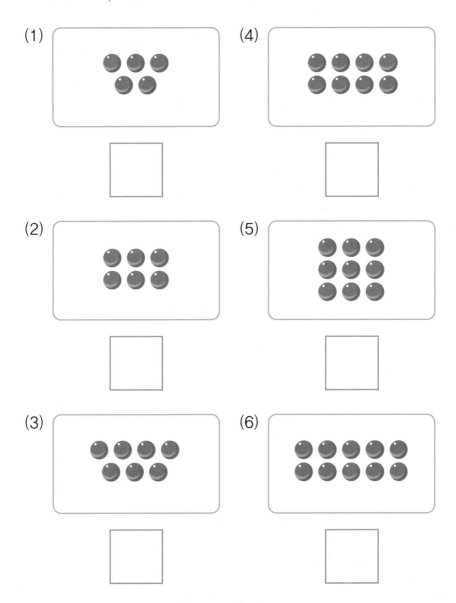

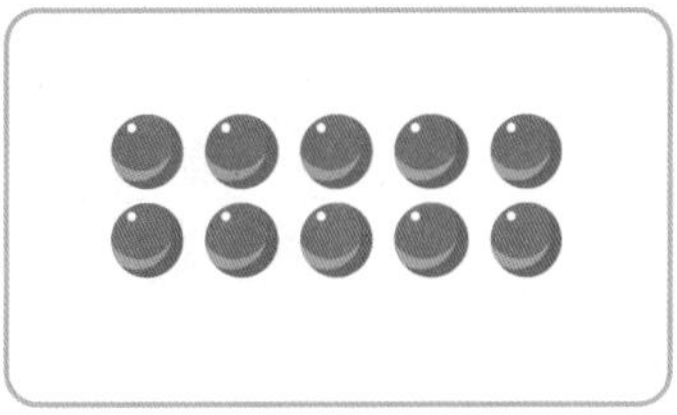

● 세어 보고, 알맞은 수를 쓰세요.

(1)

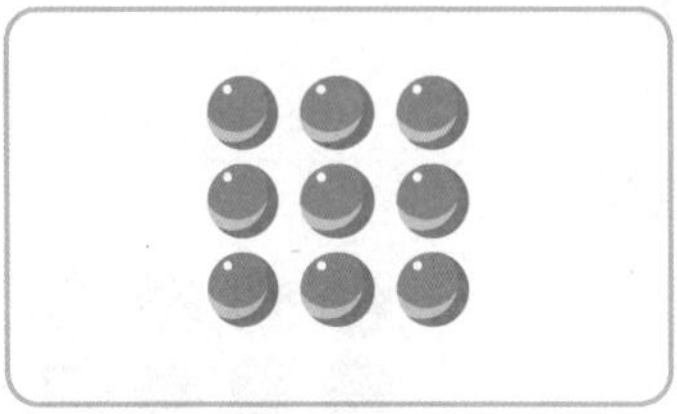

(4)

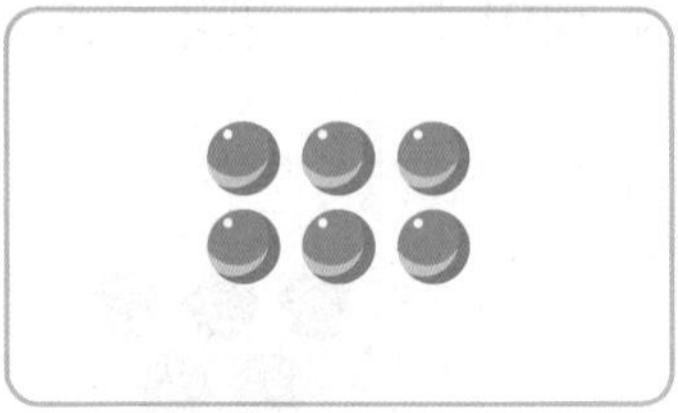

(2)

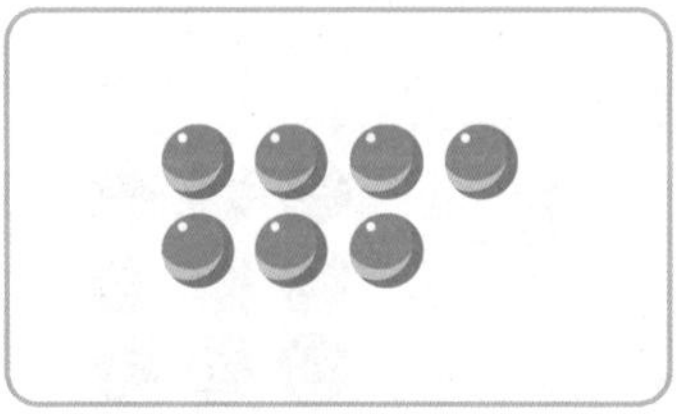

(5)

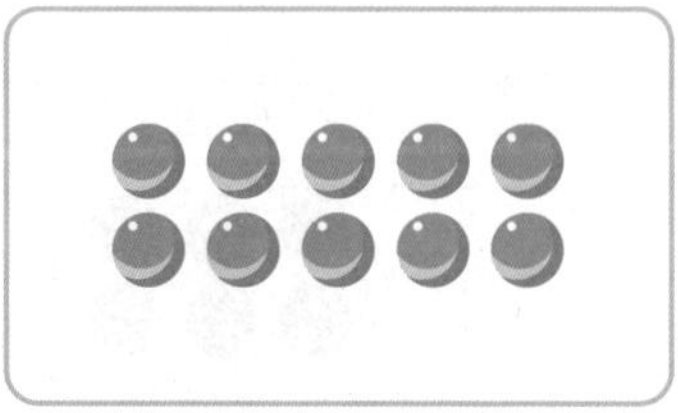

(3)

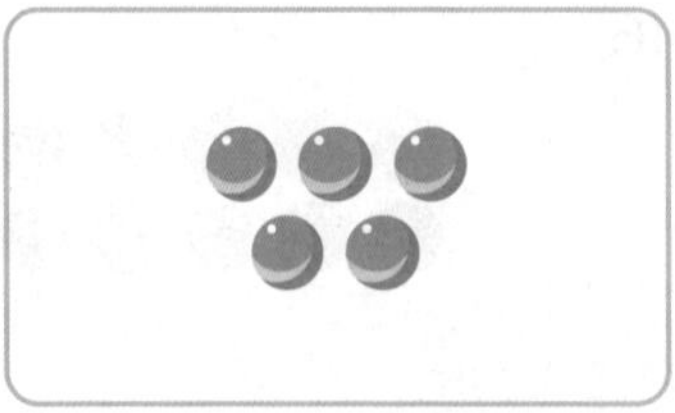

(6)

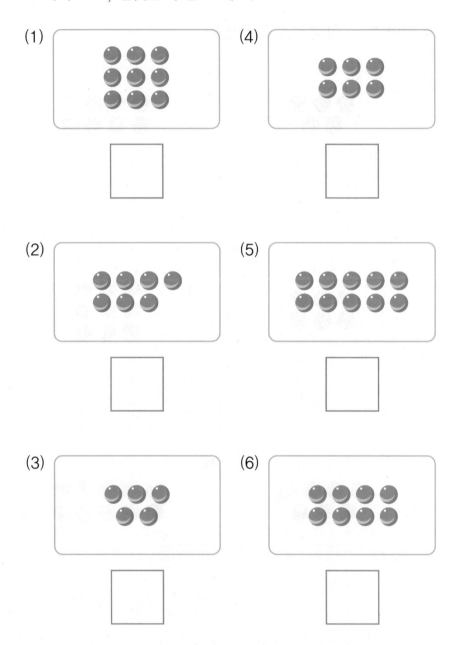

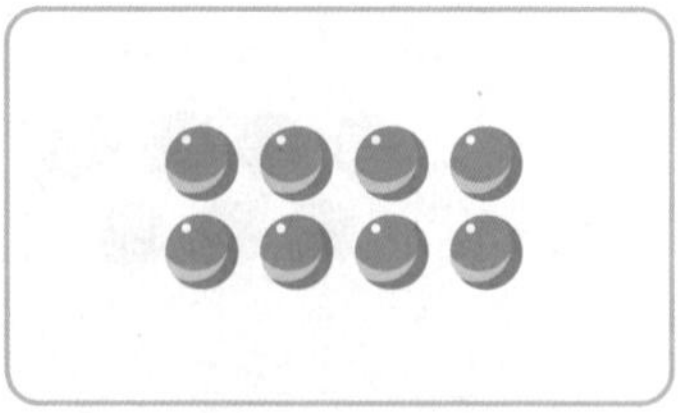

● 세어 보고, 알맞은 수를 쓰세요.

(1)

(2)

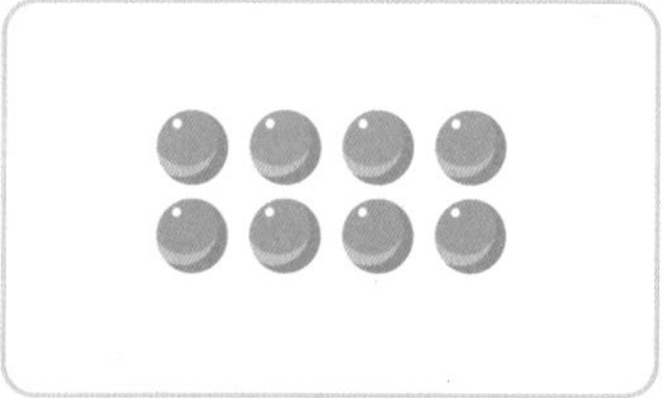

(3)

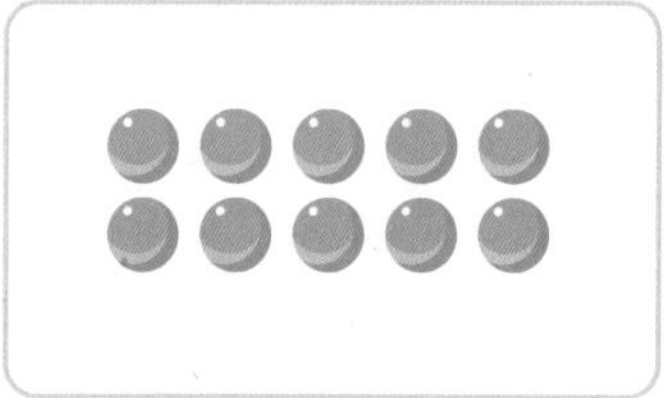

(4)

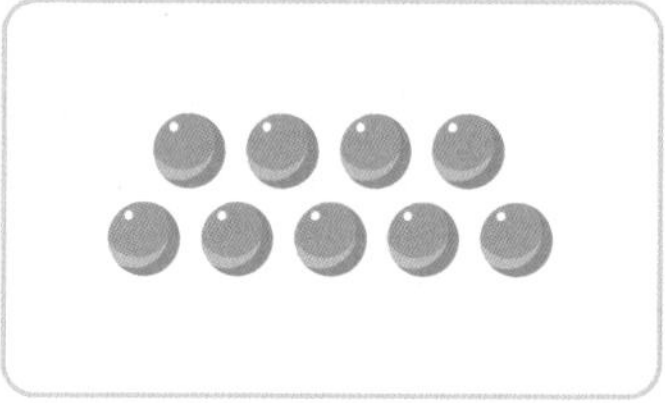

(5)

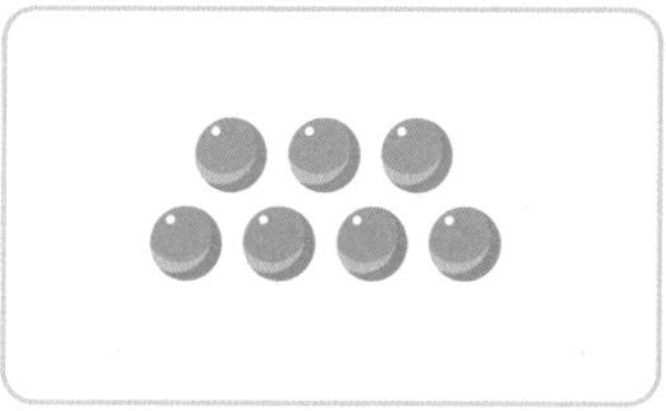

(6)

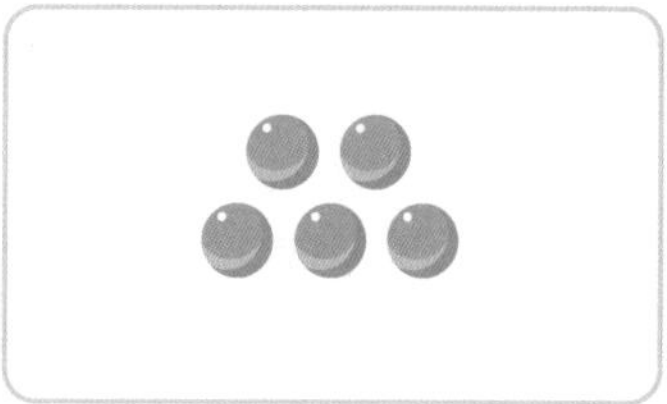

● 세어 보고, 알맞은 수를 쓰세요.

(1)

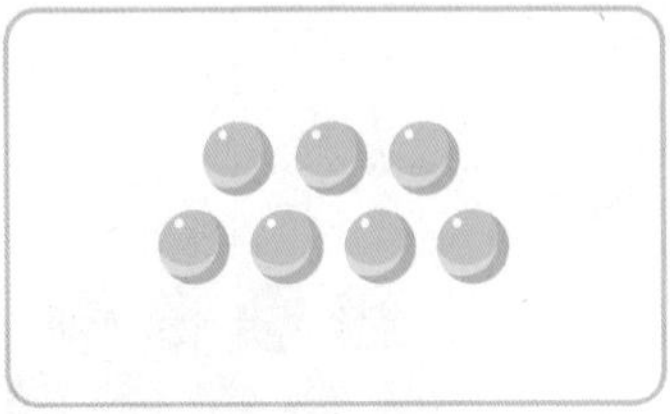

(4)

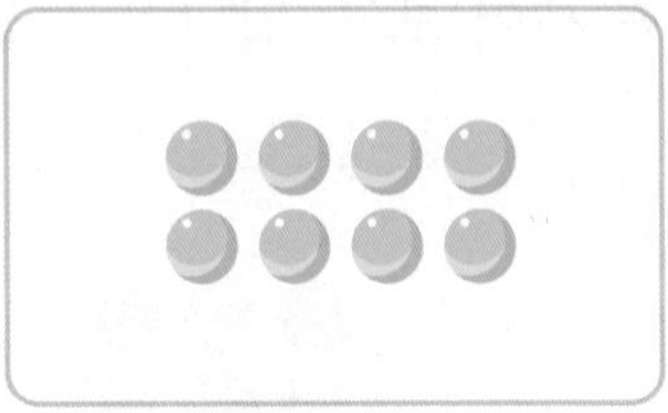

(2)

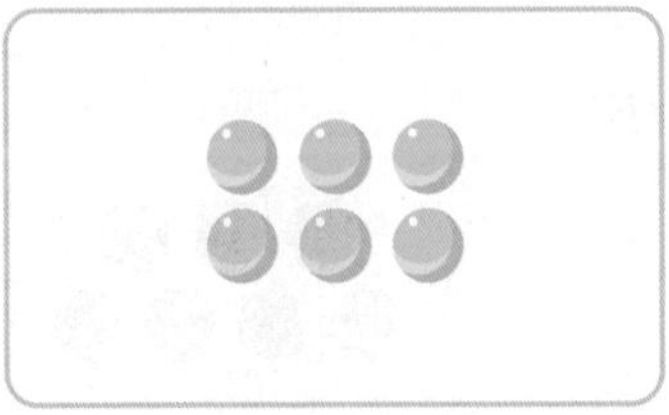

(5)

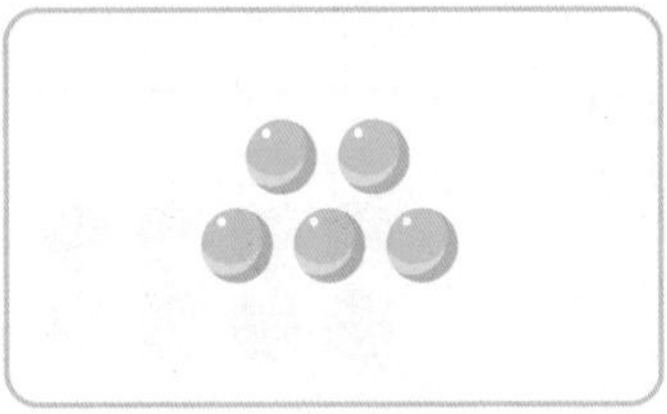

(3)

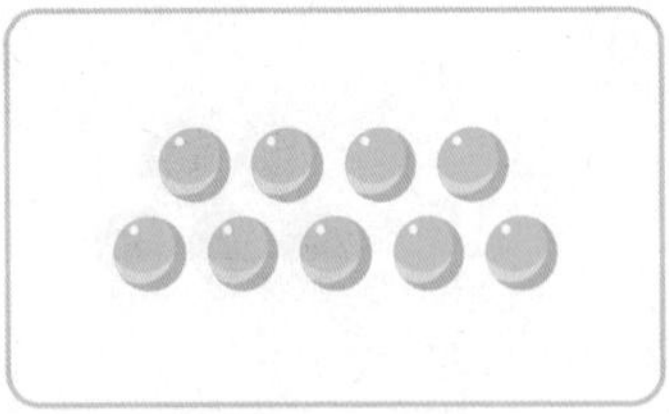

(6)

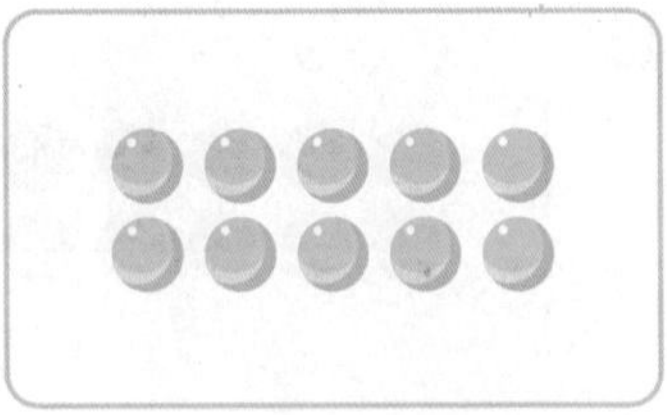

● 세어 보고, 알맞은 수를 쓰세요.

(1)

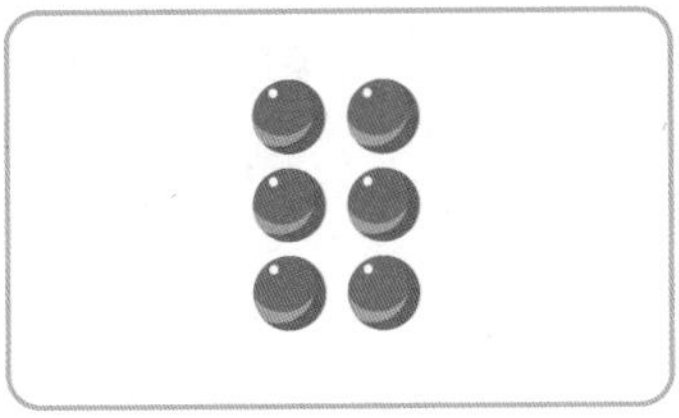

(2)

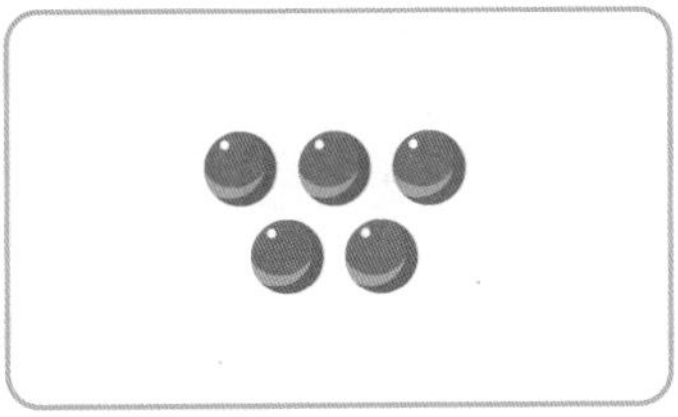

(3)

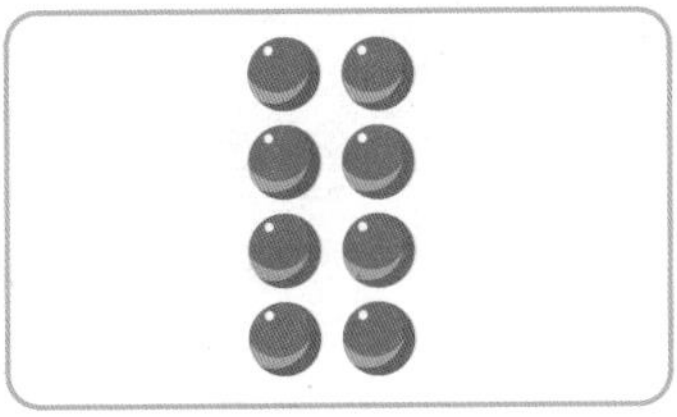

(4)

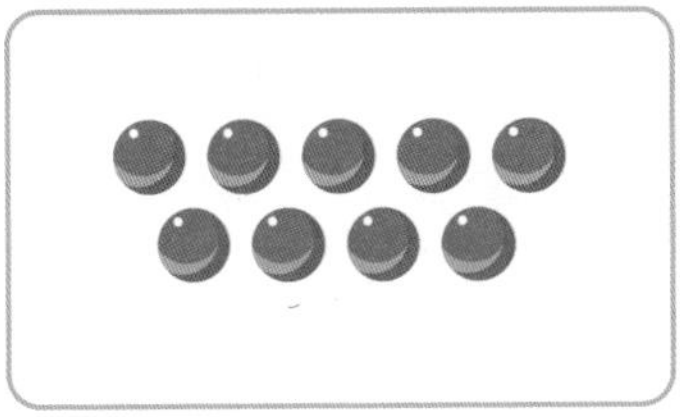

(5)

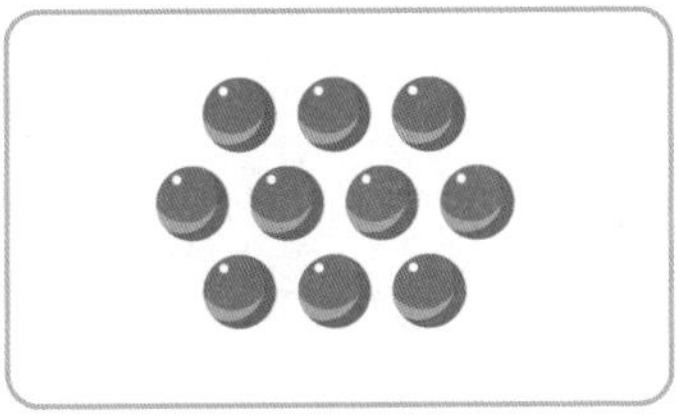

(6)

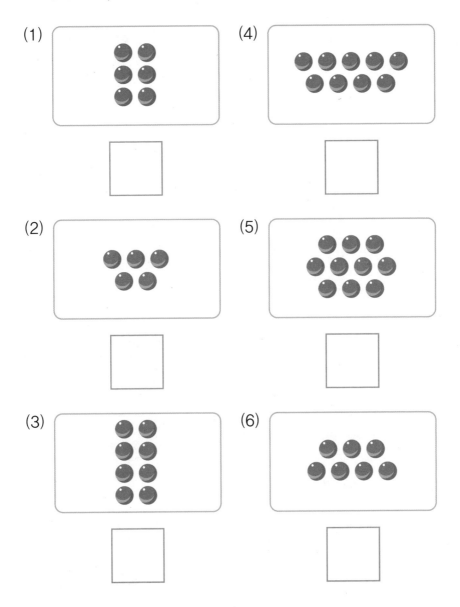

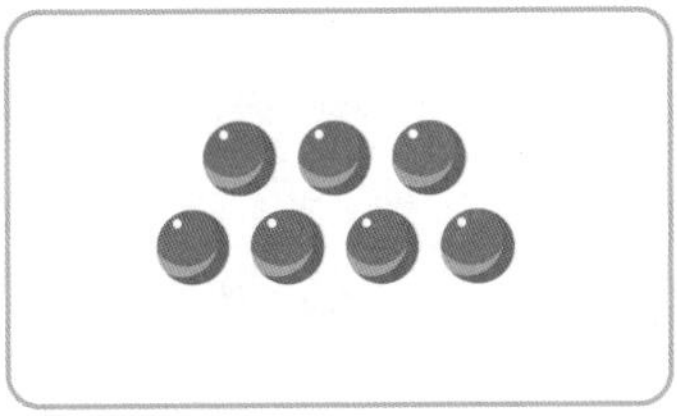

● 세어 보고, 알맞은 수를 쓰세요.

(1)

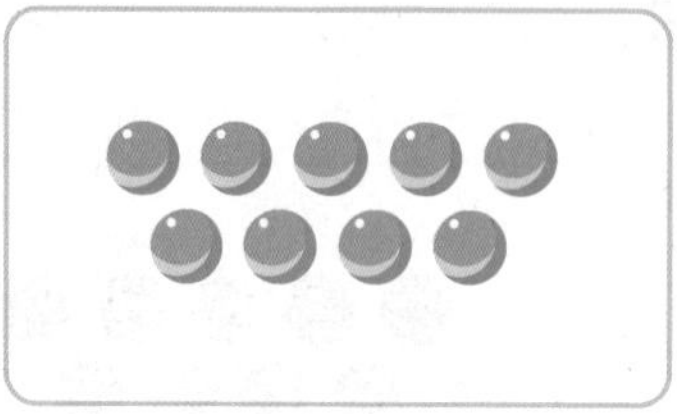

(4)

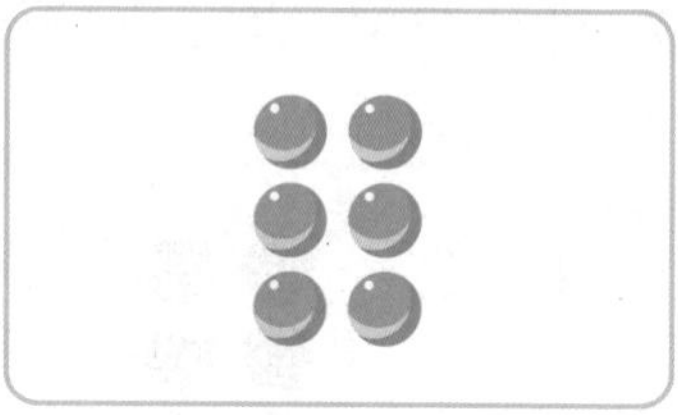

(2)

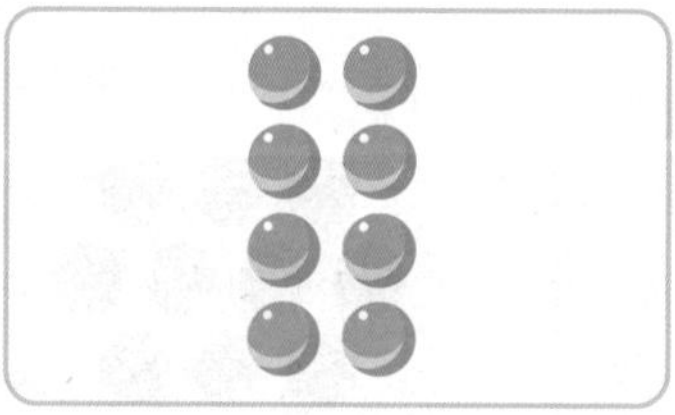

(5)

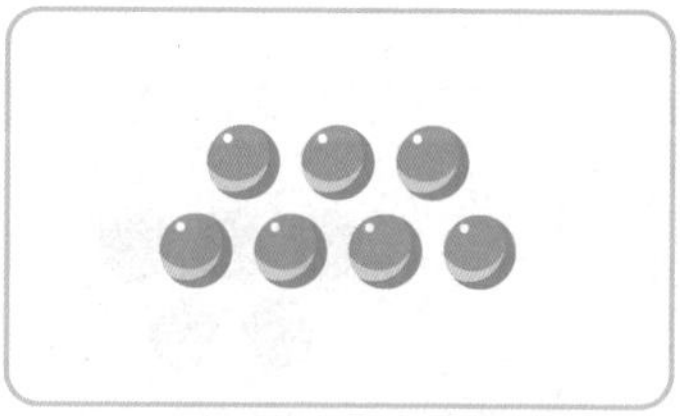

(3)

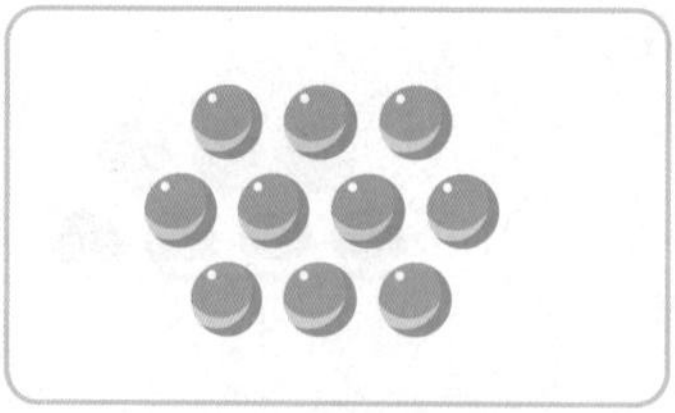

(6)

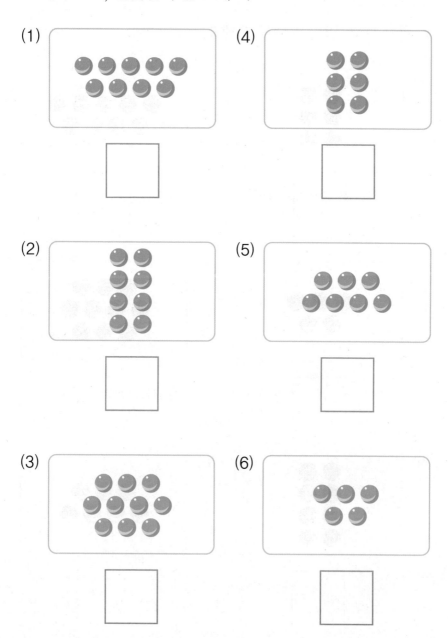

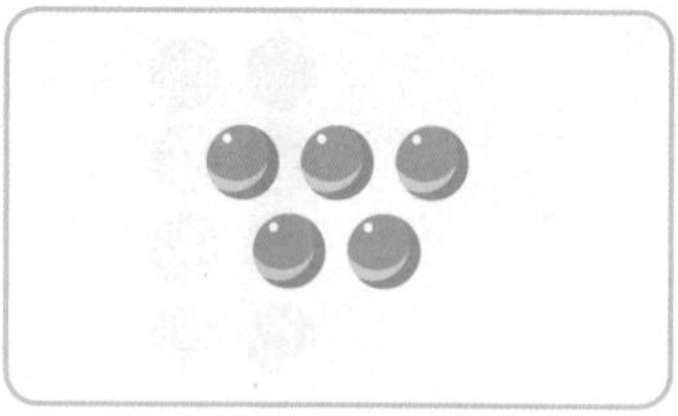

● 각각 몇 개인지 □ 안에 알맞은 수를 쓰세요.

(1)

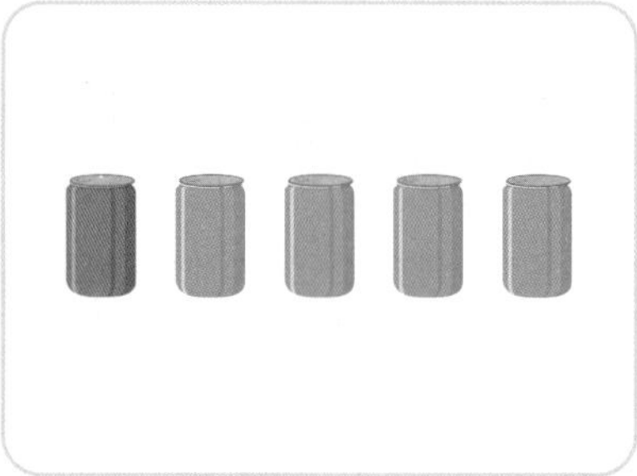

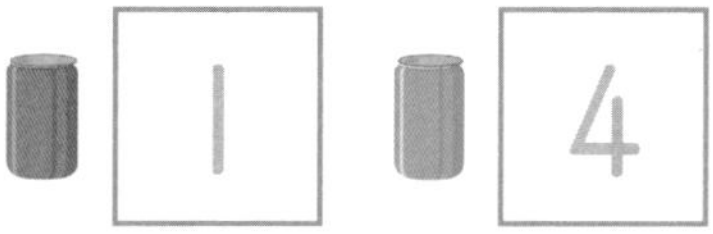

(3)

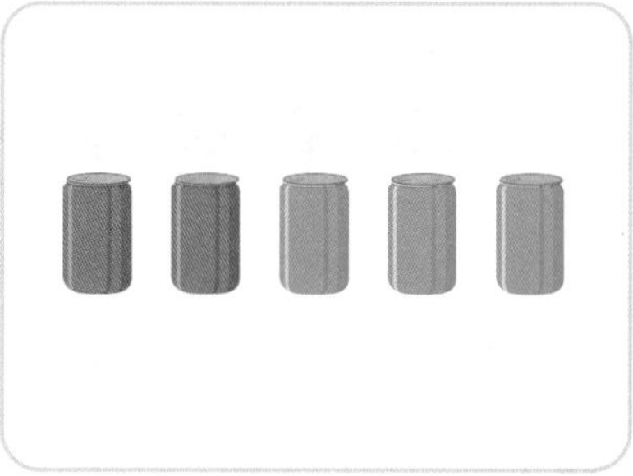

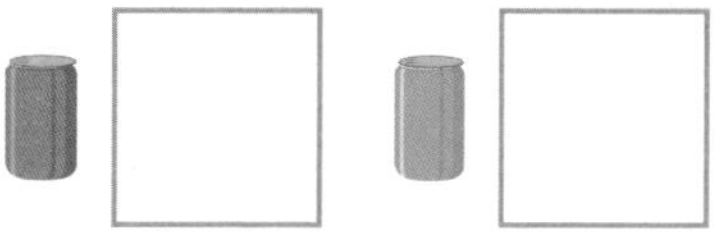

(2)

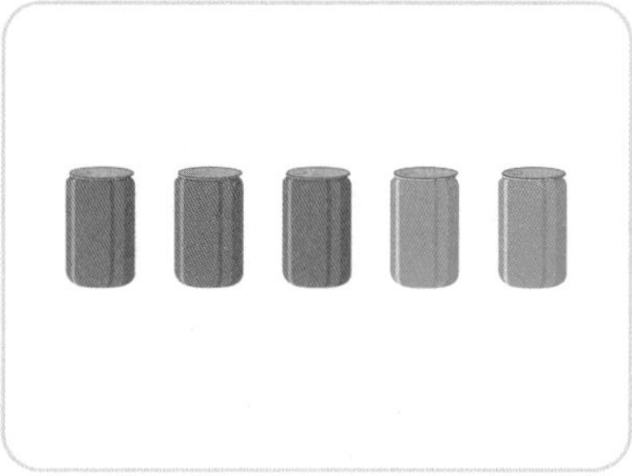

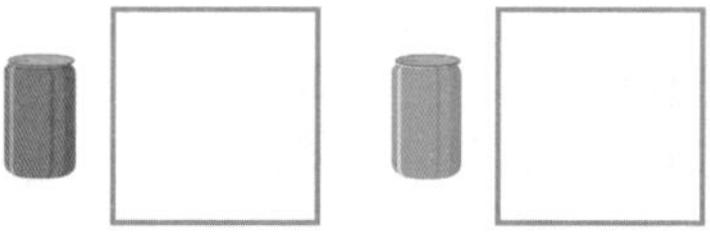

(4)

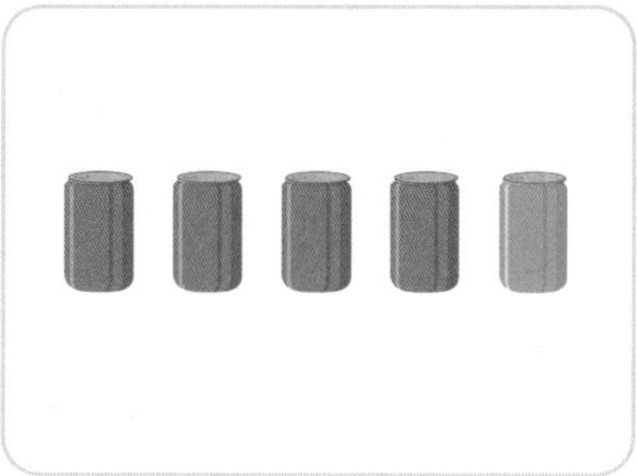

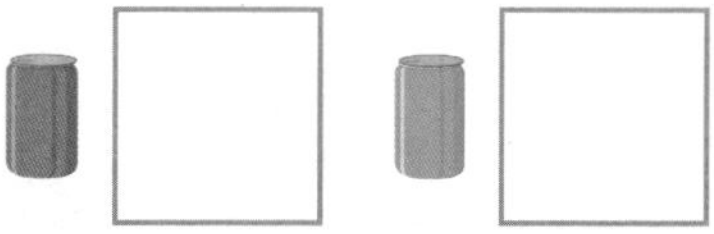

● 각각 몇 개인지 □ 안에 알맞은 수를 쓰세요.

(1)

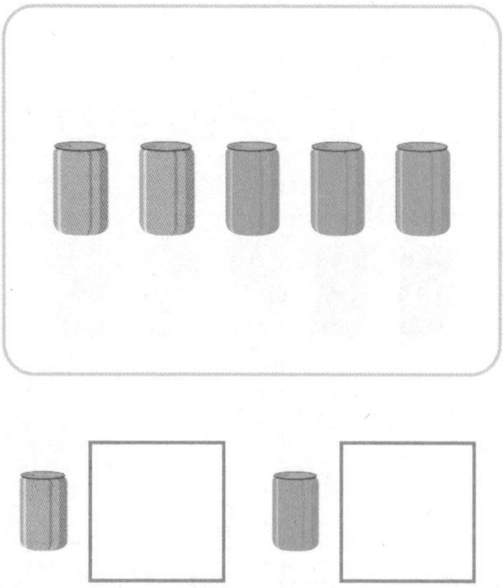

(3)

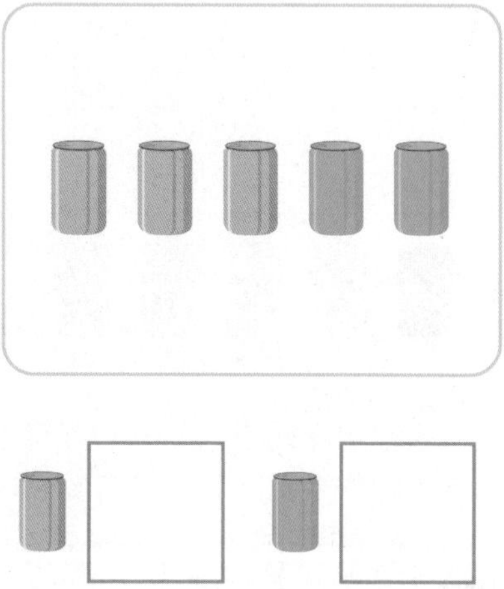

(2)

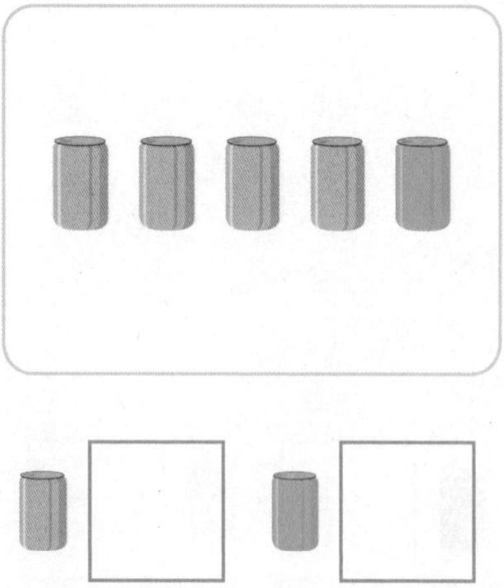

(4)

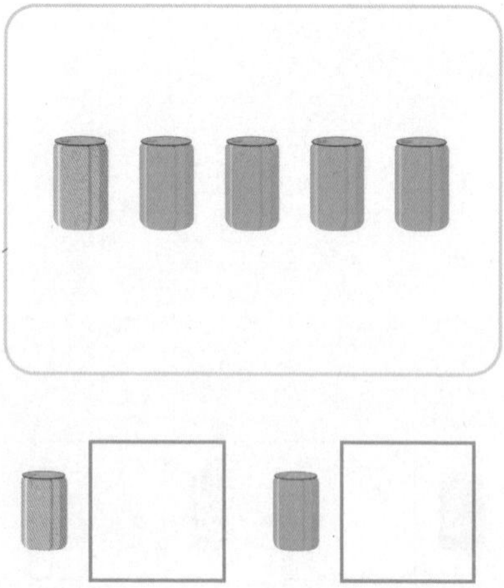

● 각각 몇 개인지 ☐ 안에 알맞은 수를 쓰세요.

(1)

 ☐   ☐

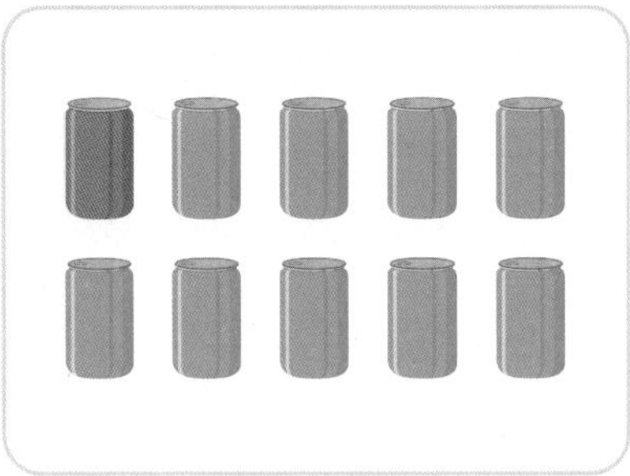

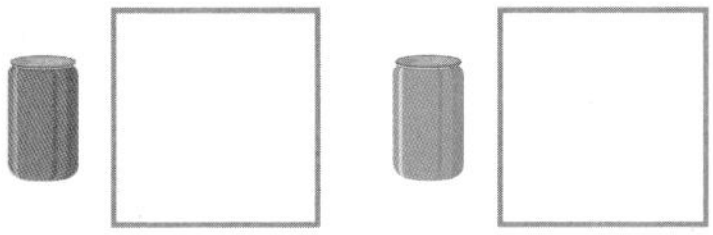

(3)

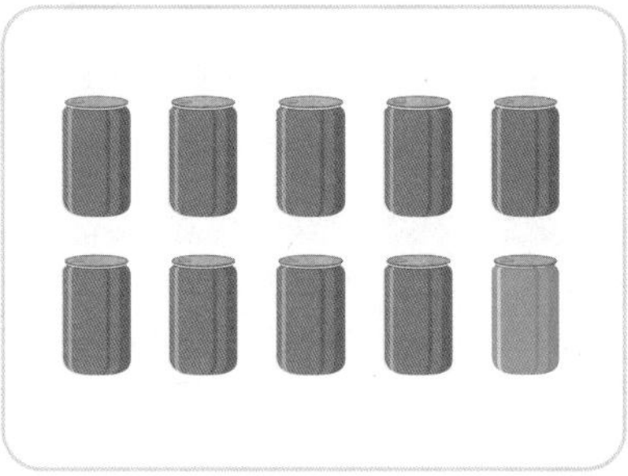

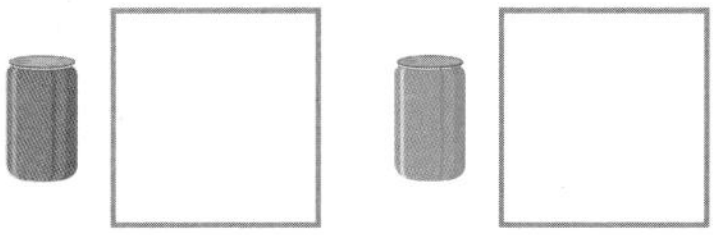

(2)

 ☐   ☐

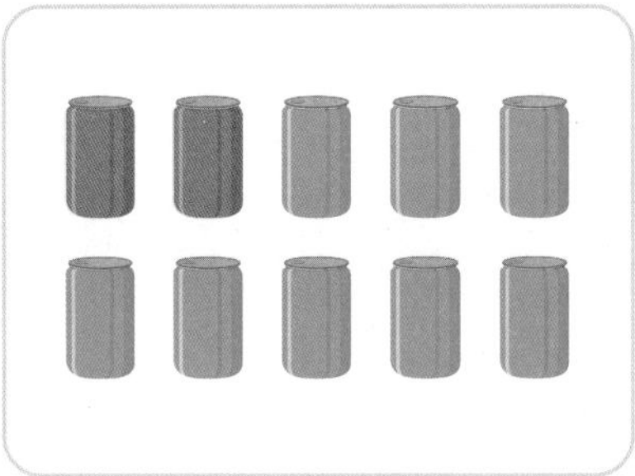

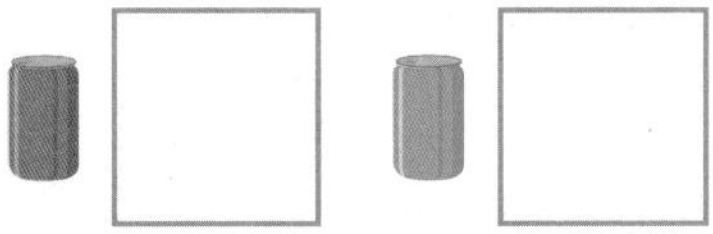

(4)

 ☐   ☐

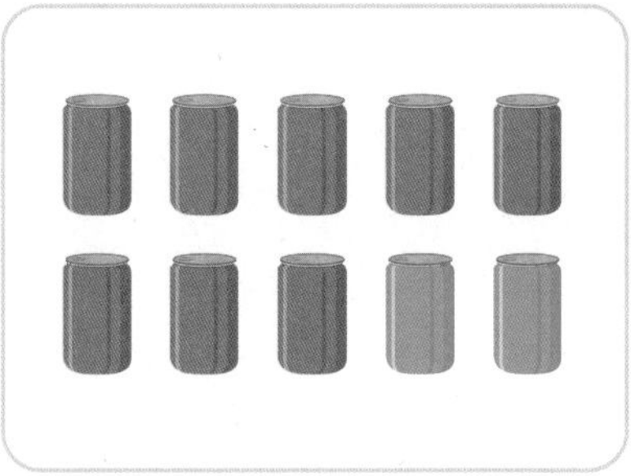

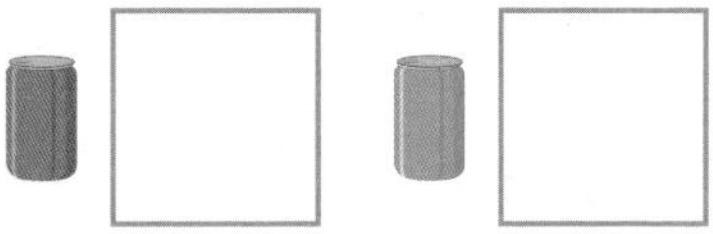

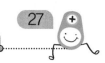

● 각각 몇 개인지 □ 안에 알맞은 수를 쓰세요.

(1)

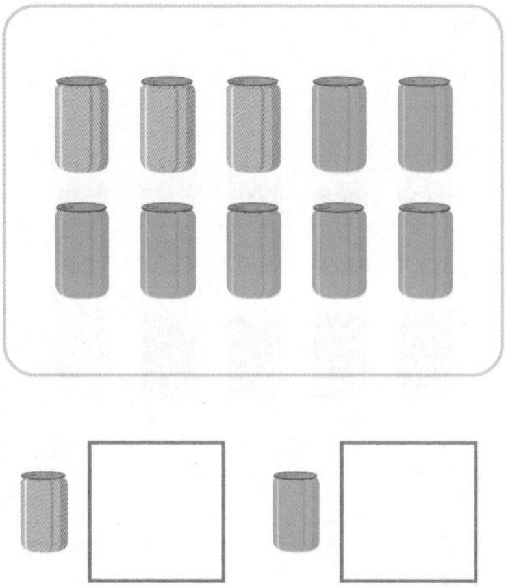

(3)

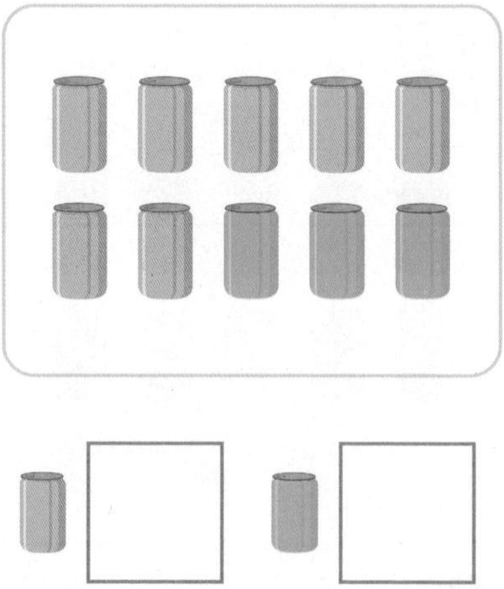

(2)

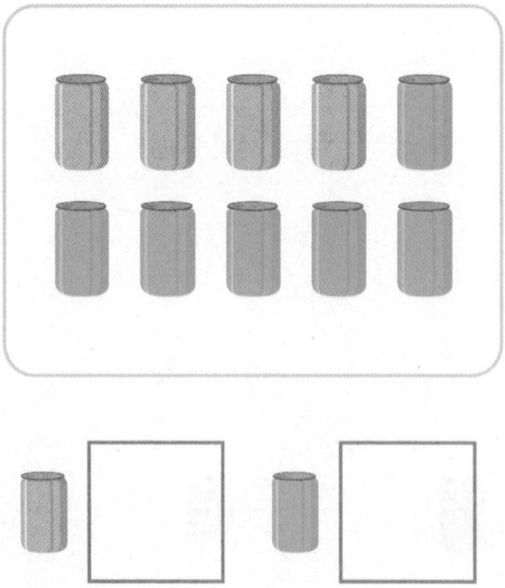

(4)

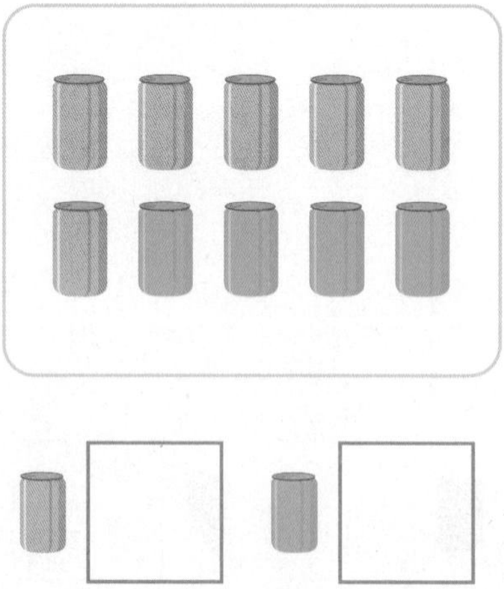

● 각각 몇 개인지 □ 안에 알맞은 수를 쓰세요.

(1)

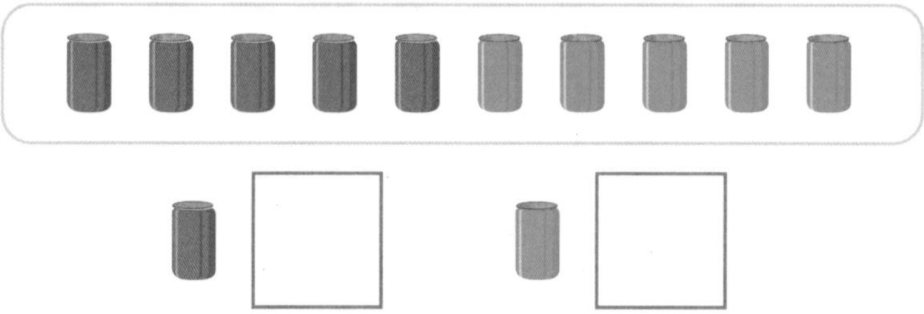

(2)

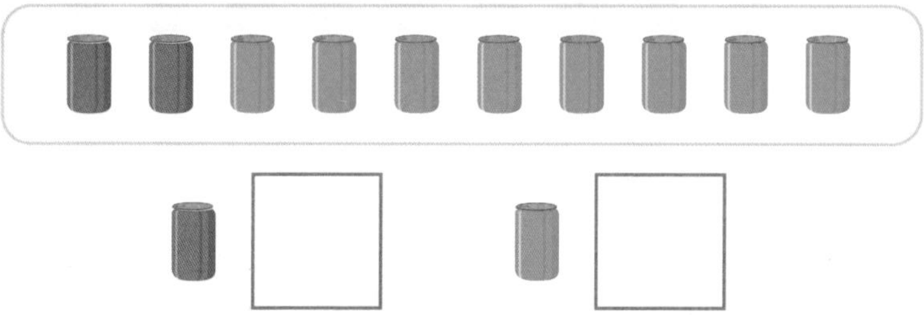

(3)

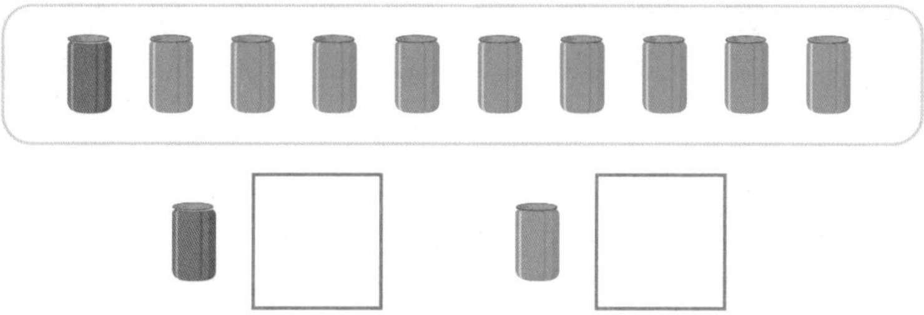

(4)

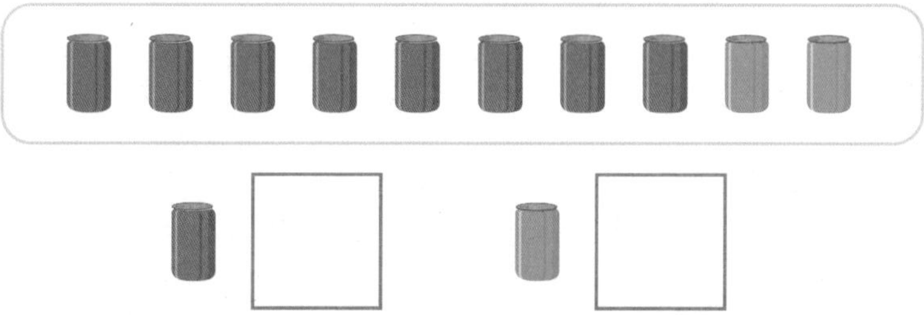

● 각각 몇 개인지 □ 안에 알맞은 수를 쓰세요.

(1)

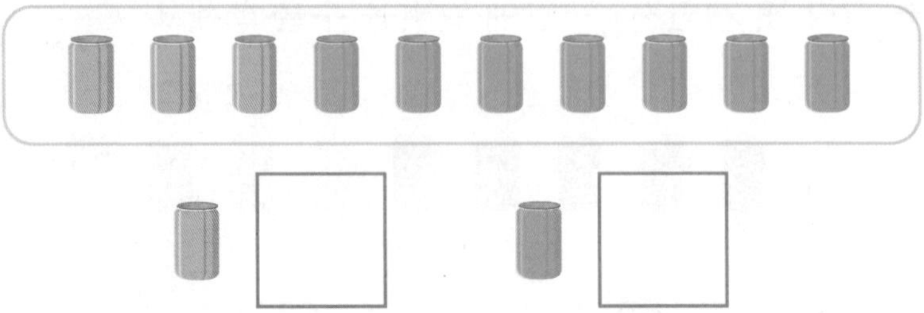

(2)

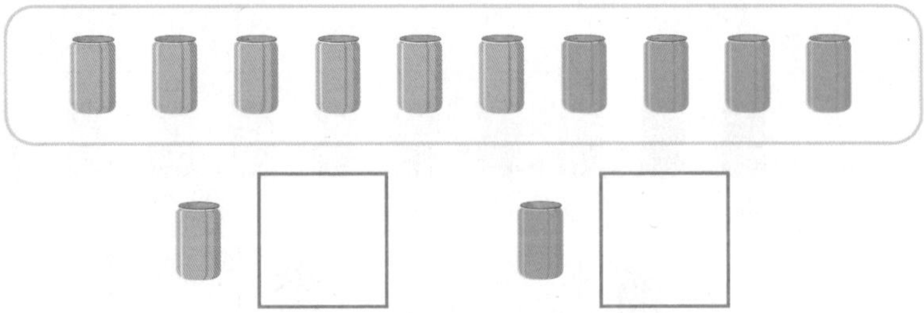

(3)

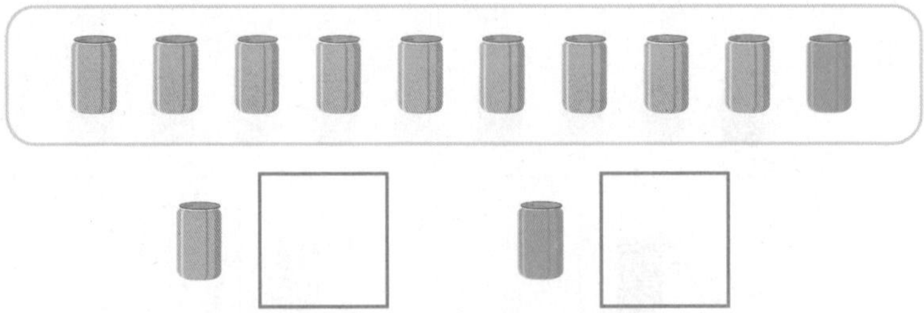

(4)

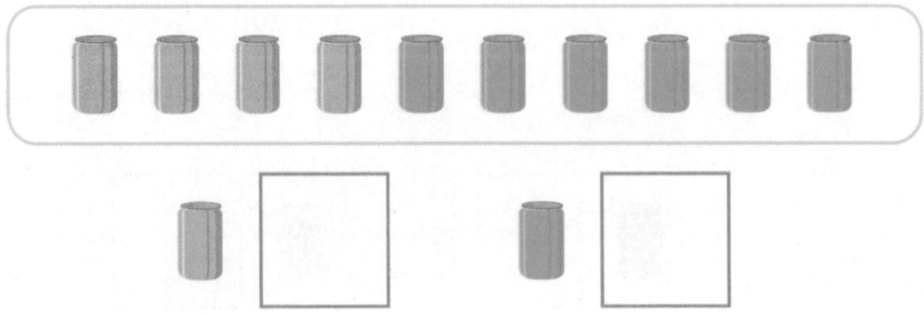

● 각각 몇 개인지 □ 안에 알맞은 수를 쓰세요.

(1)

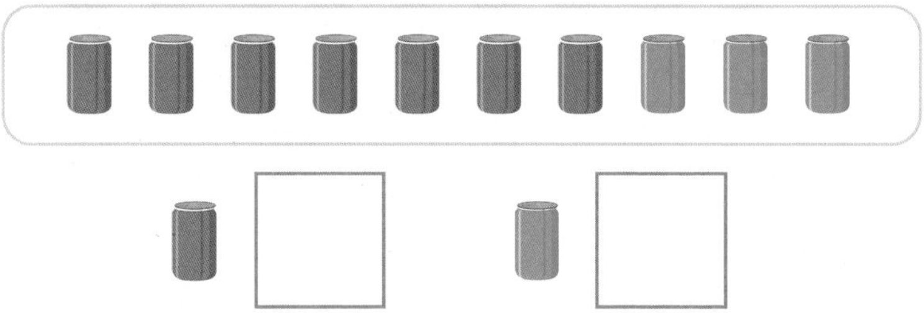

(2)

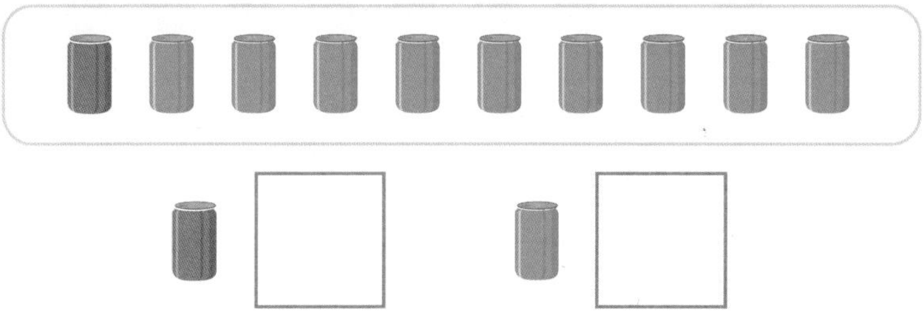

(3)

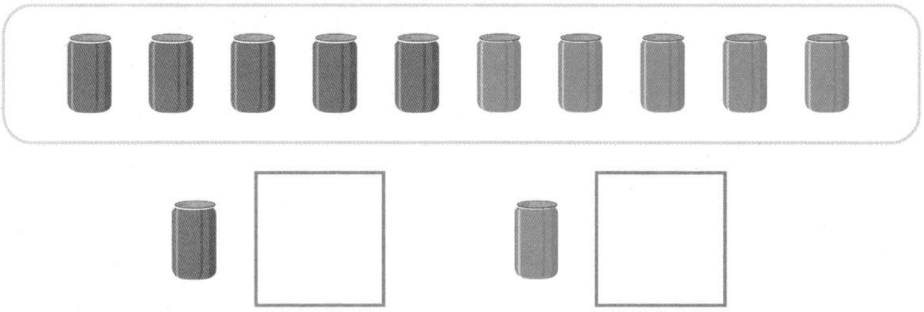

(4)

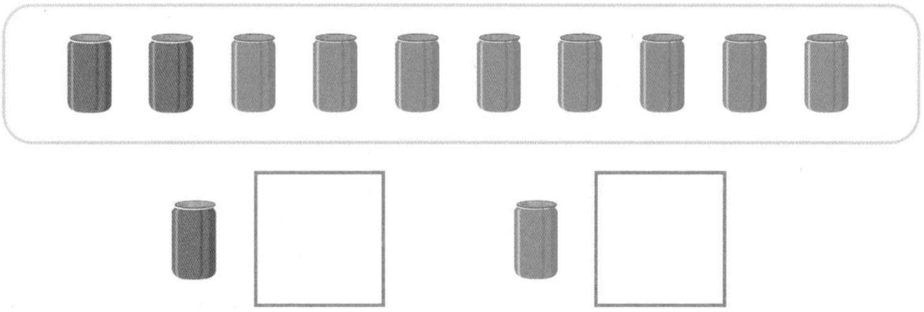

● 각각 몇 개인지 □ 안에 알맞은 수를 쓰세요.

(1)

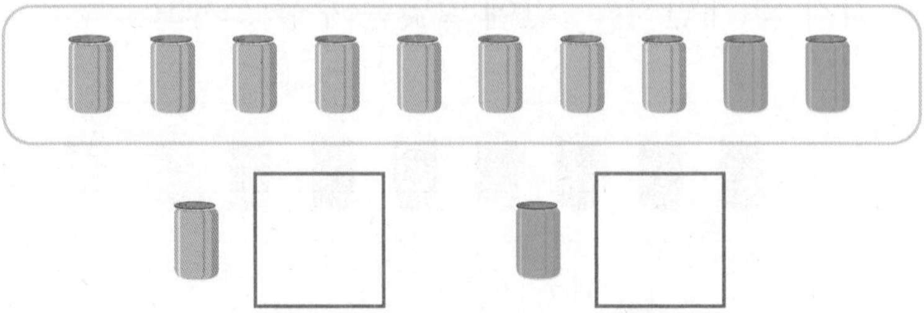

(2)

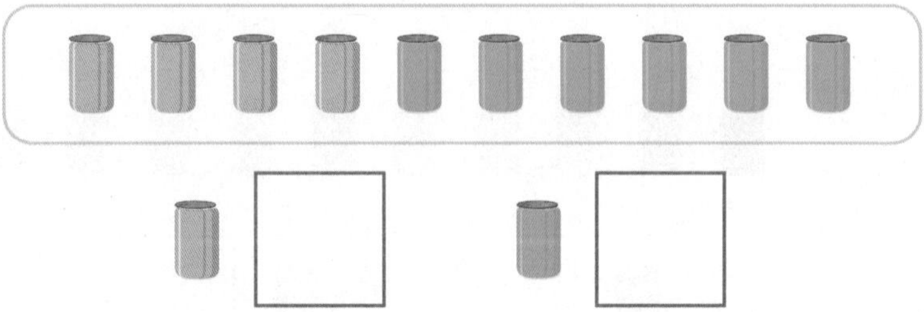

(3)

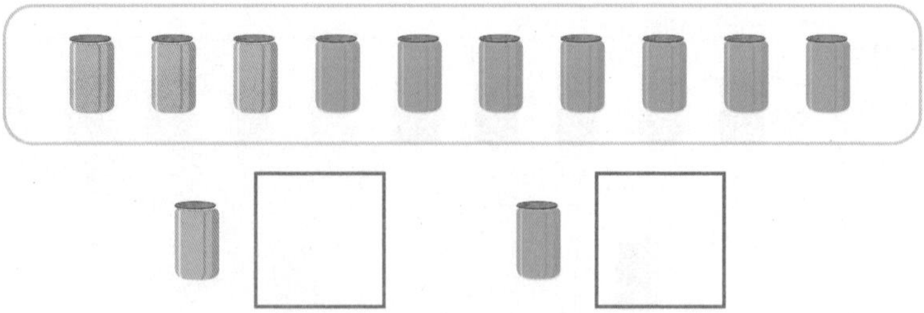

(4)

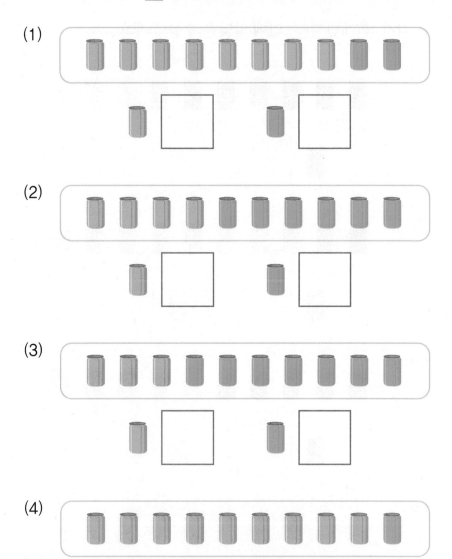

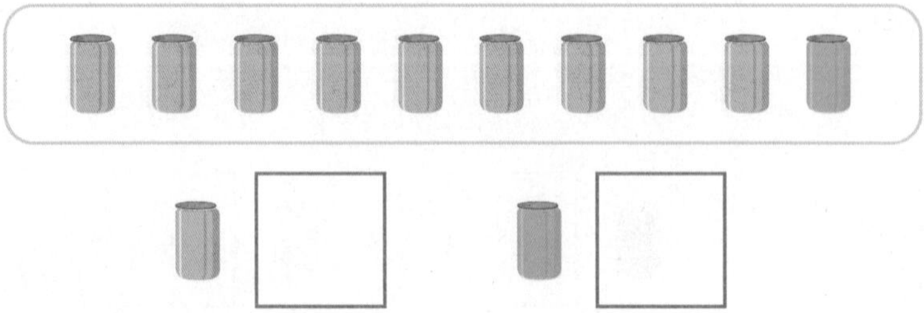

● 자동차 5대 중 가려진 것이 있습니다. 보이는 개수는 ▢, 가려진 개수는 ▢ 안에 쓰세요.

보기

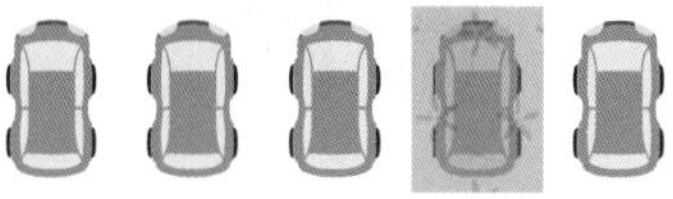

보이는 자동차 4 가려진 자동차 1

(1)

(2)

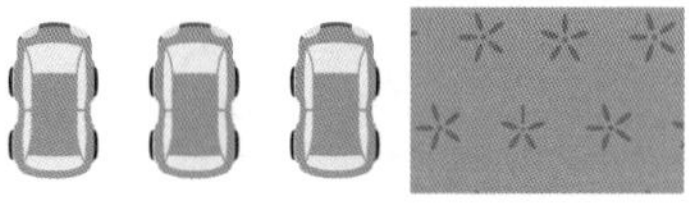

(3)

(4)

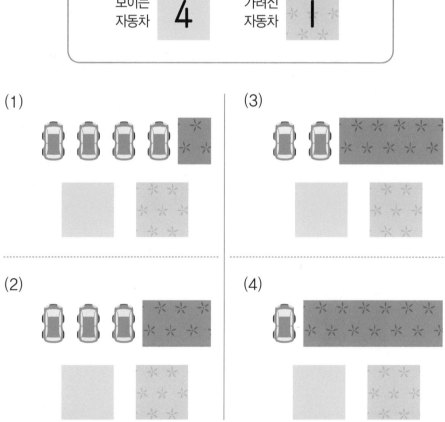

● 자동차 5대 중 가려진 것이 있습니다. 보이는 개수는 ▢, 가려진 개수는 ▢ 안에 쓰세요.

보기

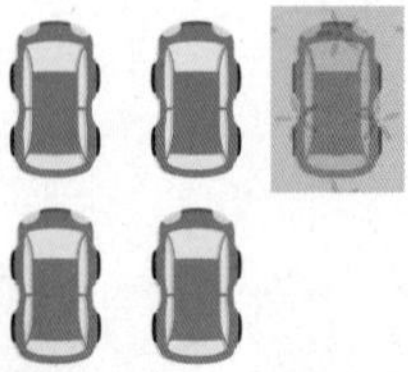

보이는 자동차 4　　가려진 자동차 1

(1)

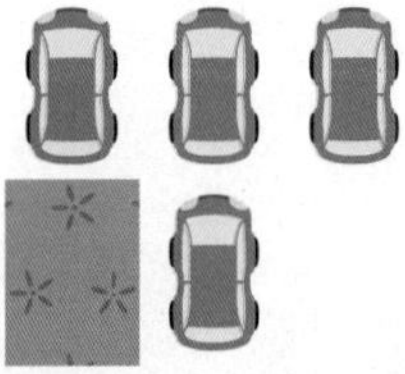

(2)

(3)

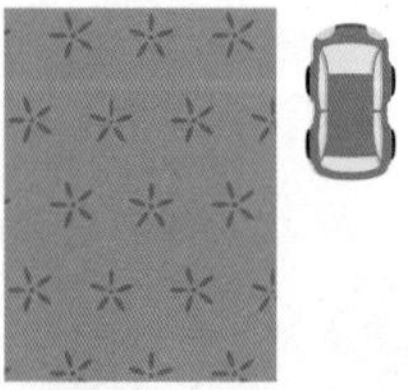

(4)

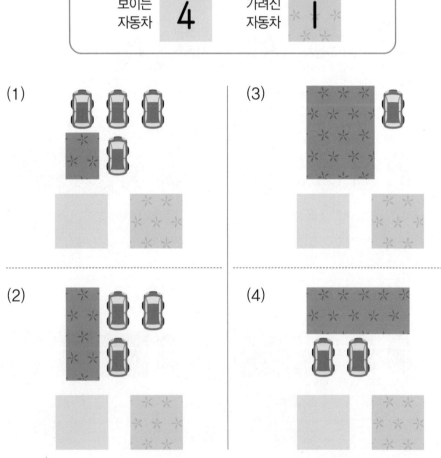

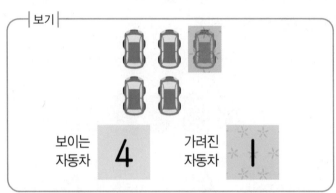

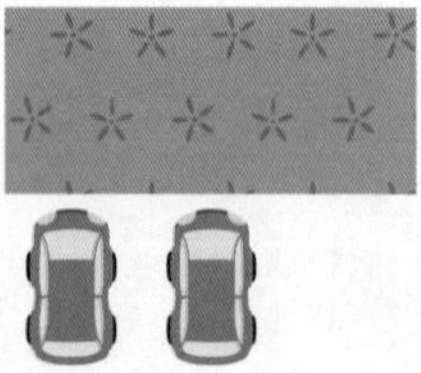

● 과자 10개 중 가려진 것이 있습니다. 보이는 개수는 [ ], 가려진 개수는 [ ] 안에 쓰세요.

보기

보이는 과자 9   가려진 과자 1

(1)

(3)

(2)

(4)

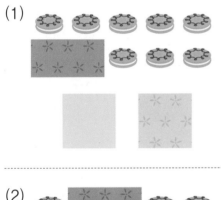

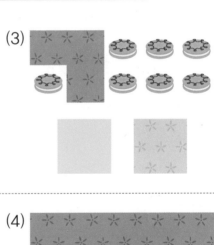

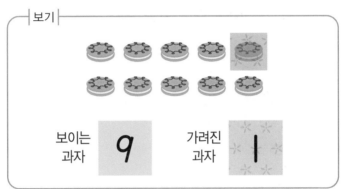

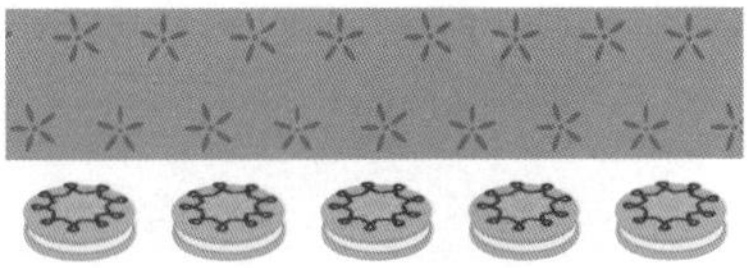

● 농구공 10개 중 가려진 것이 있습니다. 보이는 개수는 ▢, 가려진 개수는 ▢ 안에 쓰세요.

보기

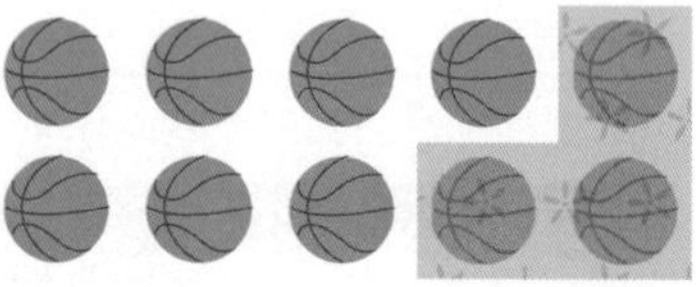

보이는 농구공 7　　가려진 농구공 3

(1)

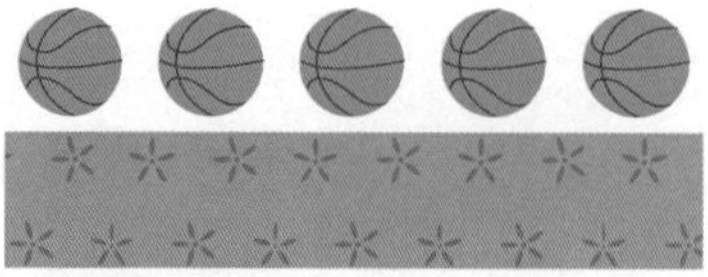

(2)

(3)

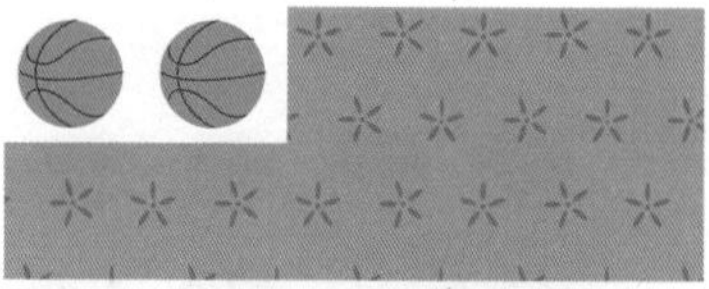

(4)

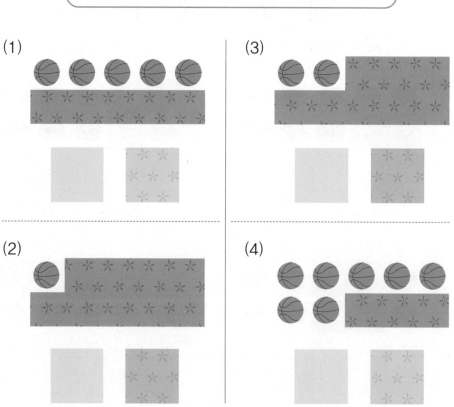

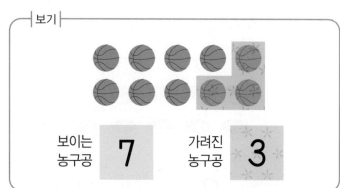

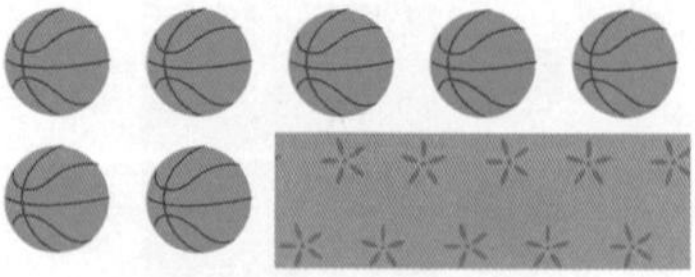

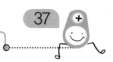

● 구슬 I0개 중 가려진 것이 있습니다. 보이는 개수는 ■, 가려진 개수는 ▨ 안에 쓰세요.

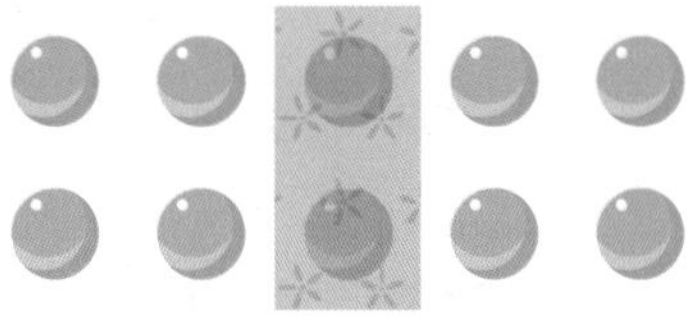

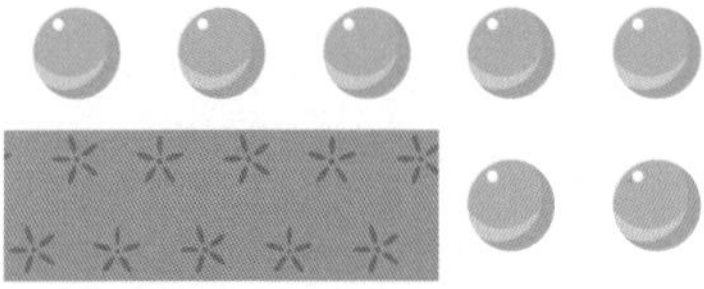

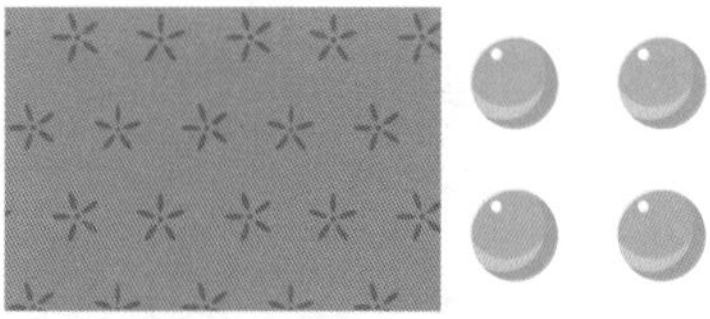

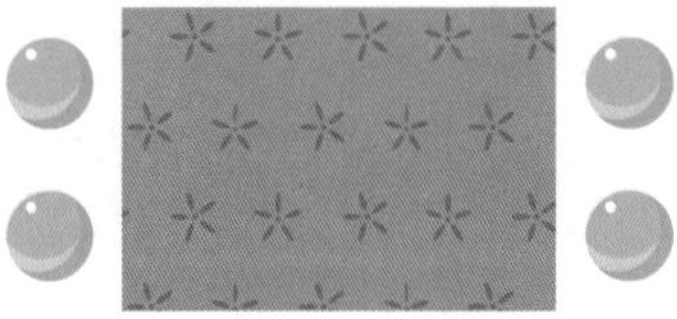

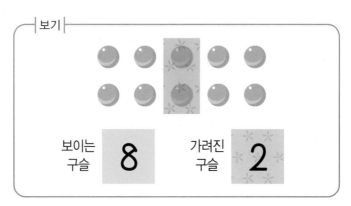

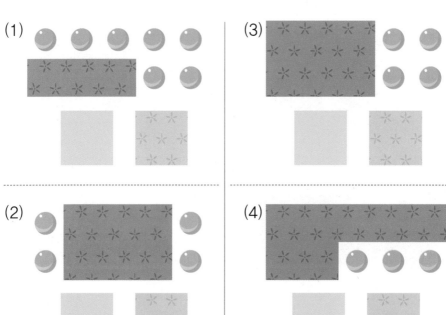

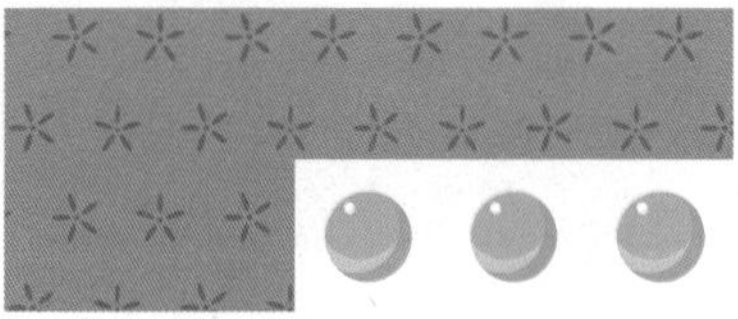

● 구슬 10개 중 가려진 것이 있습니다. 보이는 개수는 ▢, 가려진 개수는 ▢ 안에 쓰세요.

보기

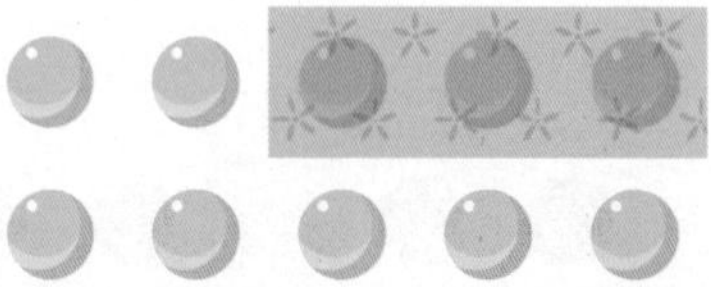

보이는 구슬 7 가려진 구슬 3

(1)

(2)

(3)

(4)

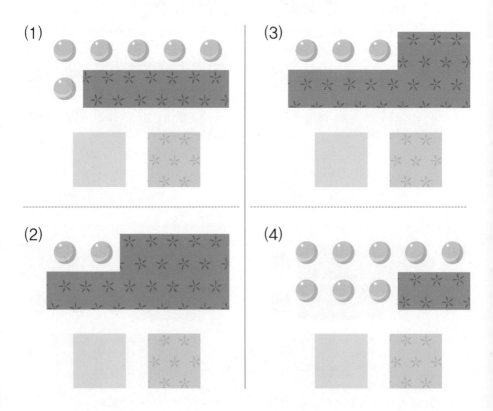

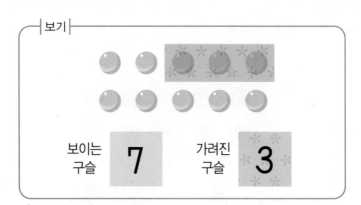

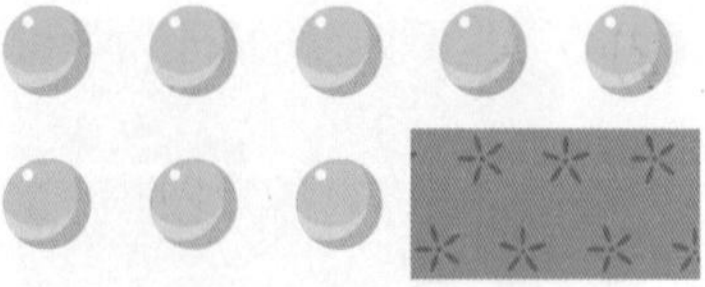

● 구슬 10개 중 가려진 것이 있습니다. 보이는 개수는 ▢, 가려진 개수는 ▢ 안에 쓰세요.

보기

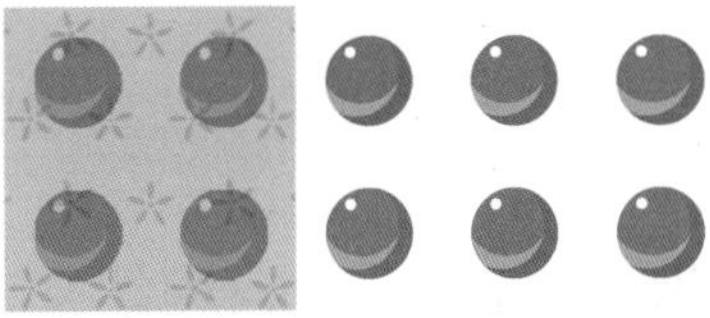

보이는 구슬 6 가려진 구슬 4

(1)

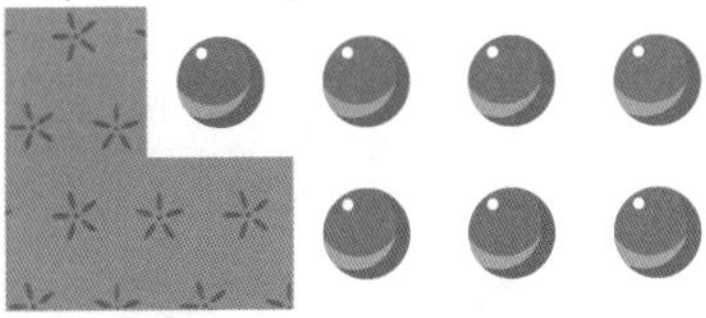

(2)

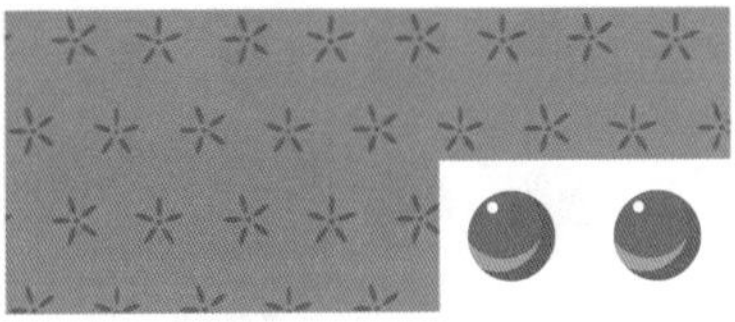

(3)

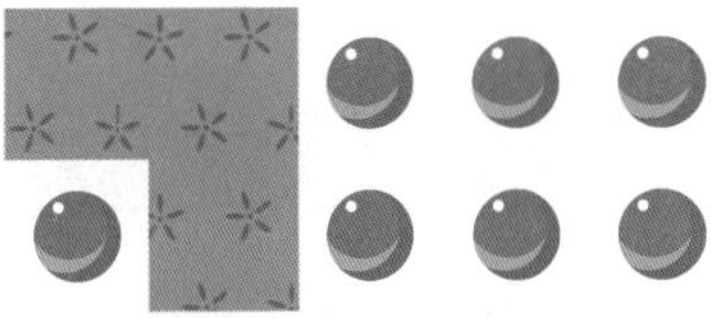

(4)

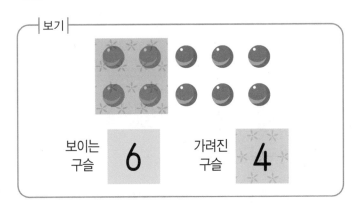

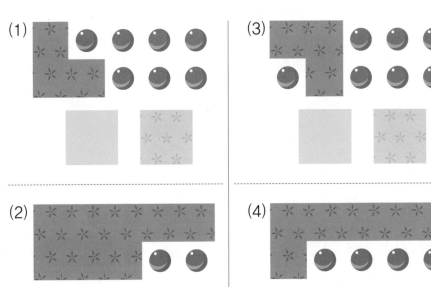

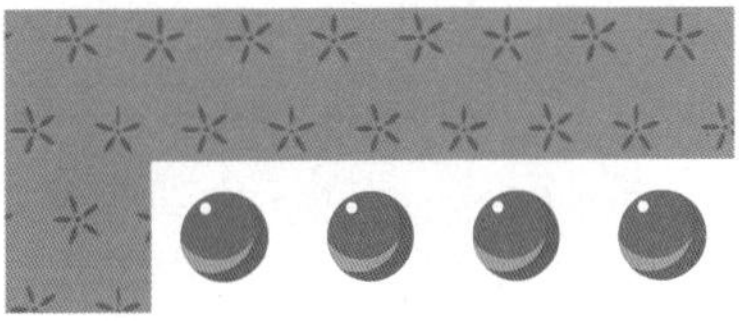

● 구슬 10개 중 가려진 것이 있습니다. 보이는 개수는 ▒, 가려진 개수는 ▒ 안에 쓰세요.

보기

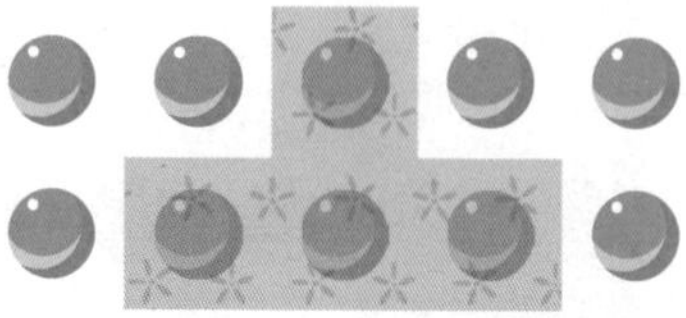

보이는 구슬 6 가려진 구슬 4

(1)

(2)

(3)

(4)

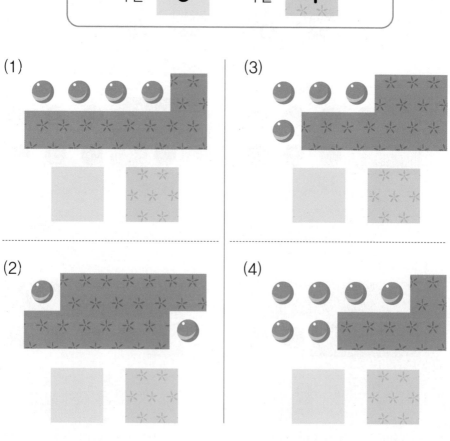

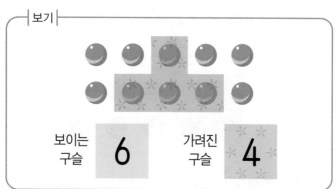

MA단계 2권

10까지의 수 (2)

요일	교재 번호	학습한 날짜	확인
1일차(월)	01~08	월 일	
2일차(화)	09~16	월 일	
3일차(수)	17~24	월 일	
4일차(목)	25~32	월 일	
5일차(금)	33~40	월 일	

● 차례대로 세어 빈칸에 알맞은 수를 쓰세요.

(1)

●	●●	●●●	●●●●	●●●●●
1	2	3	4	5

(2)

●	●●	●●●	●●●●	●●●●●
1	2	3		

(3)

●	●●	●●●	●●●●	●●●●●
1		3		5

(4)

●	●●	●●●	●●●●	●●●●●
	2		4	5

Talk 1부터 20까지의 수를 큰 소리로 세어 봅니다.

11	12	13	14	15	16	17	18	19	20
십일	십이	십삼	십사	십오	십육	십칠	십팔	십구	이십

● 차례대로 세어 빈칸에 알맞은 수를 쓰세요.

(1)

●	●●	●●●	●●●●	●●●●●
1	2			5

(2)

●	●●	●●●	●●●●	●●●●●
1			4	5

(3)

●	●●	●●●	●●●●	●●●●●
1	2	3		

(4)

●	●●	●●●	●●●●	●●●●●
		3	4	5

● 차례대로 세어 빈칸에 알맞은 수를 쓰세요.

(1)

●●●●●●	●●●●●●●	●●●●●●●●	●●●●●●●●●	●●●●●●●●●●
6	7	8		

(2)

●●●●●●	●●●●●●●	●●●●●●●●	●●●●●●●●●	●●●●●●●●●●
6	7			10

(3)

●●●●●●	●●●●●●●	●●●●●●●●	●●●●●●●●●	●●●●●●●●●●
6			9	10

(4)

●●●●●●	●●●●●●●	●●●●●●●●	●●●●●●●●●	●●●●●●●●●●
6		8	9	

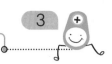

● 차례대로 세어 빈칸에 알맞은 수를 쓰세요.

(1)

●●●●● ●	●●●●● ●●	●●●●● ●●●	●●●●● ●●●●	●●●●● ●●●●●
6	7			10

(2)

●●●●● ●	●●●●● ●●	●●●●● ●●●	●●●●● ●●●●	●●●●● ●●●●●
6		8		10

(3)

●●●●● ●	●●●●● ●●	●●●●● ●●●	●●●●● ●●●●	●●●●● ●●●●●
6	7		9	

(4)

●●●●● ●	●●●●● ●●	●●●●● ●●●	●●●●● ●●●●	●●●●● ●●●●●
	7	8		10

● 빈칸에 알맞은 수를 쓰세요.

(1)

6	7	8	9	10

(2)

6	7		9	10

(3)

6	7	8		10

(4)

6	7		9	

(5)

6		8		10

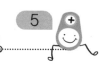

● 빈칸에 알맞은 수를 쓰세요.

(1)

6		8	9	10

(2)

6	7	8	9	

(3)

	7	8	9	10

(4)

6			9	10

(5)

	7	8		10

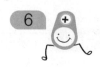

● 빈칸에 알맞은 수를 쓰세요.

(1)

6	7		9	

(2)

6		8		10

(3)

	7	8	9	

(4)

6	7			10

(5)

6		8	9	

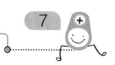

● 빈칸에 알맞은 수를 쓰세요.

(1)

6			9	10

(2)

6	7		9	

(3)

6	7	8		

(4)

	7		9	10

(5)

		8	9	10

● 빈칸에 알맞은 수를 쓰세요.

(1)

6		8		10

(2)

	7	8	9	

(3)

6	7			10

(4)

6		8	9	

(5)

	7	8		10

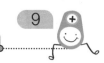

● 빈칸에 알맞은 수를 쓰세요.

(1)

6	7	8		

(2)

6			9	10

(3)

	7	8		10

(4)

6	7		9	

(5)

		8	9	10

● 빈칸에 알맞은 수를 쓰세요.

(1)

2	3			6

(2)

3	4		6	

(3)

4		6		8

(4)

5	6	7		

(5)

	7	8		10

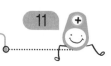

● 빈칸에 알맞은 수를 쓰세요.

(1)

	3	4	5	

(2)

3	4			7

(3)

4		6		8

(4)

5			8	9

(5)

6		8		10

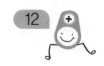

● □ 안에 알맞은 수를 쓰세요.

(1)

0 1 2 [3] 4 5 [6] 7 8 [9] 10

(2)

0 1 □ 3 4 □ 6 7 □ 9 10

(3)

0 □ 2 3 □ 5 6 □ 8 9 10

(4)

0 1 □ 3 4 5 6 7 □ 9 □

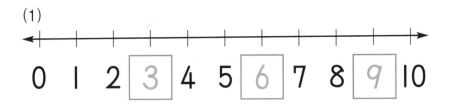

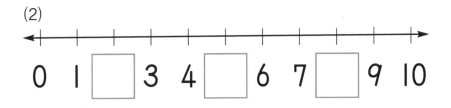

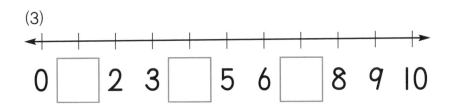

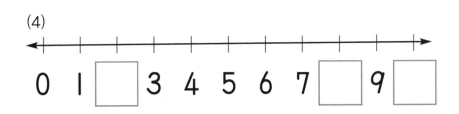

● □ 안에 알맞은 수를 쓰세요.

(1)

0 1 □ 3 4 □ 6 7 8 □ 10

(2)

0 1 2 □ 4 5 6 □ 8 9 □

(3)

0 □ 2 3 □ 5 6 7 □ 9 10

(4)

0 1 □ 3 4 5 □ 7 8 9 □

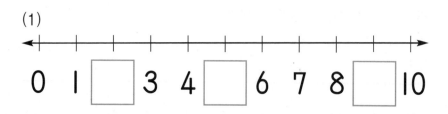

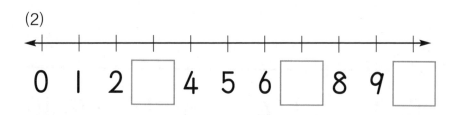

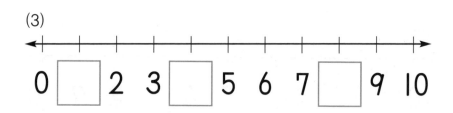

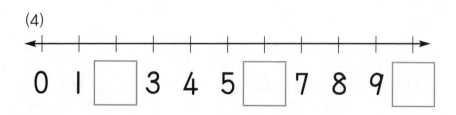

● □ 안에 알맞은 수를 쓰세요.

(1)

0 1 2 □ 4 5 6 □ 8 9 □

(2)

0 1 2 3 □ 5 □ 7 □ 9 10

(3)

0 1 □ 3 4 □ 6 7 □ 9 10

(4)

0 □ 2 3 4 5 □ 7 8 □ 10

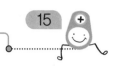

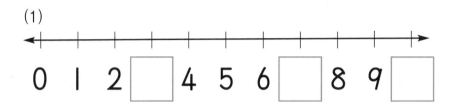

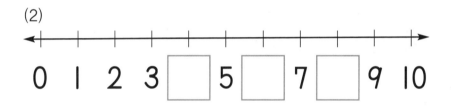

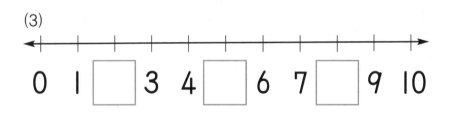

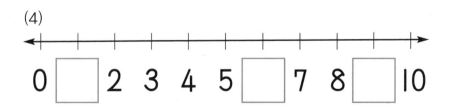

● □ 안에 알맞은 수를 쓰세요.

(1)

0 1 2 □ 4 □ 6 7 8 □ 10

(2)

0 1 □ 3 4 5 □ 7 8 9 □

(3)

0 □ 2 3 □ 5 6 7 □ 9 10

(4)

0 1 □ 3 4 □ 6 7 8 □ 10

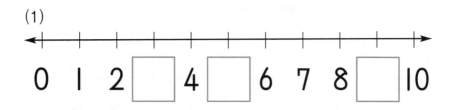

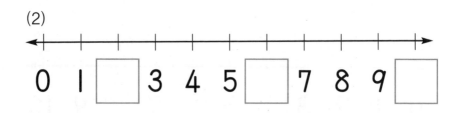

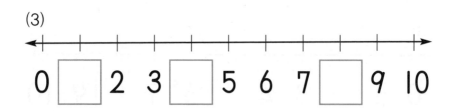

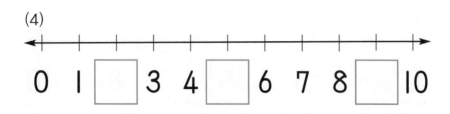

● 빈 곳에 알맞은 수를 찾아 ◯를 하세요.

(1)

(2)

(3)

(4)

(5)

● 빈 곳에 알맞은 수를 찾아 ◯를 하세요.

(1) 2 - ☐ - 4   1 3 5

(2) 1 - ☐ - 3   2 4 5

(3) ☐ - 3 - 4   1 2 5

(4) ☐ - 2 - 3   1 4 5

(5) ☐ - 4 - 5   1 2 3

● 빈 곳에 알맞은 수를 찾아 ◯를 하세요.

(1)

(2)

(3)

(4)

(5)

● 빈 곳에 알맞은 수를 찾아 ◯를 하세요.

(1) 5 □ 7　　6 8 9

(2) 6 □ 8　　5 7 9

(3) □ 5 6　　4 7 8

(4) □ 7 8　　6 9 10

(5) □ 9 10　　6 7 8

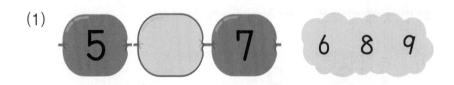

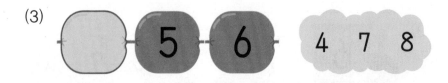

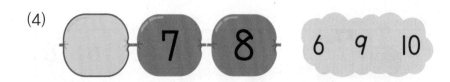

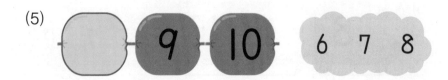

● 빈 곳에 알맞은 수를 쓰세요.

(1) 4 — 5 — 6

(2) 7 — 8 — ☐

(3) 5 — ☐ — 7

(4) 8 — ☐ — 10

(5) ☐ — 7 — 8

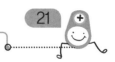

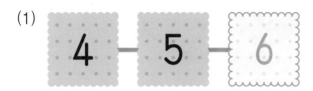

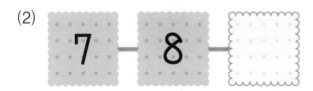

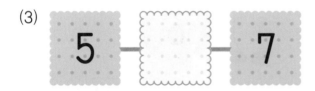

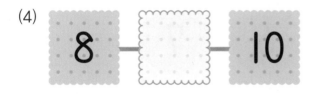

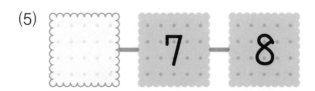

● 빈 곳에 알맞은 수를 쓰세요.

(1) 5 — 6 — ☐

(2) 7 — ☐ — 9

(3) 4 — ☐ — 6

(4) ☐ — 6 — 7

(5) ☐ — 8 — 9

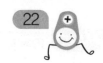

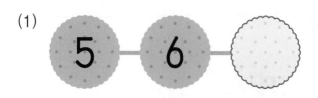

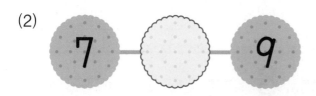

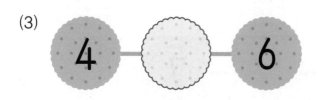

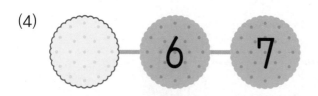

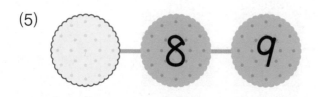

● 빈 곳에 알맞은 수를 쓰세요.

(1)	7	8	
(2)	4	5	
(3)	5		7
(4)	6		8
(5)		9	10

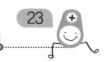

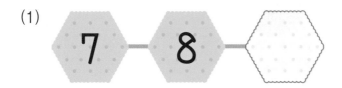

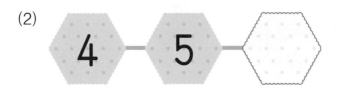

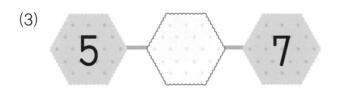

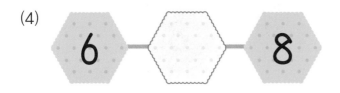

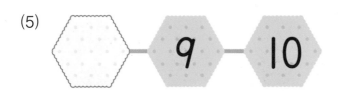

● 빈 곳에 알맞은 수를 쓰세요.

(1) 5 — 6 — □

(2) 7 — □ — 9

(3) 8 — □ — 10

(4) □ — 7 — 8

(5) □ — 5 — 6

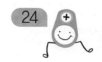

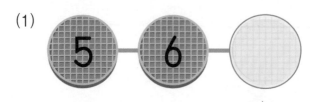

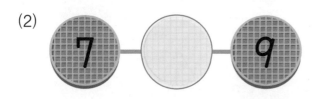

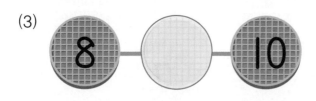

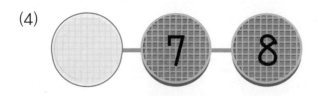

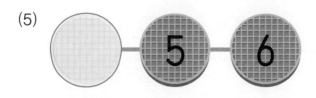

● 빈칸에 알맞은 수를 쓰세요.

(1)

●●●●●	●●●●	●●●	●●	●
5	4	3	2	1

(2)

●●●●●	●●●●	●●●	●●	●
5		3		1

(3)

●●●●●	●●●●	●●●	●●	●
5	4		2	

(4)

●●●●●	●●●●	●●●	●●	●
	4	3	2	

Talk 10부터 1까지의 수를 큰 소리로 거꾸로 세어 봅니다.

● 빈칸에 알맞은 수를 쓰세요.

(1)

●●●●●	●●●●	●●●	●●	●
5	4			1

(2)

●●●●●	●●●●	●●●	●●	●
5			2	1

(3)

●●●●●	●●●●	●●●	●●	●
5		3	2	

(4)

●●●●●	●●●●	●●●	●●	●
	4	3		1

● 빈칸에 알맞은 수를 쓰세요.

(1)

10	9	8		6

(2)

10	9			6

(3)

10		8	7	

(4)

	9	8	7	

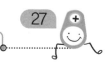

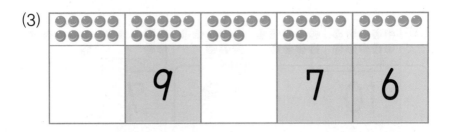

● 빈칸에 알맞은 수를 쓰세요.

(1)

10	9		7	

(2)

10		8		6

(3)

	9		7	6

(4)

		8	7	6

● 빈칸에 알맞은 수를 쓰세요.

(1)

10	9	8	7	

(2)

10	9	8		6

(3)

10	9		7	6

(4)

10	9	8		

(5)

10			7	6

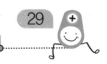

● 빈칸에 알맞은 수를 쓰세요.

(1)

10	9			6

(2)

10		8	7	

(3)

	9	8		6

(4)

10	9		7	

(5)

10		8		6

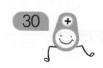

● 빈칸에 알맞은 수를 쓰세요.

(1)

10	9	8		

(2)

10			7	6

(3)

	9	8	7	

(4)

10		8		6

(5)

	9		7	6

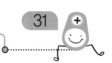

● 빈칸에 알맞은 수를 쓰세요.

(1)

10	9	8		

(2)

10			7	6

(3)

	9	8		6

(4)

10	9		7	

(5)

		8	7	6

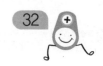

● 빈칸에 알맞은 수를 쓰세요.

(1)

10	9			6

(2)

10		8	7	

(3)

	9		7	6

(4)

10		8		6

(5)

	9	8	7	

● 빈칸에 알맞은 수를 쓰세요.

(1)

10	9			6

(2)

10		8	7	

(3)

	9		7	6

(4)

10		8		6

(5)

	9	8		6

● 빈칸에 알맞은 수를 쓰세요.

(1)

4			1	0

(2)

6		4		2

(3)

7	6		4	

(4)

8			5	4

(5)

9	8		6	

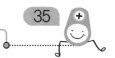

● 빈칸에 알맞은 수를 쓰세요.

(1)

	3	2		0

(2)

6		4	3	

(3)

7	6			3

(4)

8		6		4

(5)

9		7	6	

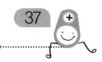

● 빈 곳에 알맞은 수를 쓰세요.

(1)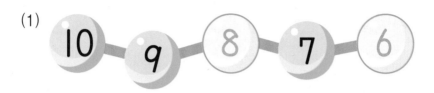

(2)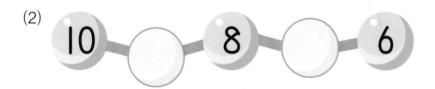

(3)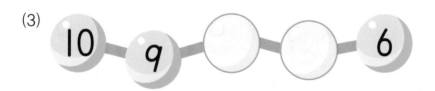

(4)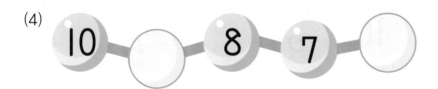

(5)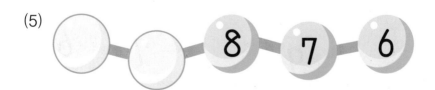

● 빈 곳에 알맞은 수를 쓰세요.

(1)

(2)
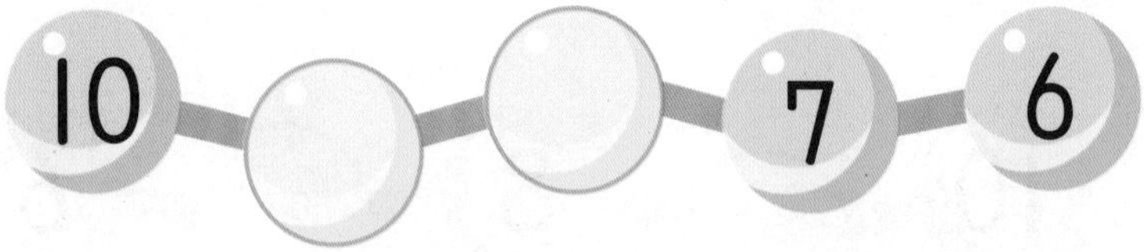

(3)
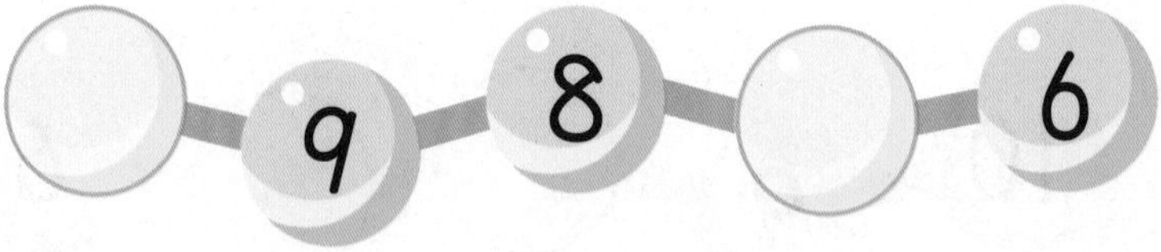

(4)
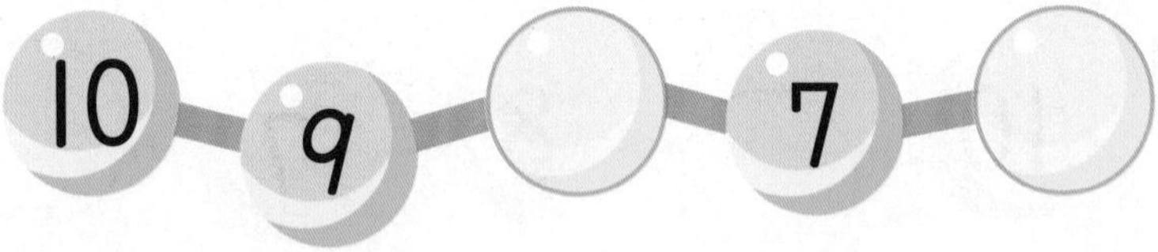

(5)
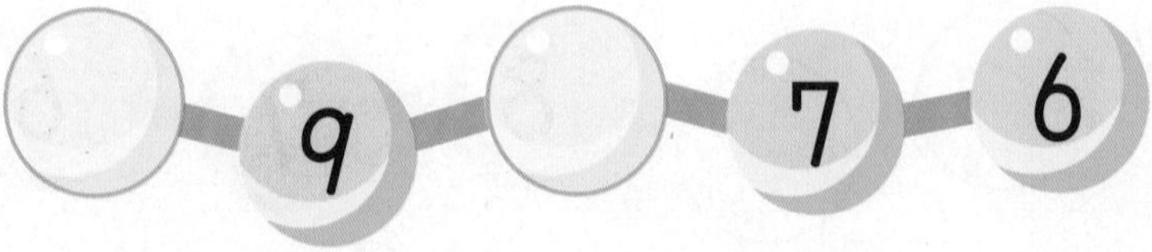

● 빈 곳에 알맞은 수를 쓰세요.

(1)

9   8   7

(2)

8   6   5

(3)

7   5   3

(4)

  5   3   2

(5)

4   2   0

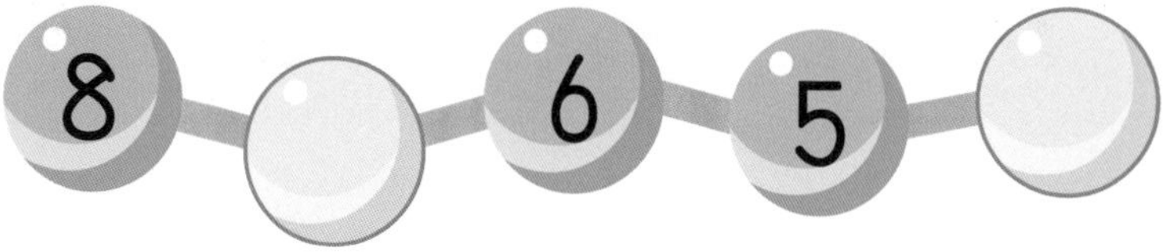

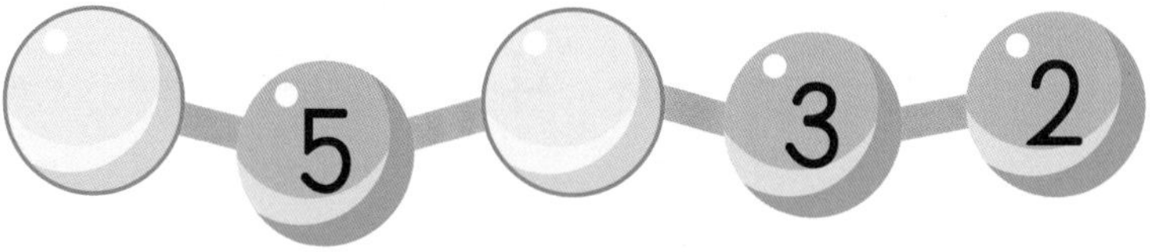

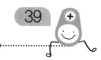

● 빈 곳에 알맞은 수를 쓰세요.

(1)

(2)

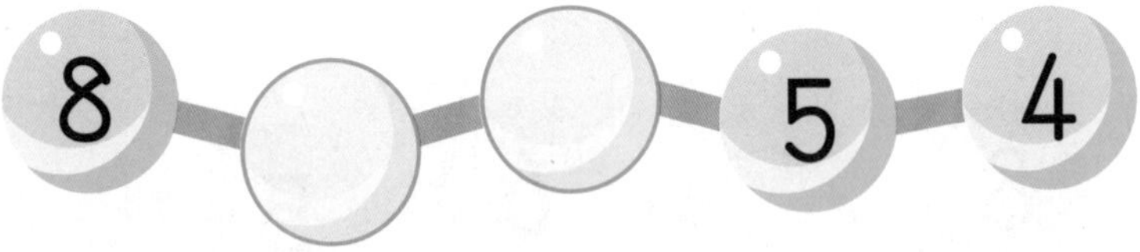

(3)

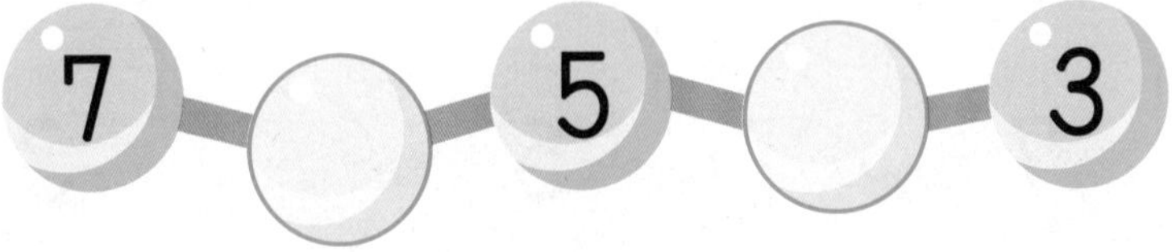

(4)

(5)

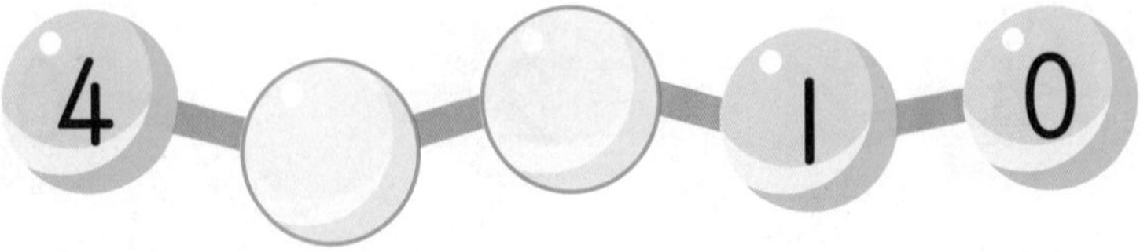

MA단계 2권

20까지의 수 (1)

3주차

요일	교재 번호	학습한 날짜	확인
1일차(월)	01~08	월 일	
2일차(화)	09~16	월 일	
3일차(수)	17~24	월 일	
4일차(목)	25~32	월 일	
5일차(금)	33~40	월 일	

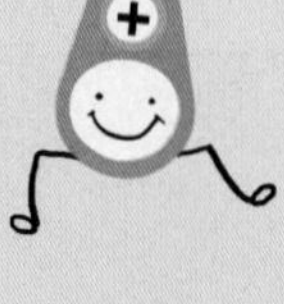

● 수를 읽으면서 쓰세요.

1	2	3	4	5
1	2	3	4	5

Talk 1부터 20까지의 수를 큰 소리로 세어 봅니다.

● 수를 읽으면서 쓰세요.

6	7	8	9	10
6	7	8	9	10

1	2	3	4	5
6	7	8	9	10

● 수를 세어 보세요.

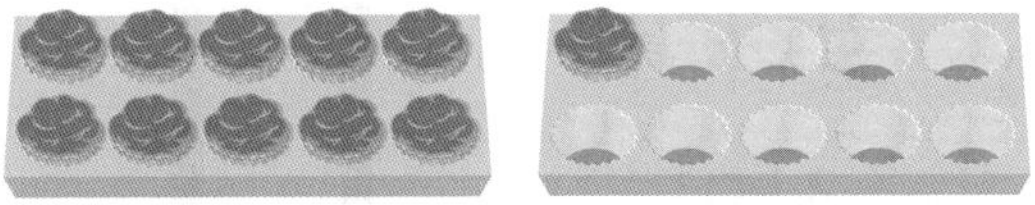

11

열하나

십일

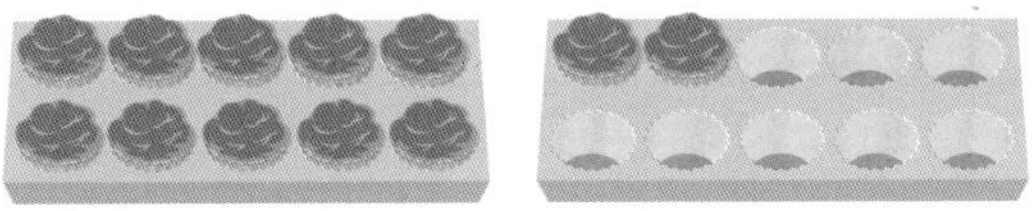

12

열둘

십이

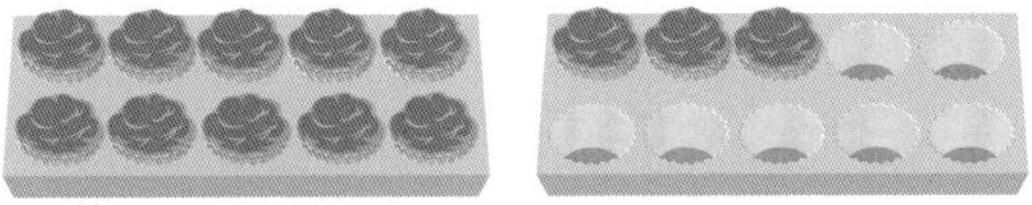

13

열셋

십삼

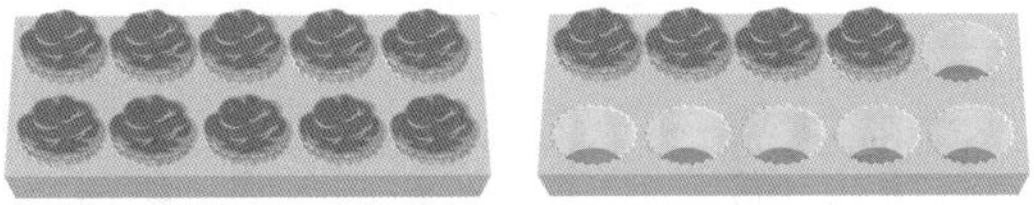

14

열넷

십사

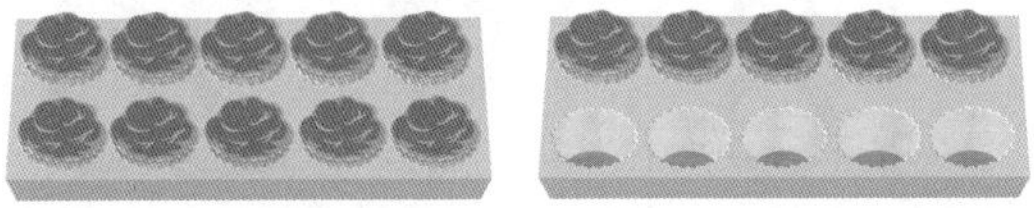

15

열다섯

십오

● 수를 읽으면서 쓰세요.

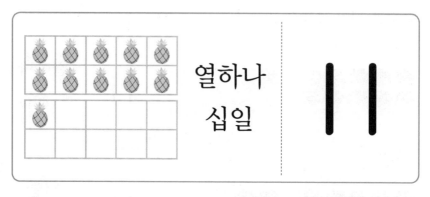

열하나
십일

11

11	12	13	14	15
16	17	18	19	20

● 수를 읽으면서 쓰세요.

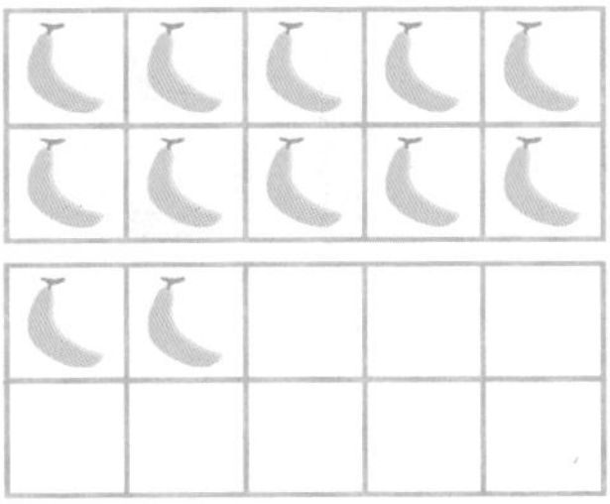

열둘
십이

12

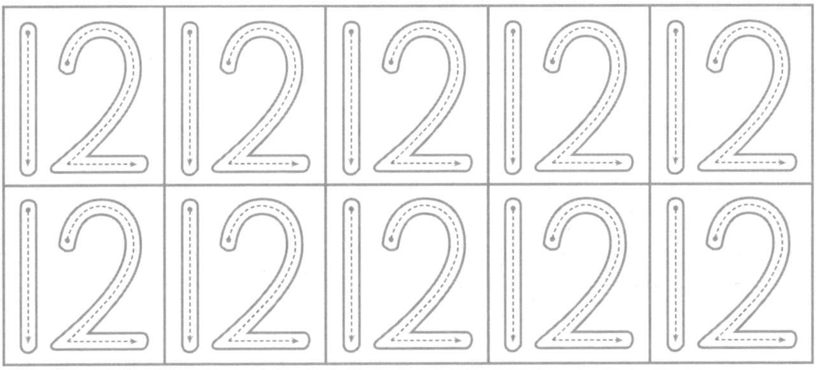

11	12	13	14	15

● 수를 읽으면서 쓰세요.

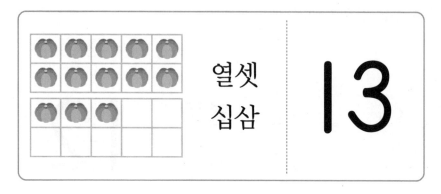

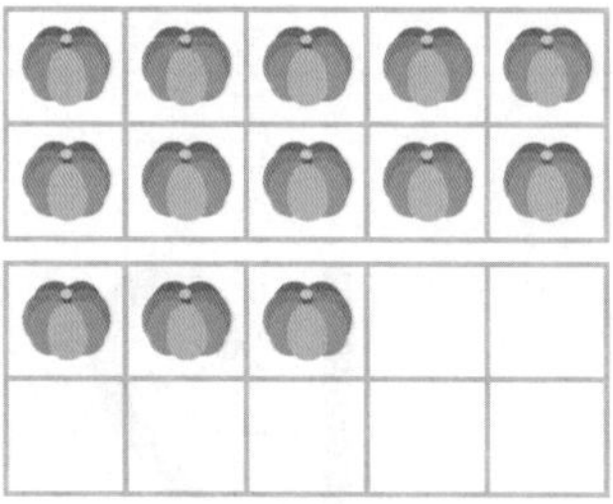

열셋
십삼

13

13	13	13	13	13
13	13	13	13	13

11	12	13	14	15
16	17	18	19	20

● 수를 읽으면서 쓰세요.

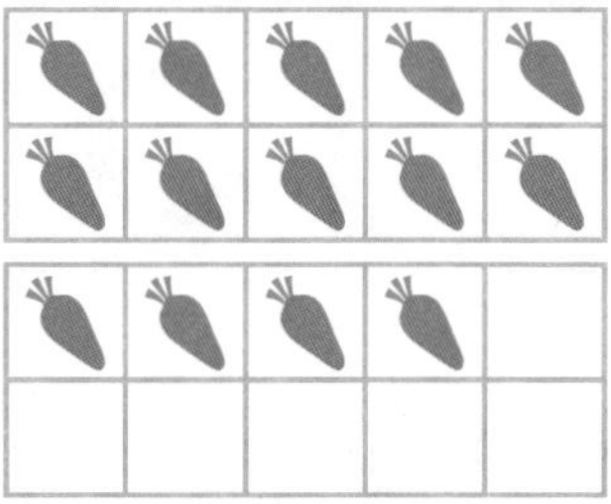

열넷
십사

14

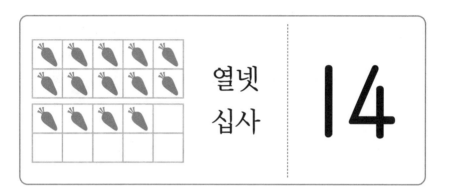

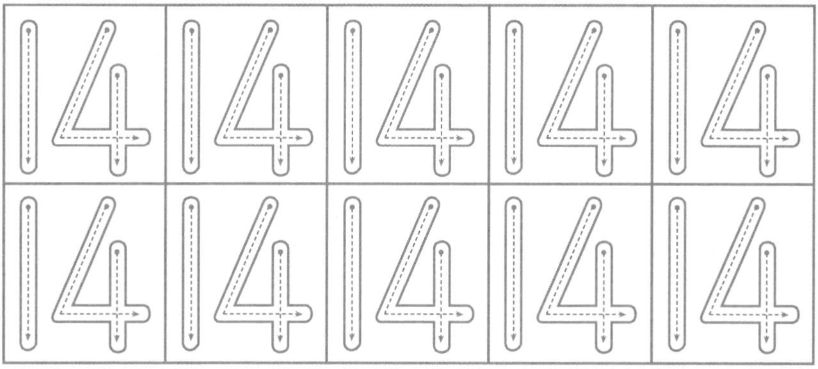

11	12	13	14	15

● 수를 읽으면서 쓰세요.

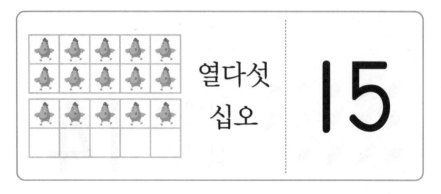

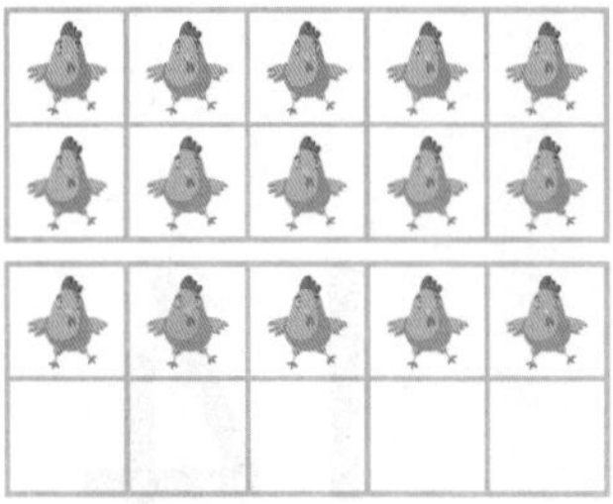

열다섯
십오

15

15	15	15	15	15
15	15	15	15	15

11	12	13	14	15
16	17	18	19	20

● 수를 읽으면서 쓰세요.

11	12	13	14	15
11	12	13	14	15

10

● 수를 읽으면서 쓰세요.

11	12	13	14	15
11	12	13	14	15

11	12	13	14	15
16	17	18	19	20

● 수를 세어 보세요.

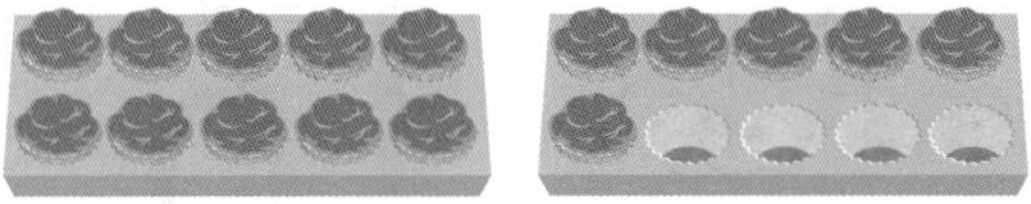

16 열여섯 십육

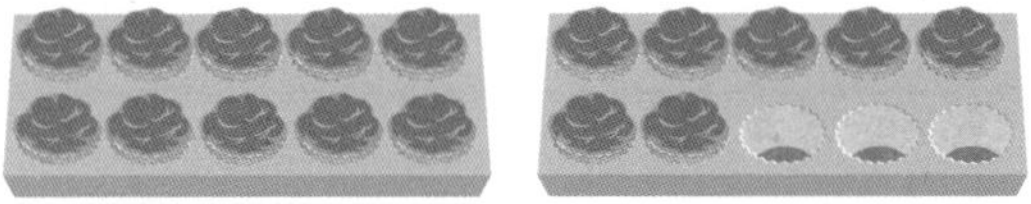

17 열일곱 십칠

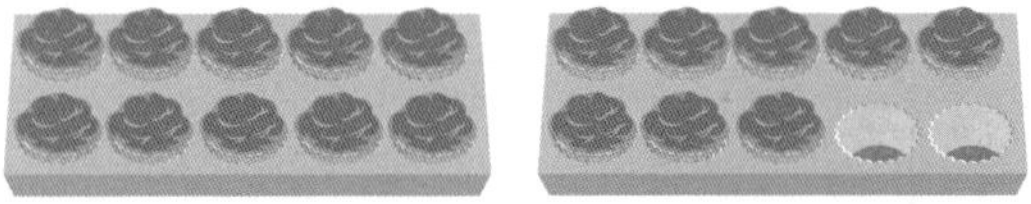

18 열여덟 십팔

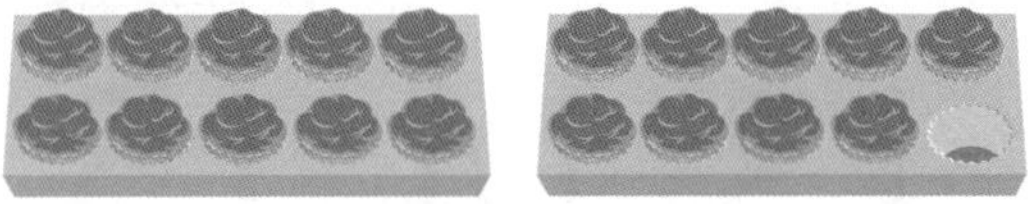

19 열아홉 십구

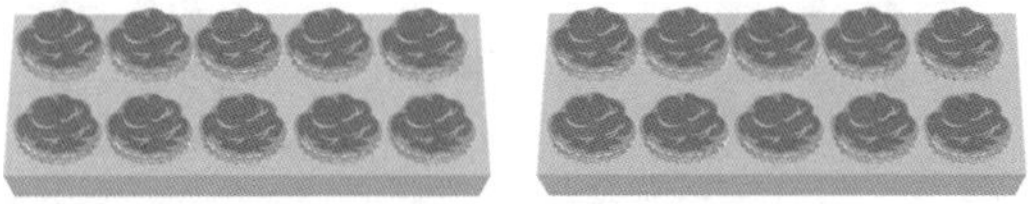

20 스물 이십

● 수를 읽으면서 쓰세요.

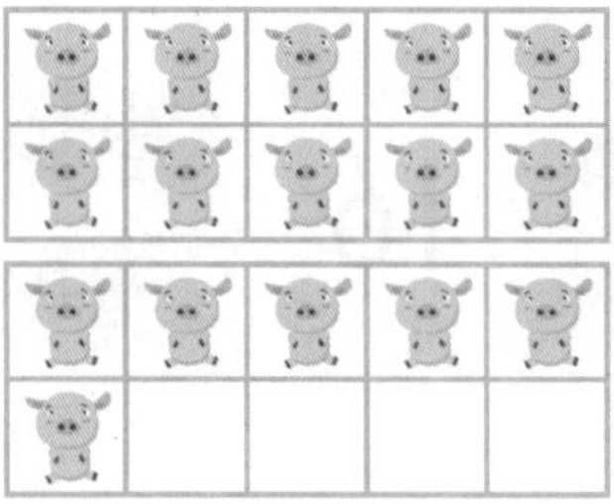

열여섯
십육

16

16	16	16	16	16
16	16	16	16	16

11	12	13	14	15
16	17	18	19	20

● 수를 읽으면서 쓰세요.

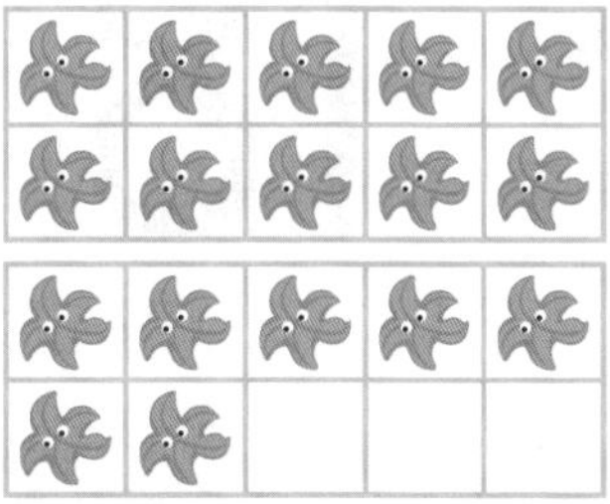

열일곱
십칠

17

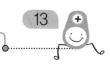

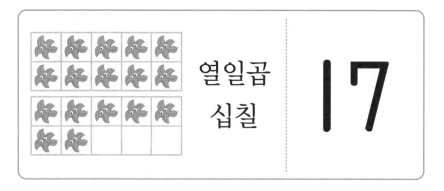

16	17	18	19	20

● 수를 읽으면서 쓰세요.

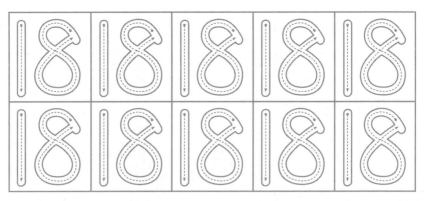

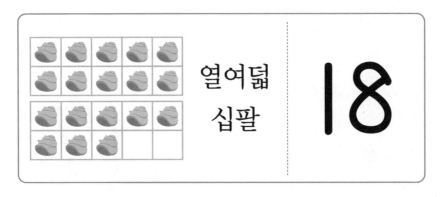

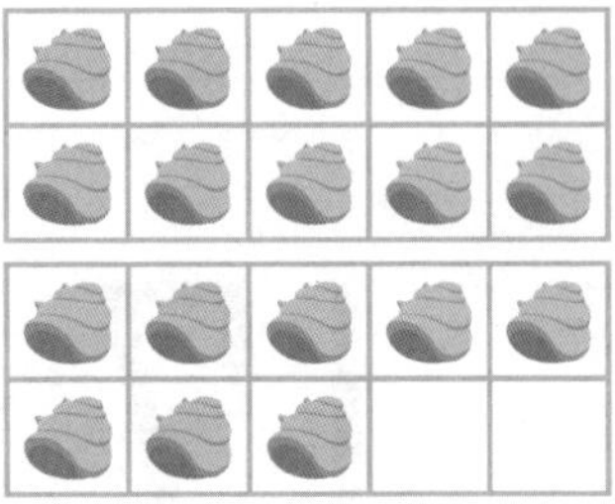

열여덟
십팔　18

11	12	13	14	15
16	17	18	19	20

● 수를 읽으면서 쓰세요.

열아홉
십구

19

16	17	18	19	20

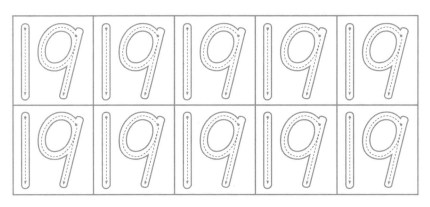

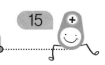

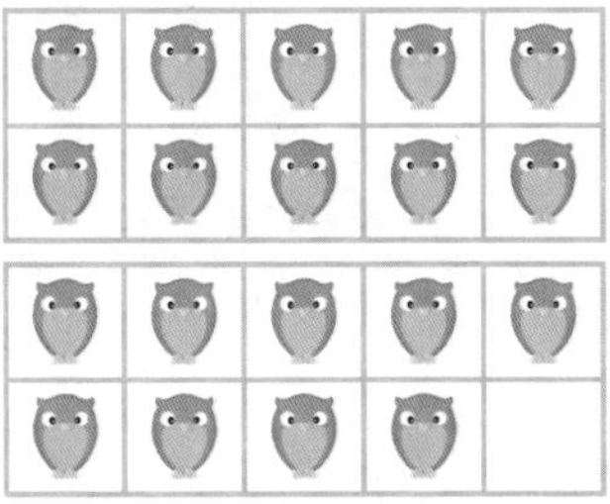

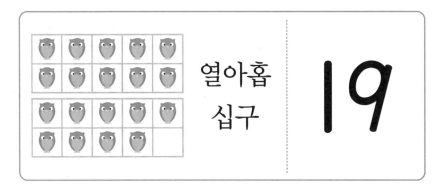

● 수를 읽으면서 쓰세요.

스물
이십

20

20	20	20	20	20
20	20	20	20	20

11	12	13	14	15
16	17	18	19	20

● 주어진 수만큼 ○를 그리세요.

(1) 3

(2) 1

(3) 2

(4) 4

(5) 5

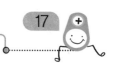

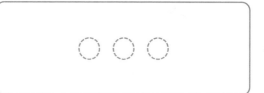

● 주어진 수만큼 △를 더 그리세요.

(1) 6

△ △ △ △ △
△

(2) 7

△ △ △ △ △

(3) 9

△ △ △ △ △

(4) 8

△ △ △ △ △

(5) 10

△ △ △ △ △

● 주어진 수만큼 ○를 더 그리세요.

(1) 11

○○○○○
○○○○○

(2) 13

○○○○○
○○○○○

(3) 14

○○○○○
○○○○○

(4) 12

○○○○○
○○○○○

(5) 15

○○○○○
○○○○○

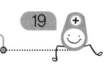

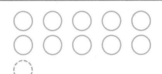

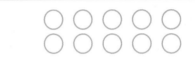

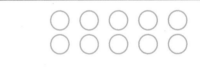

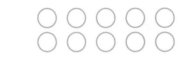

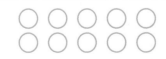

● 주어진 수만큼 ○를 더 그리세요.

(1)

16

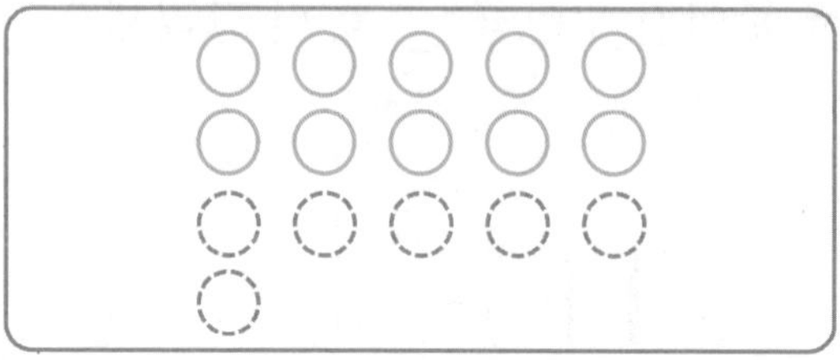

(2)

19

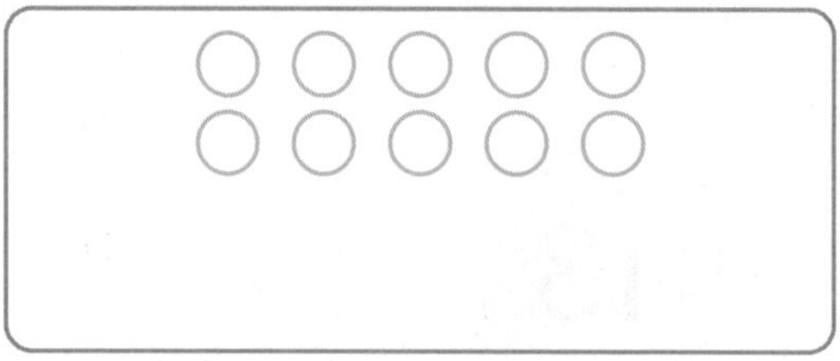

(3)

17

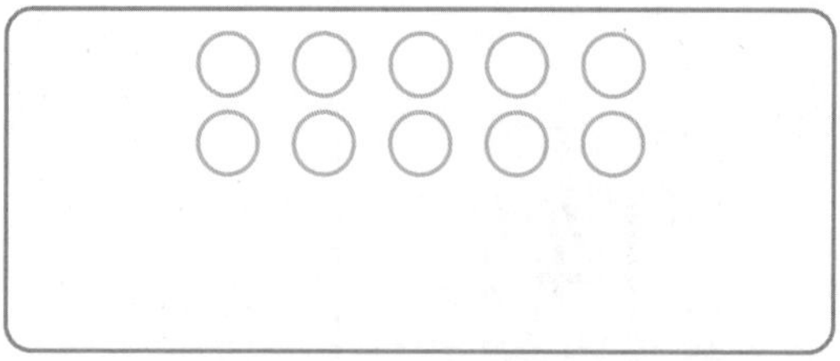

(4)

18

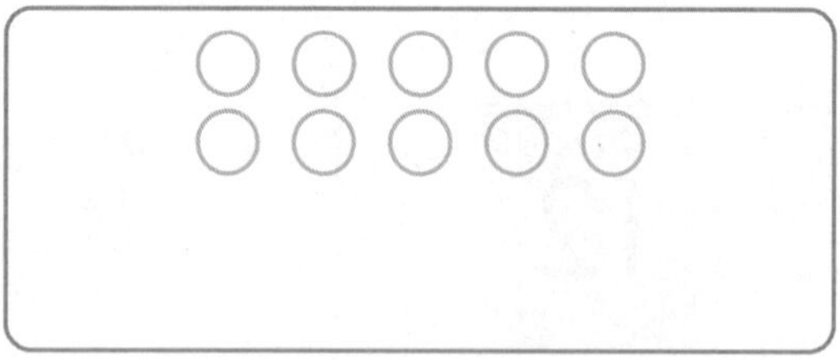

(5)

20

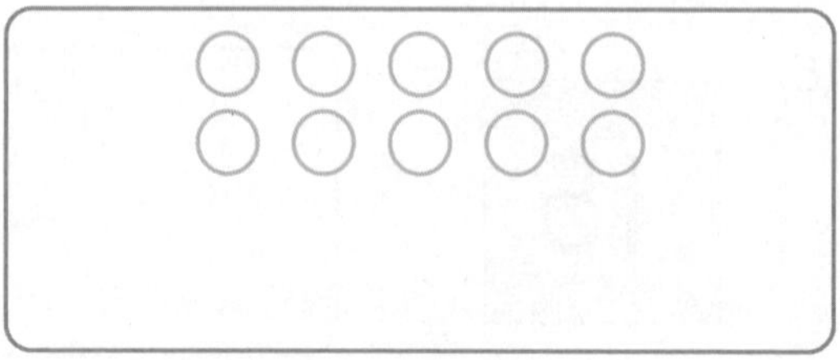

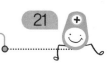

● 먼저 10개를 묶고, 남은 수만큼 다시 묶으세요.

(1)

11

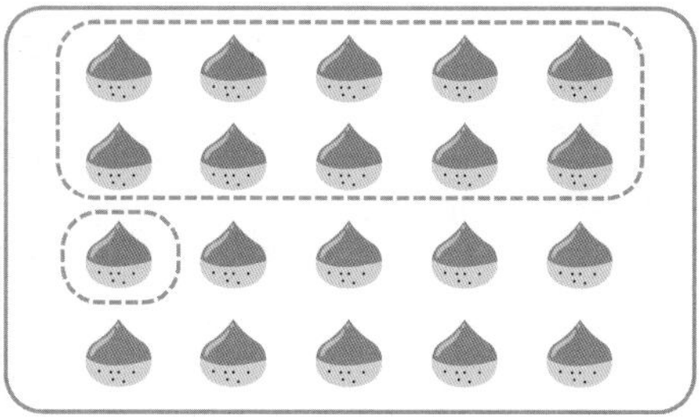

(2)

12

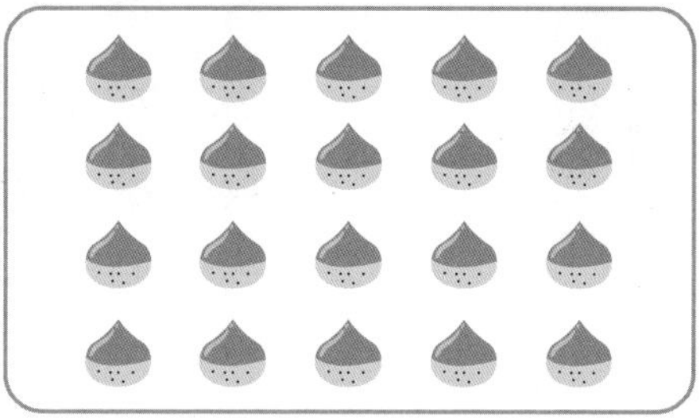

(3)

14

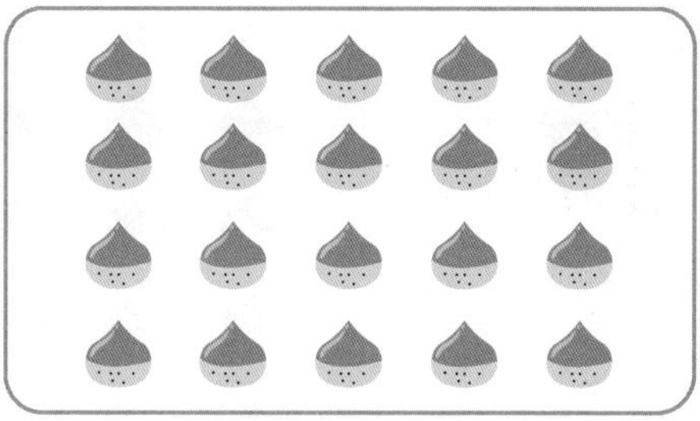

(4)

15

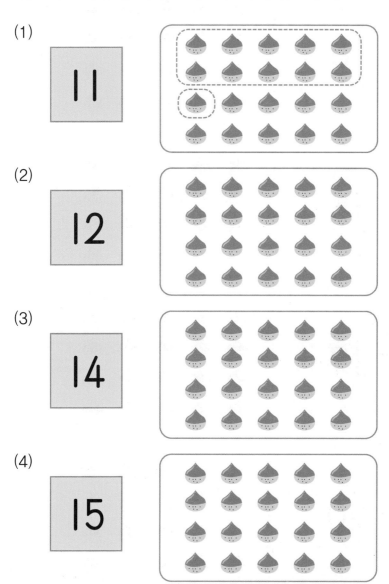

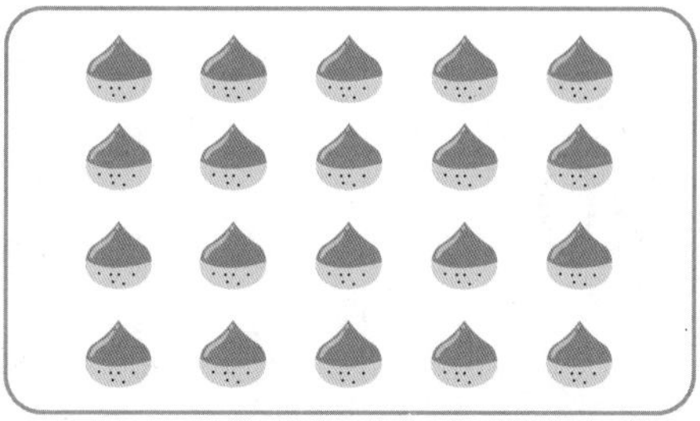

● 먼저 10개를 묶고, 남은 수만큼 다시 묶으세요.

(1)

16

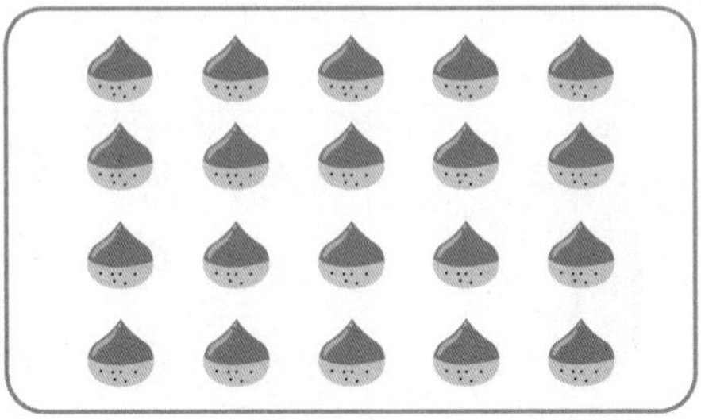

(2)

18

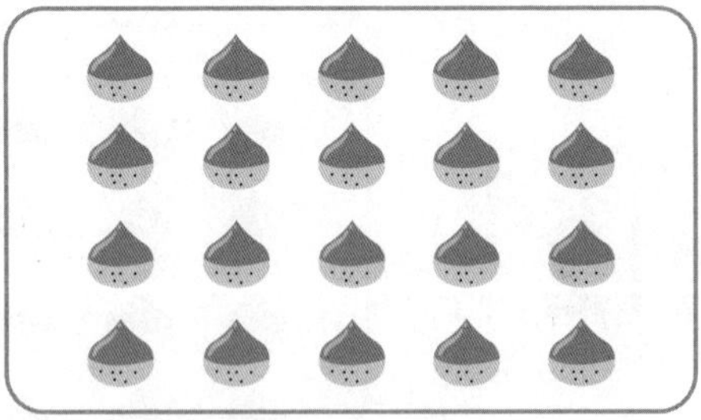

(3)

19

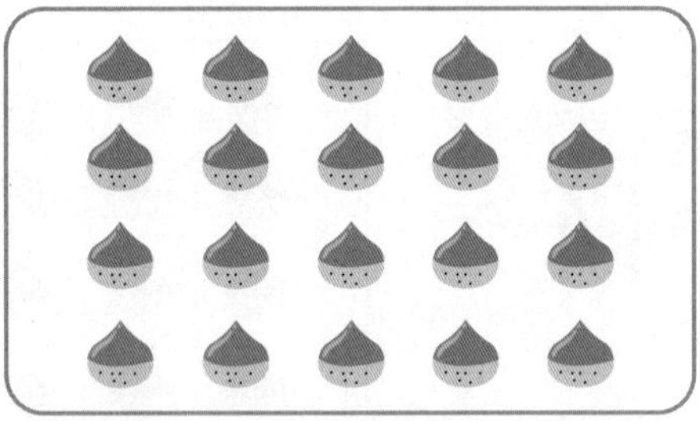

(4)

20

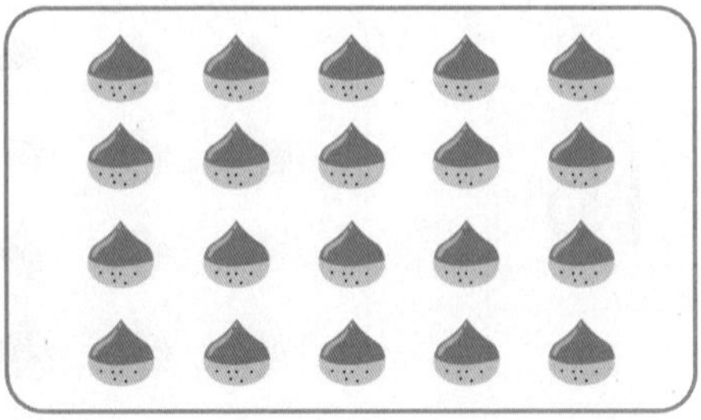

● 먼저 10개를 묶고, 남은 수만큼 다시 묶으세요.

(1)

12

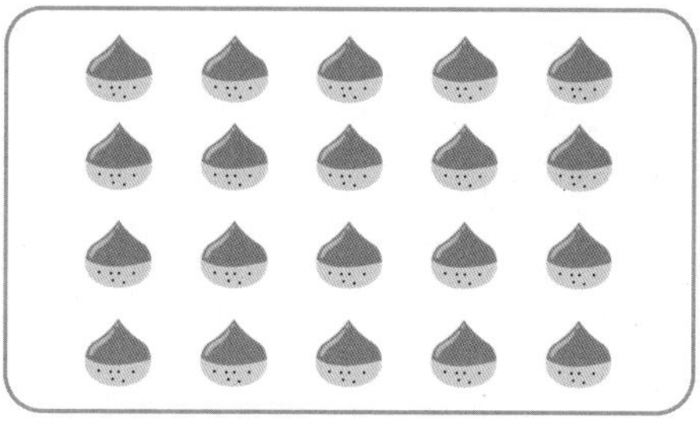

(2)

14

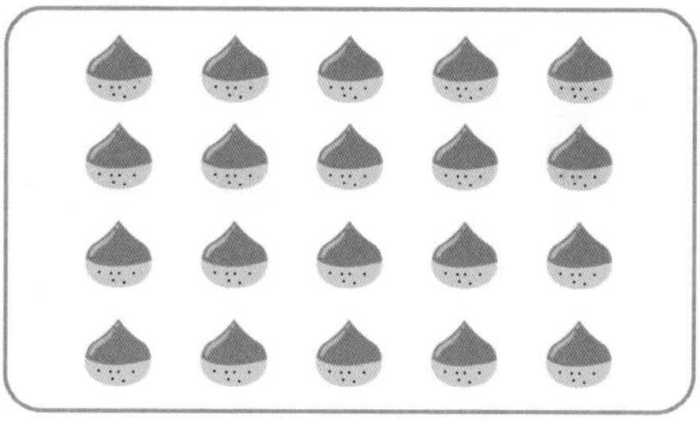

(3)

11

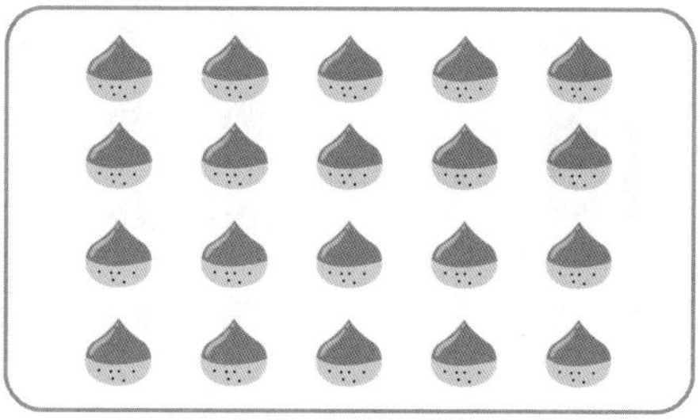

(4)

17

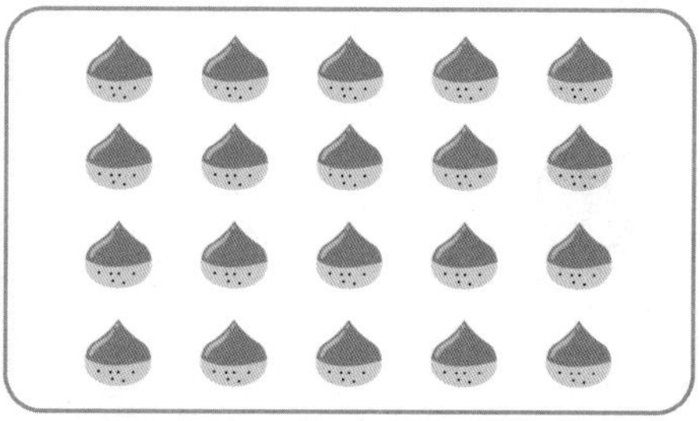

● 먼저 10개를 묶고, 남은 수만큼 다시 묶으세요.

(1)

15

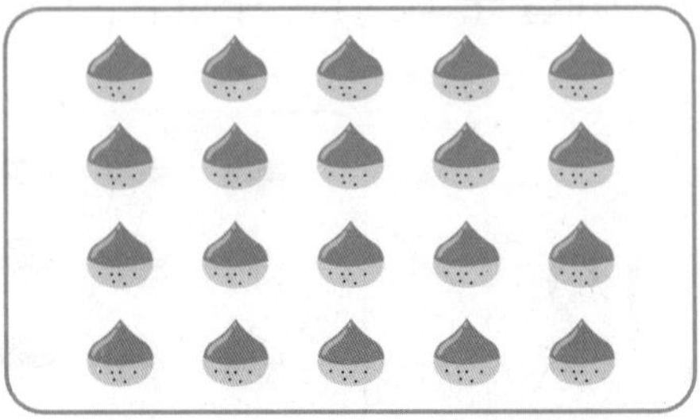

(2)

18

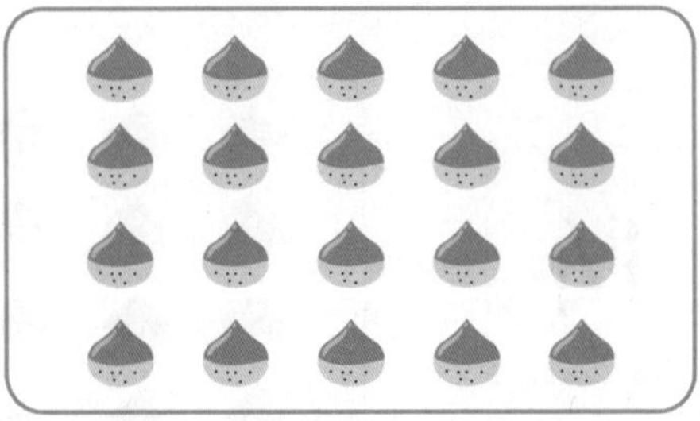

(3)

13

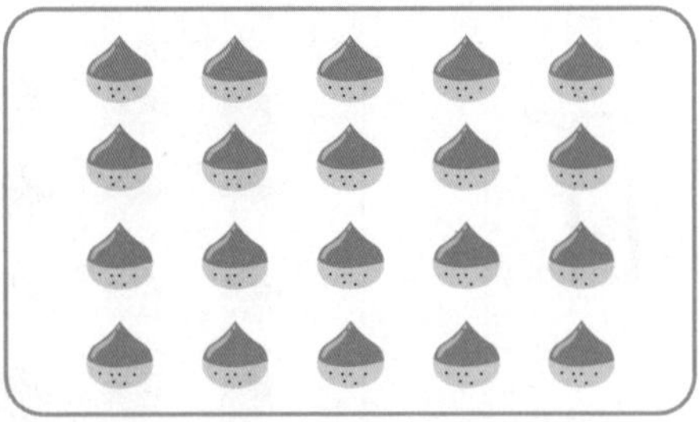

(4)

20

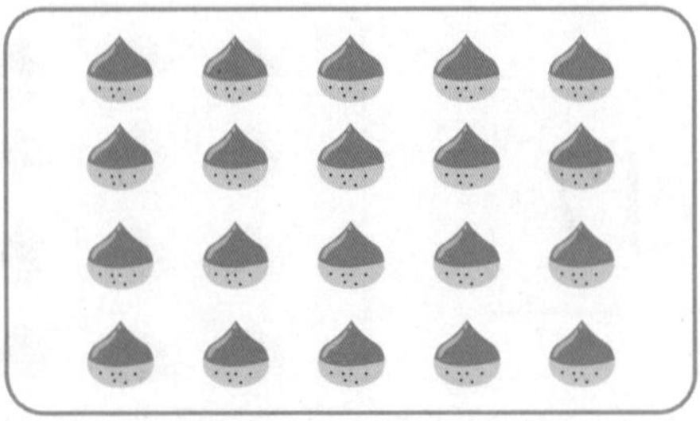

● 같은 수끼리 선으로 이으세요.

(1)
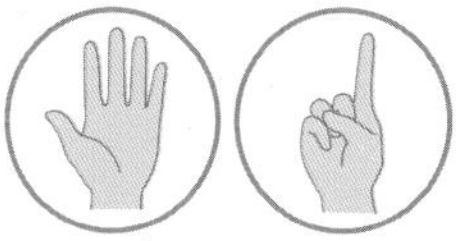
7

(2)
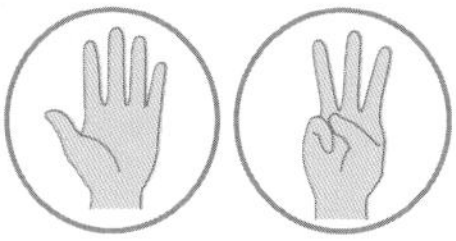
9

(3)
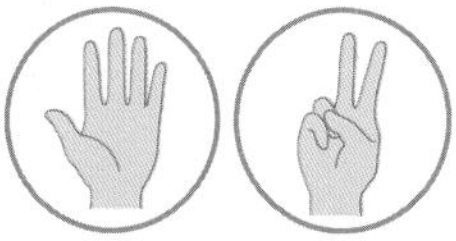
6

(4)
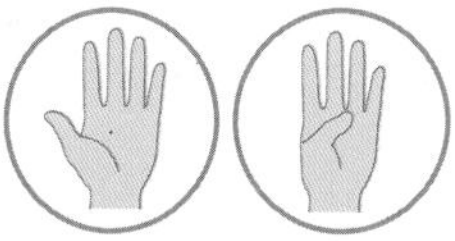
10

(5)
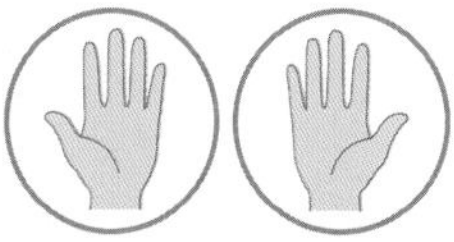
8

● 무당벌레의 점 ●의 수와 같은 것을 찾아 선으로 이으세요.

(1)  • • 6

(2) 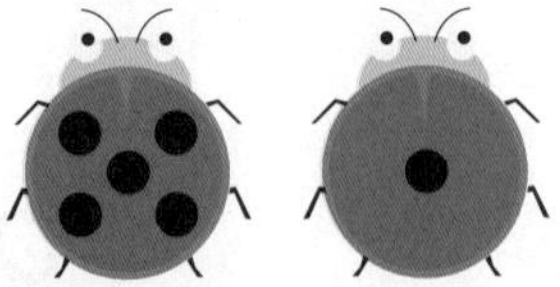 • • 9

(3) 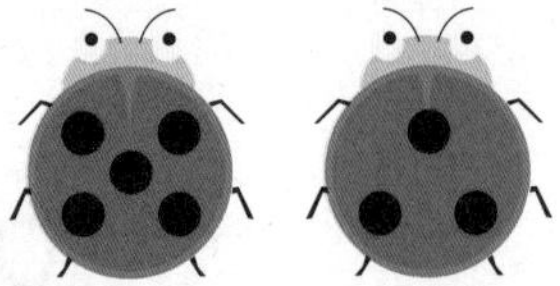 • • 10

(4)  • • 7

(5) 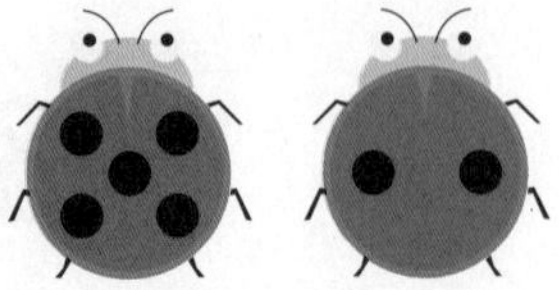 • • 8

● 같은 수끼리 선으로 이으세요.

(1)  • • 11

(2)  • • 18

(3)  • • 20

(4) 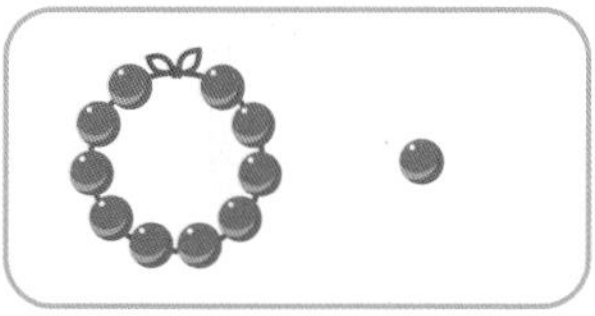 • • 15

(5)  • • 13

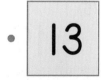

● 같은 수끼리 선으로 이으세요.

(1) 12 •　　　　• 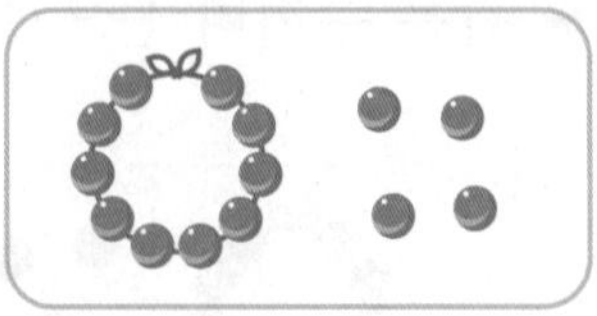

(2) 14 •　　　　• 

(3) 17 •　　　　• 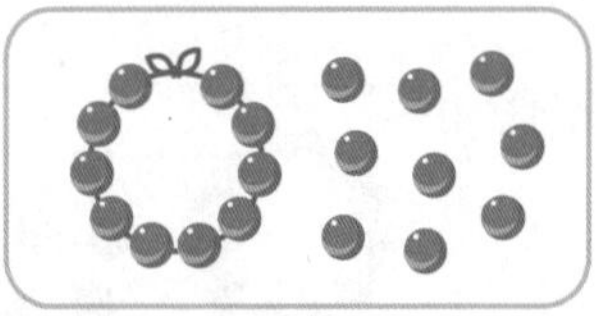

(4) 16 •　　　　• 

(5) 19 •　　　　• 

● 같은 수끼리 선으로 이으세요.

(1)  • • 13

(2)  • • 20

(3)  • • 17

(4)  • • 11

(5)  • • 16

● 같은 수끼리 선으로 이으시오.

(1) 15 •　　　　• 

(2) 18 •　　　　• 

(3) 12 •　　　　• 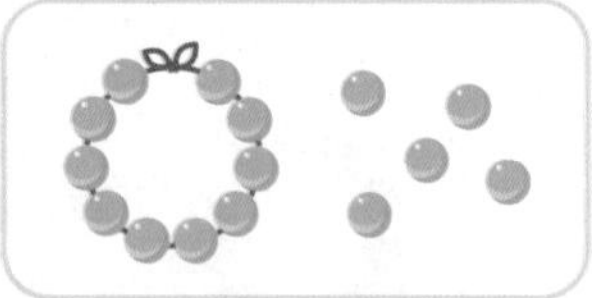

(4) 14 •　　　　• 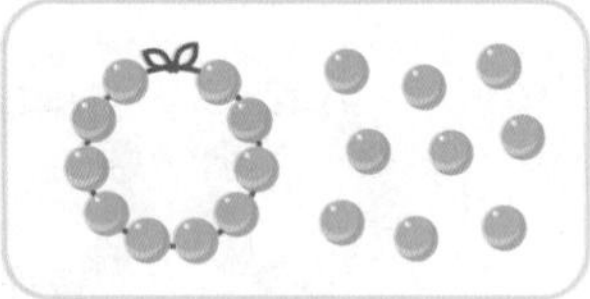

(5) 19 •　　　　• 

● 같은 수를 찾아 모두 ○를 하세요.

(1)

16

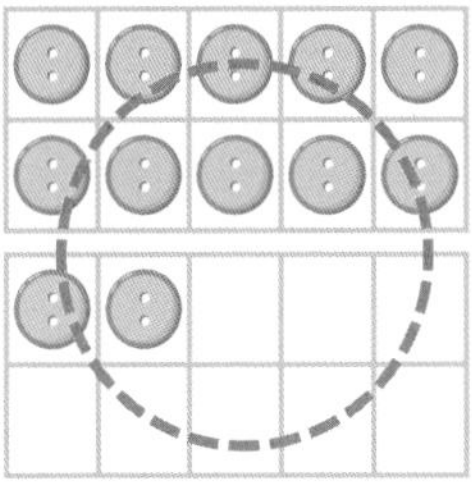

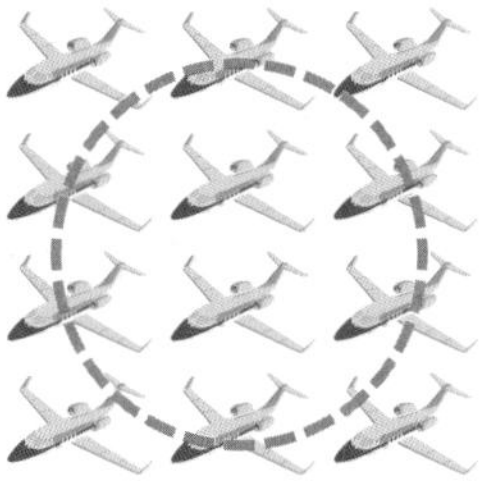

(2)

17

19

(3)

15

(4)

20

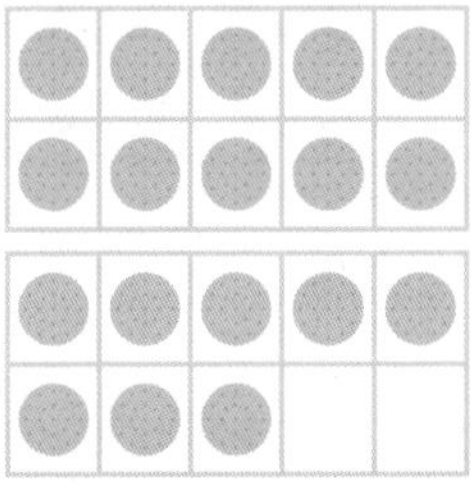

18

● 같은 수를 찾아 모두 ◯를 하세요.

(1)

12

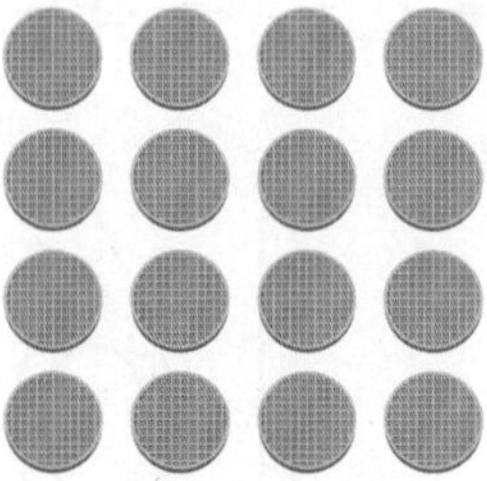

(2)

15

14

(3)

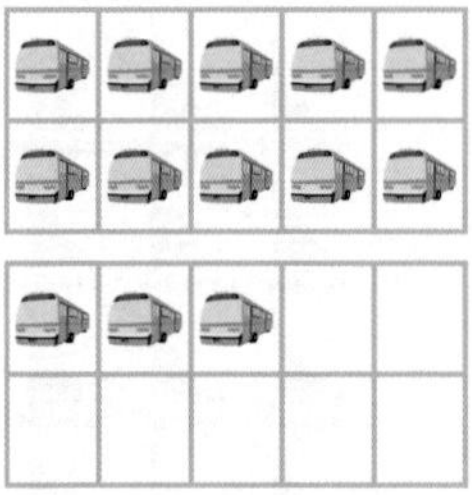

13

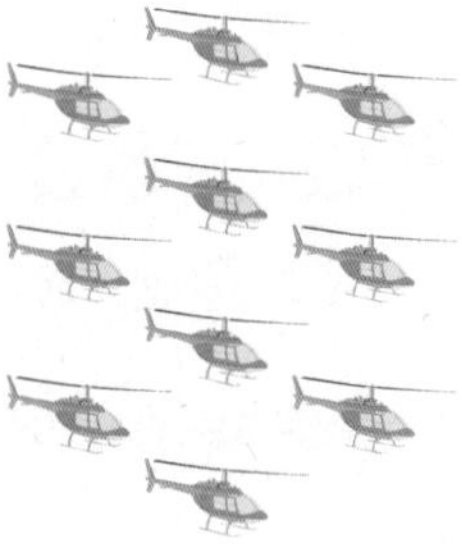

(4)

18

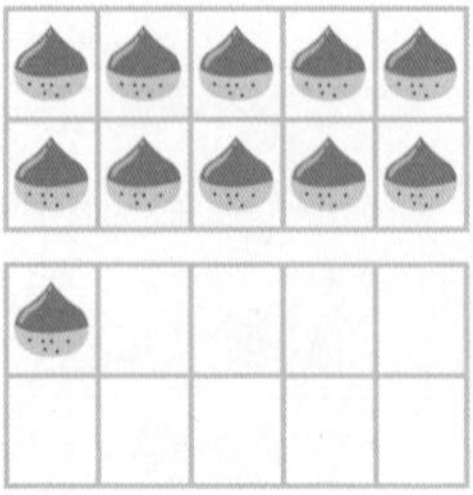

11

● 세어 보고, 알맞은 수를 쓰세요.

(1)

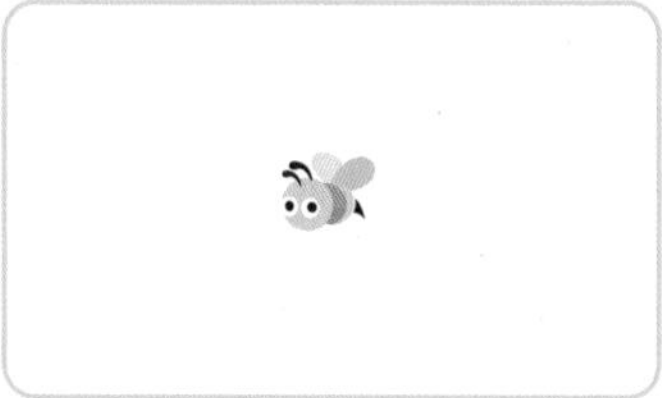

(2)

(3)

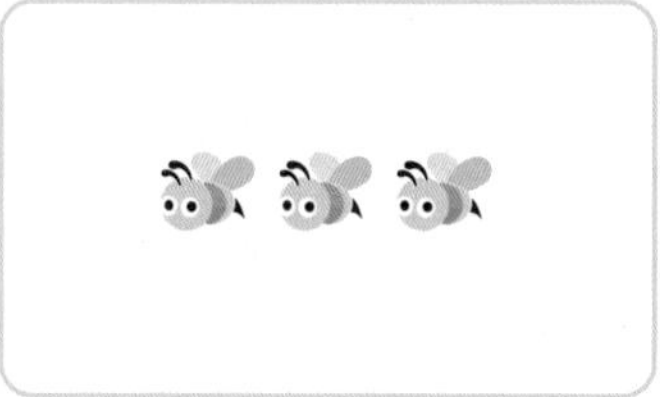

(4)

(5)

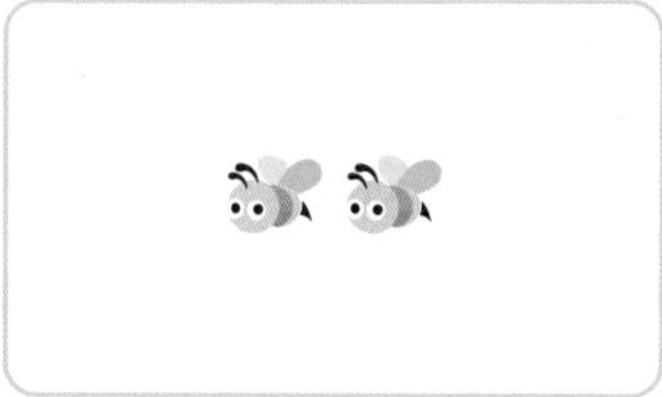

(6)

● 세어 보고, 알맞은 수를 쓰세요.

(1)

(4)

(2)

(5)

(3)

(6)

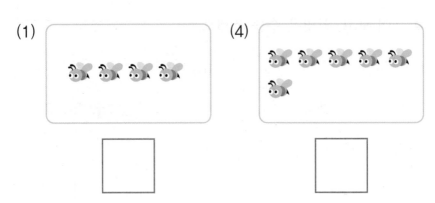

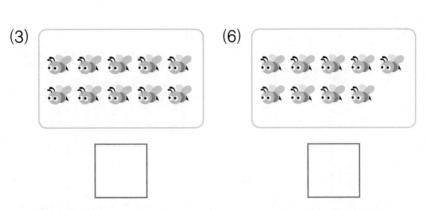

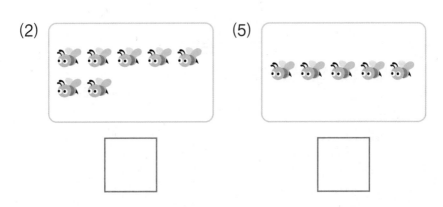

● 세어 보고, 알맞은 수를 쓰세요.

(1)

(4)

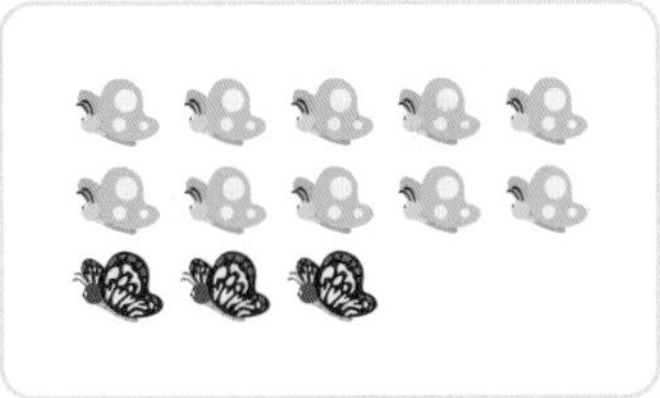

(2)

(5)

(3)

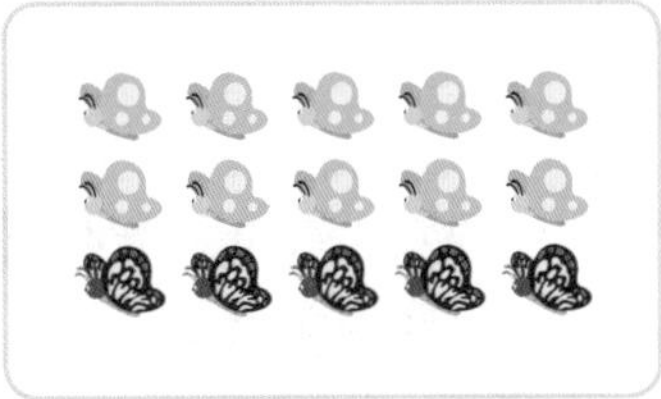

(6)

● 세어 보고, 알맞은 수를 쓰세요.

(1)

(4)
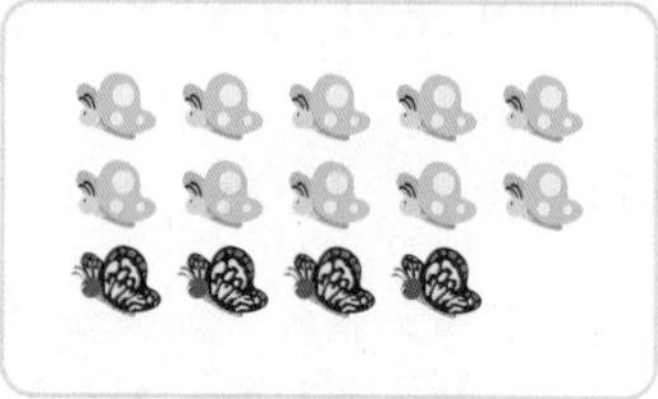

(2)

(5)
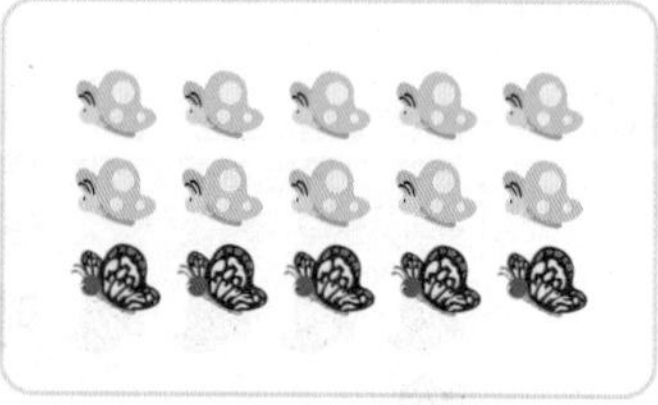

(3)
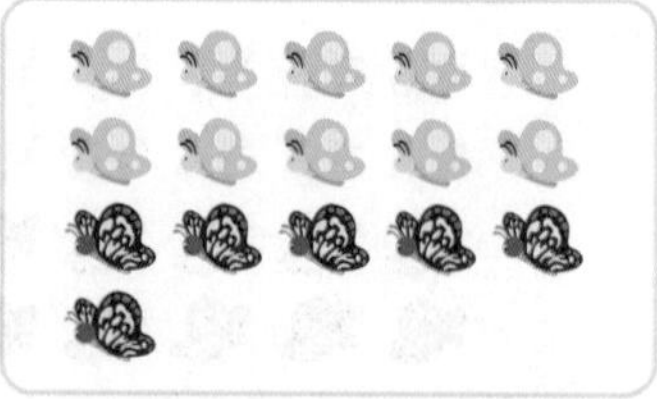

(6)

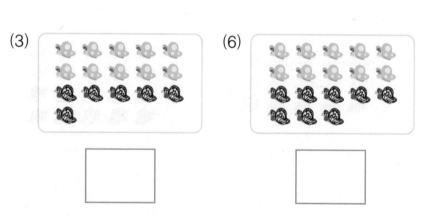

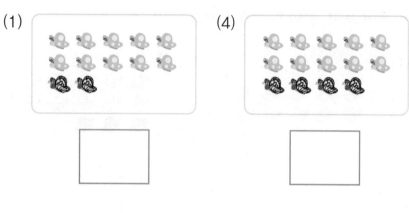

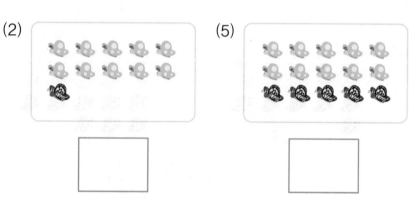

● 세어 보고, 알맞은 수를 쓰세요.

(1)

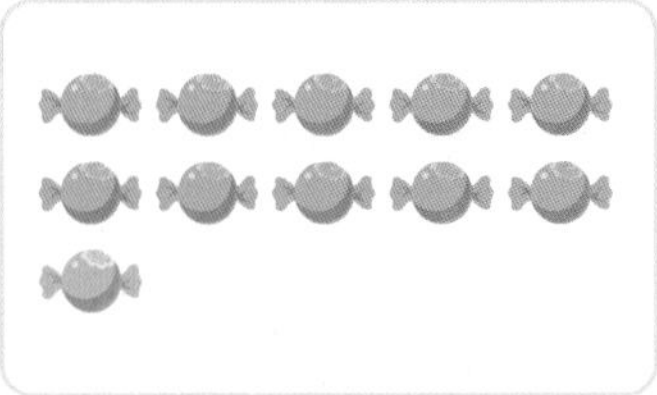

(2)

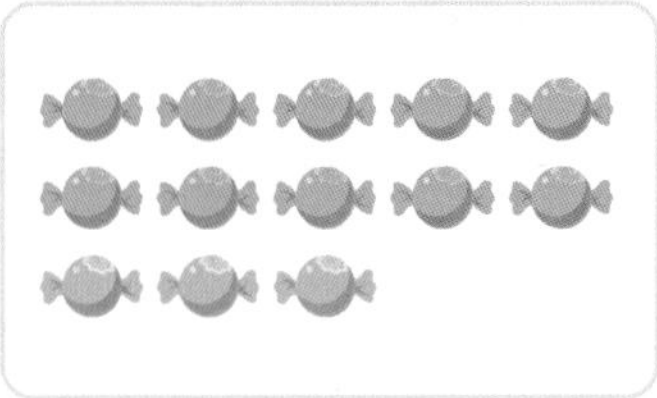

(3)

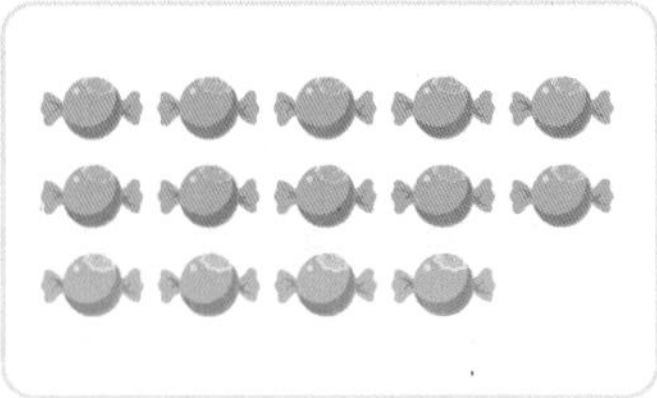

(4)

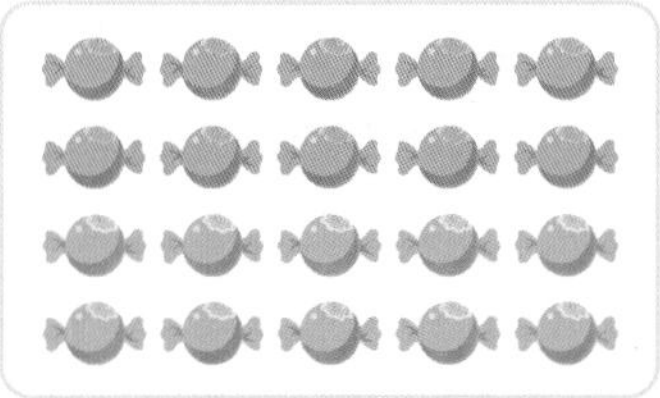

(5)

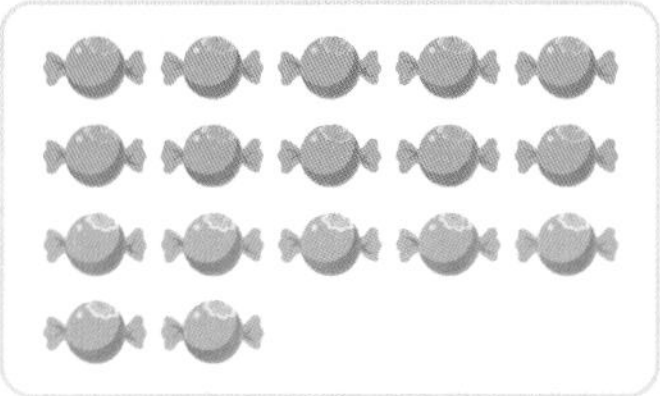

(6)

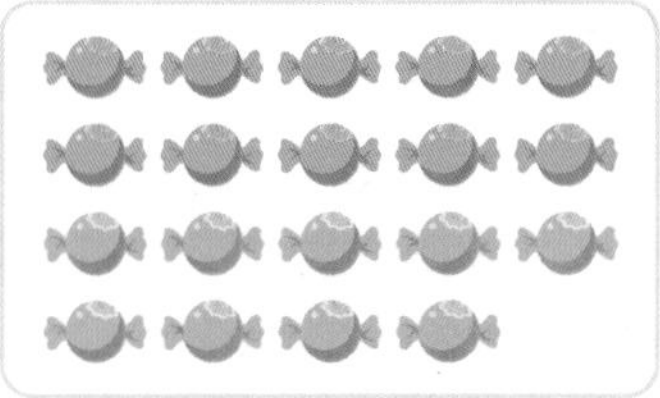

● 세어 보고, 알맞은 수를 쓰세요.

(1)

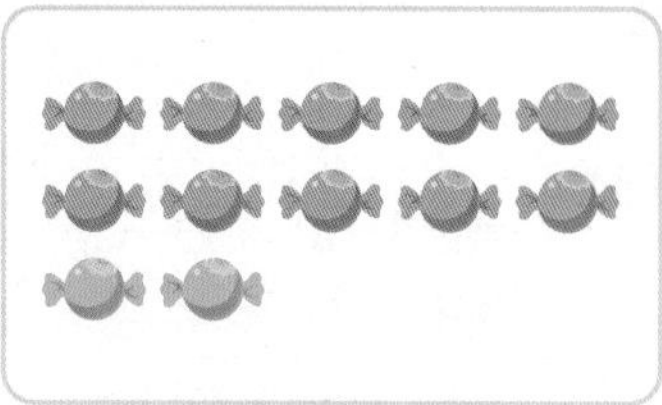

(4)

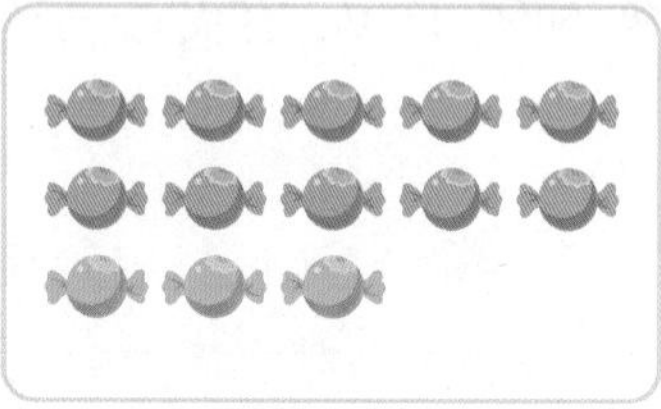

(2)

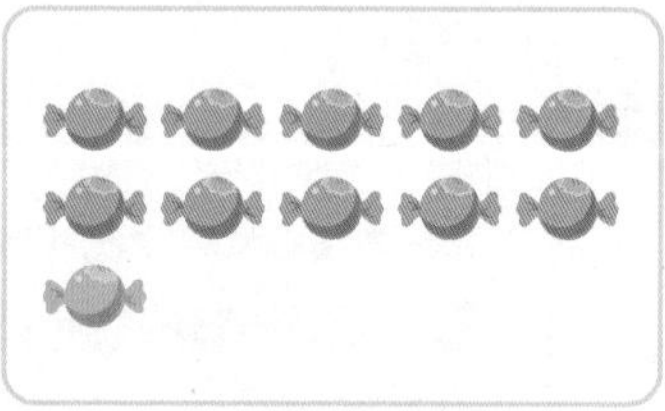

(5)

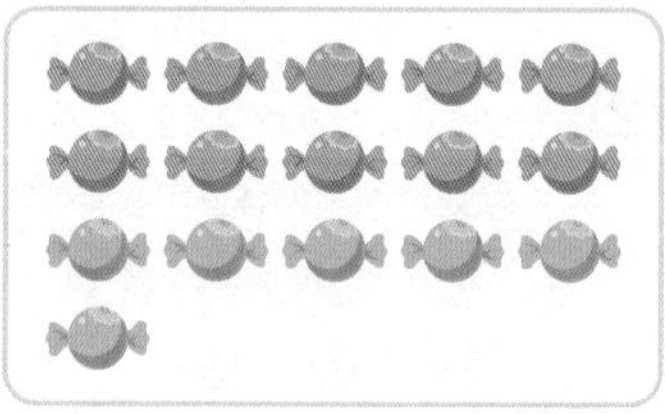

(3)

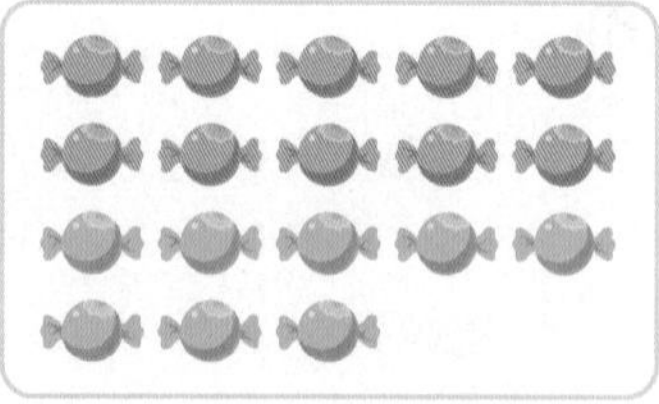

(6)

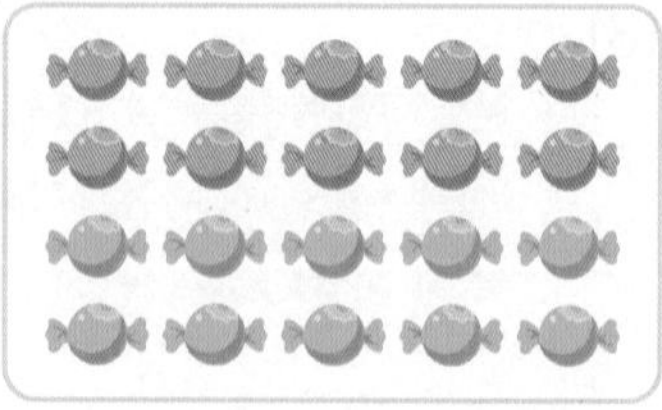

● 세어 보고, 알맞은 수를 쓰세요.

(1)

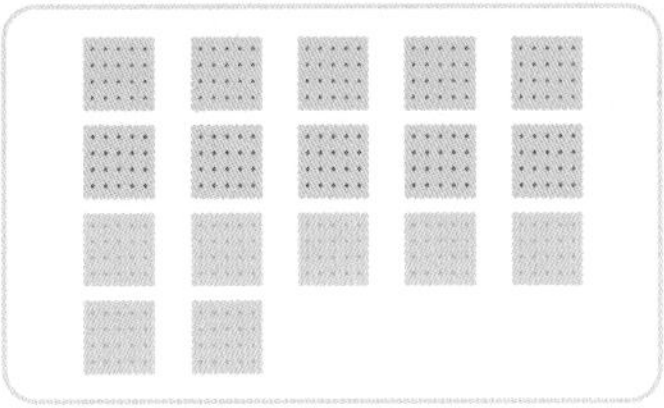

(4)

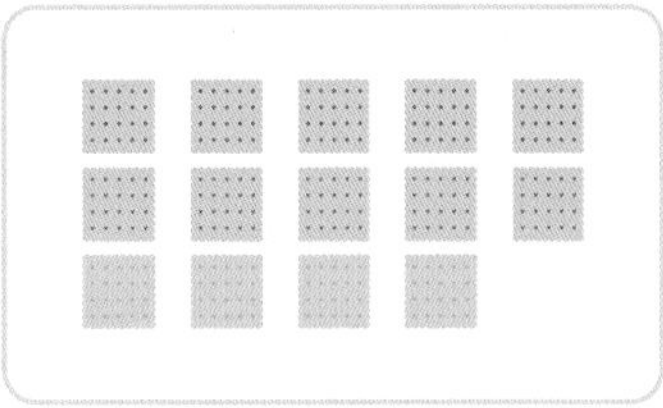

(2)

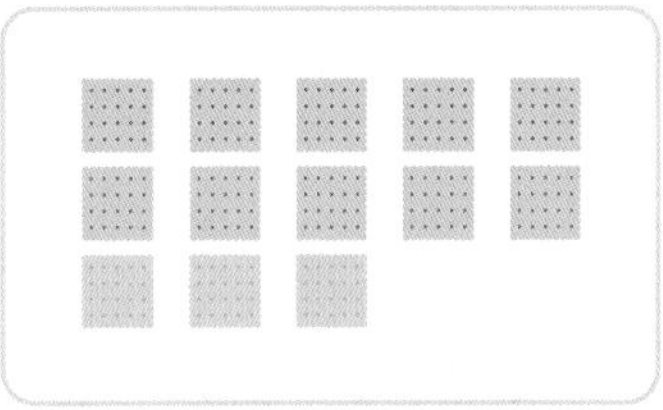

(5)

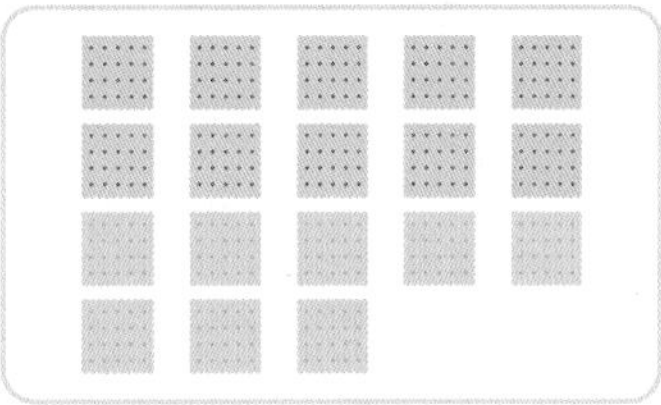

(3)

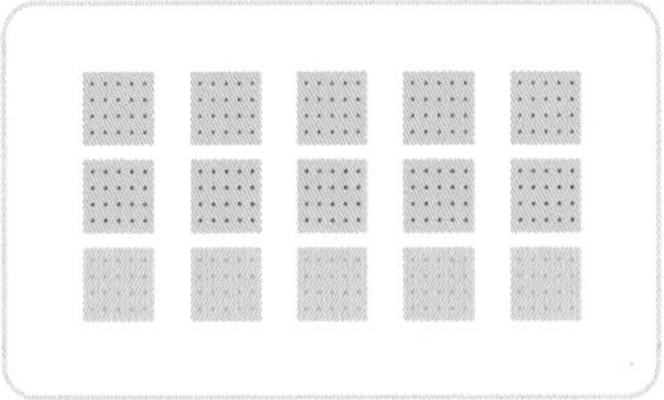

(6)

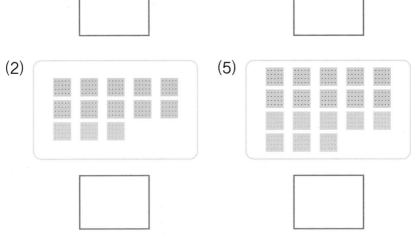

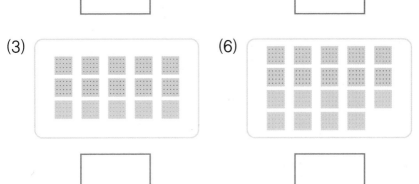

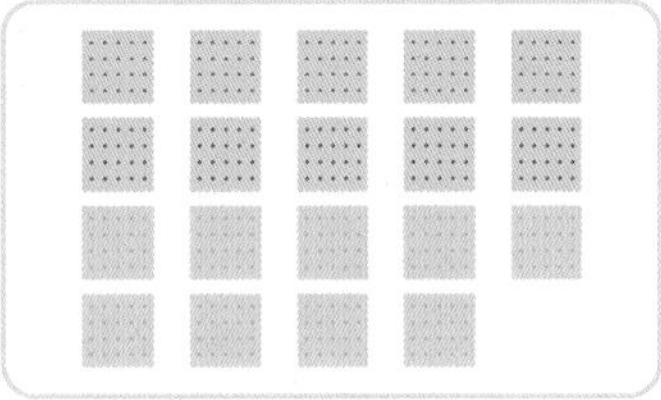

● 세어 보고, 알맞은 수를 쓰세요.

(1)

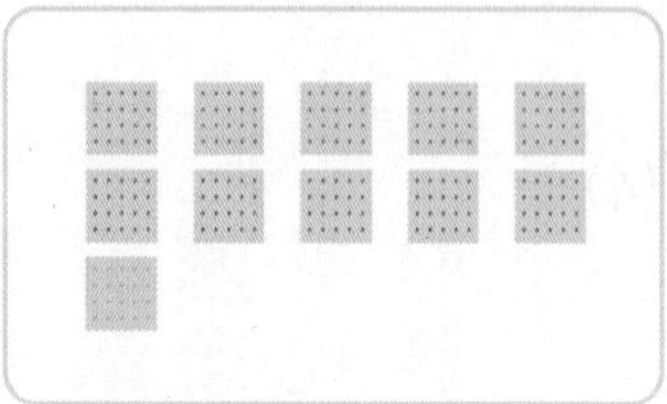

(4)

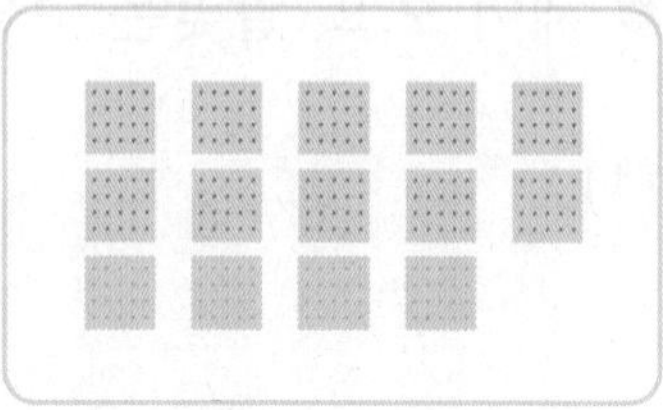

(2)

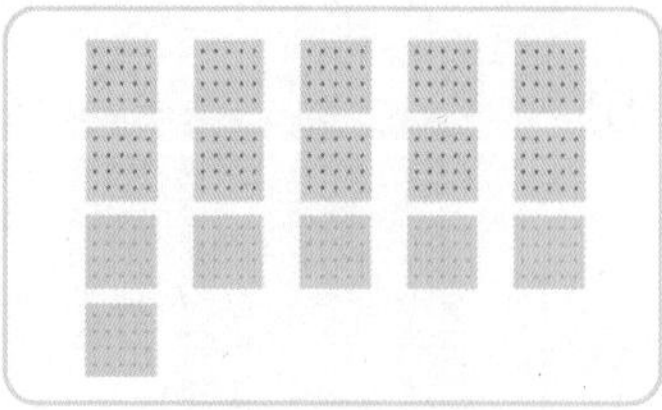

(5)

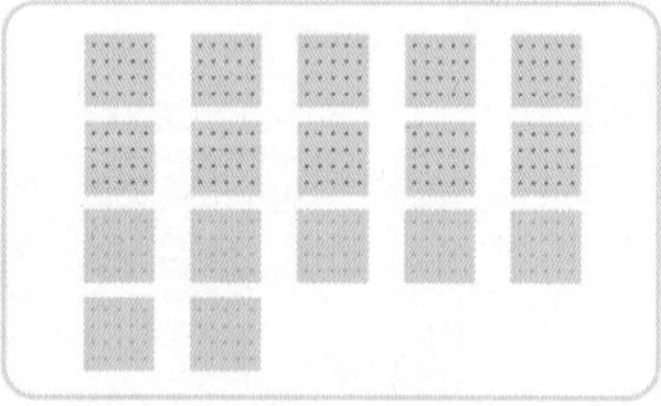

(3)

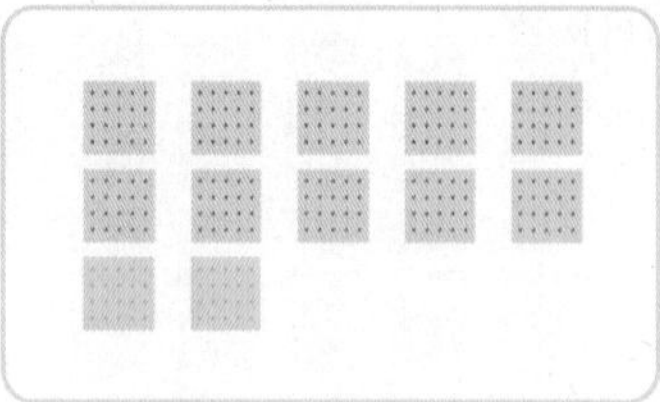

(6)

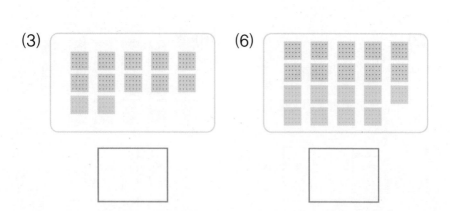

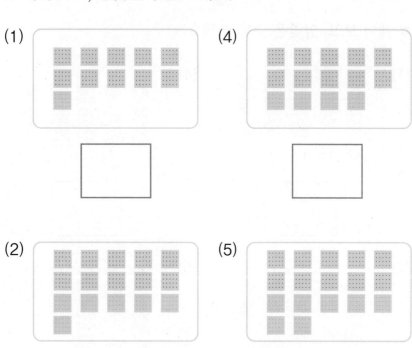

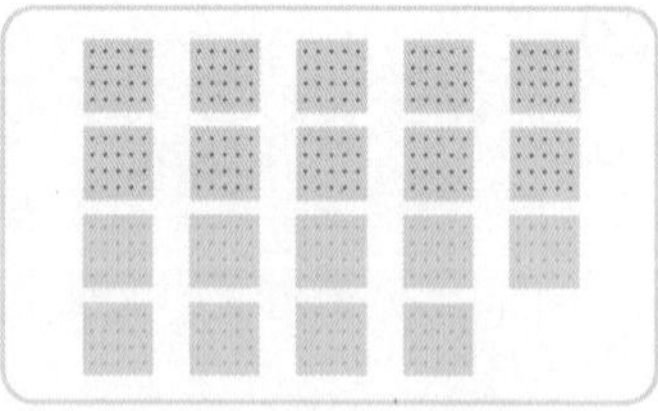

MA단계 2권

20까지의 수 (2)

요일	교재 번호	학습한 날짜	확인
1일차(월)	01~08	월 일	
2일차(화)	09~16	월 일	
3일차(수)	17~24	월 일	
4일차(목)	25~32	월 일	
5일차(금)	33~40	월 일	

● 세어 보고, 알맞은 수를 쓰세요.

(1)

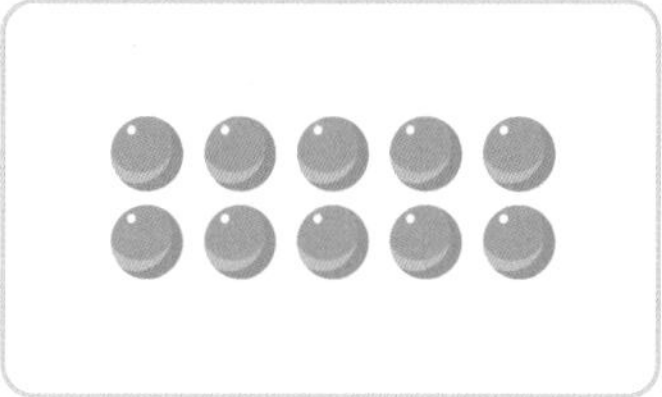

(2)

(3)

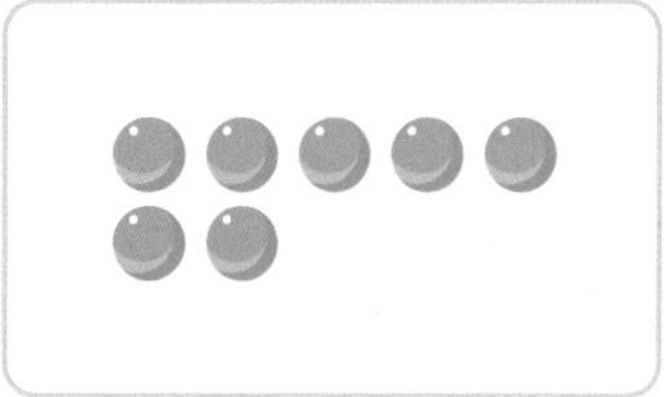

(4)

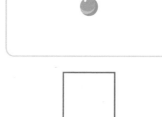

(5)

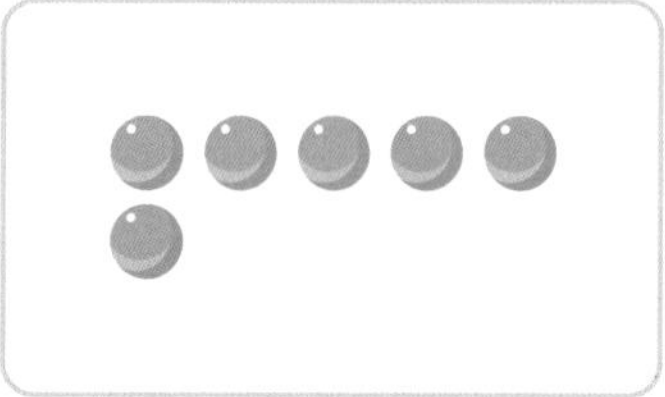

(6)

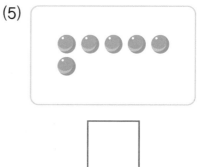

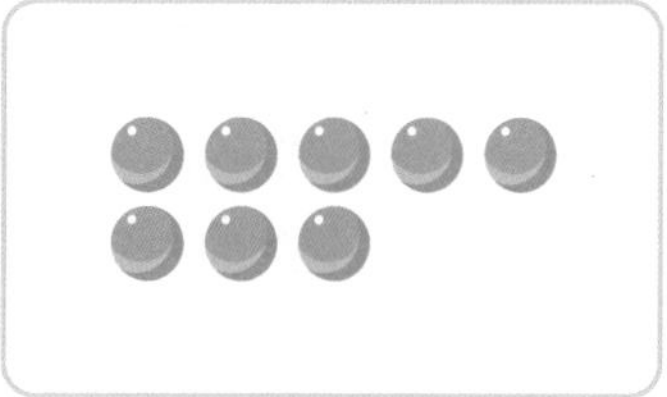

Talk

1부터 30까지의 수를 큰 소리로 세어 봅니다.

21	22	23	24	25	26	27	28	29	30
이십일	이십이	이십삼	이십사	이십오	이십육	이십칠	이십팔	이십구	삼십

● 세어 보고, 알맞은 수를 쓰세요.

(1)

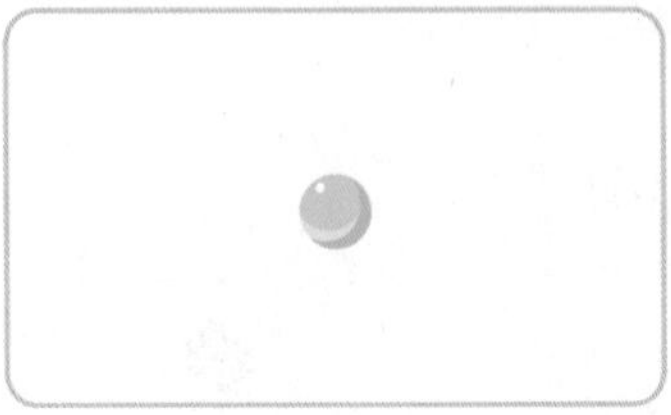

(4)

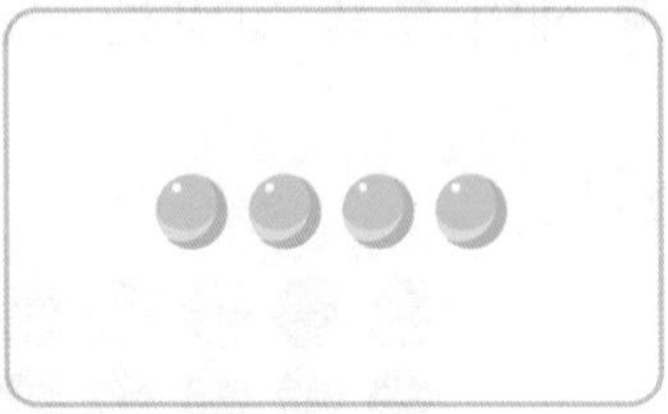

(2)

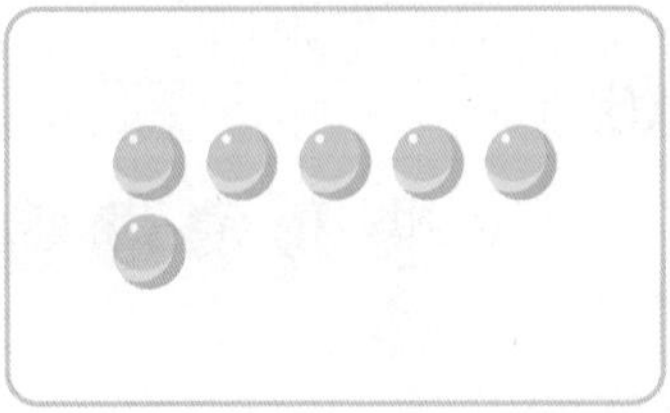

(5)

(3)

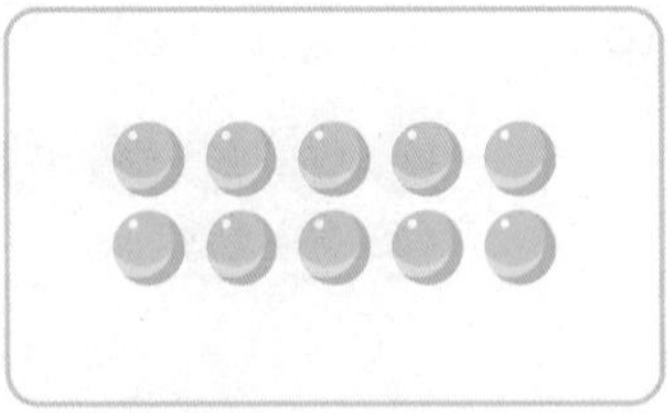

(6)

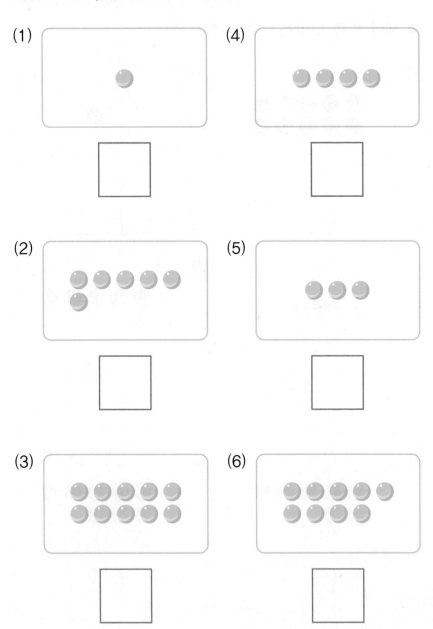

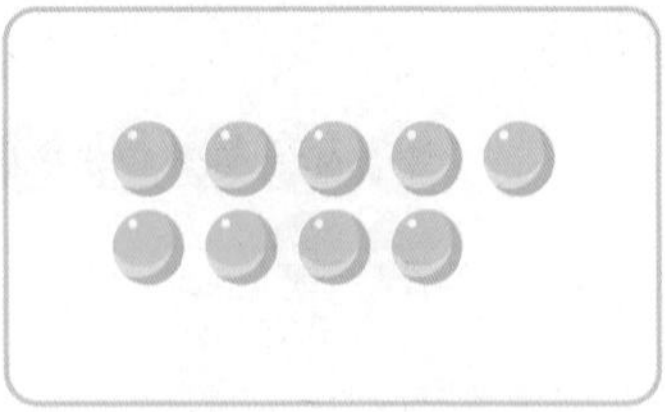

● 세어 보고, 알맞은 수를 쓰세요.

(1)

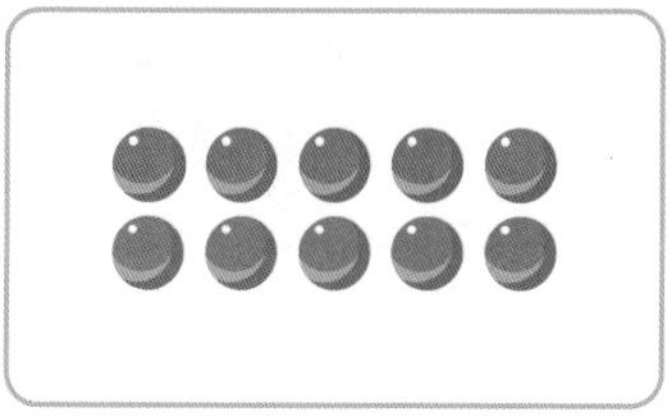

(4)

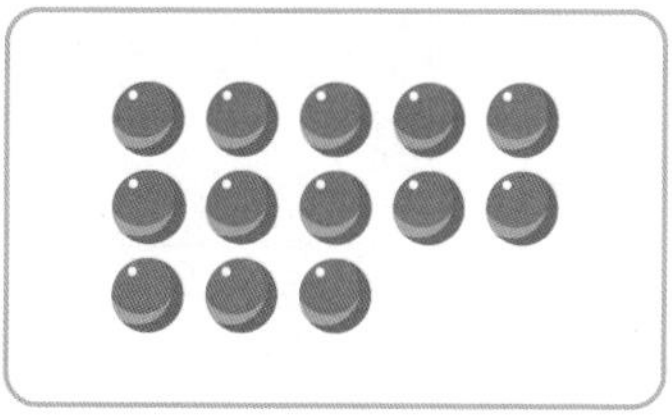

(2)

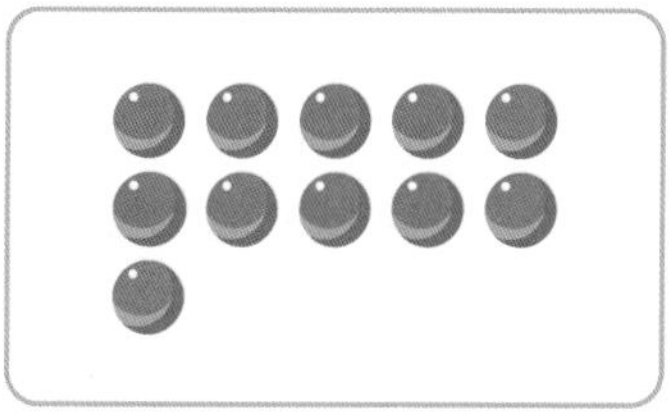

(5)

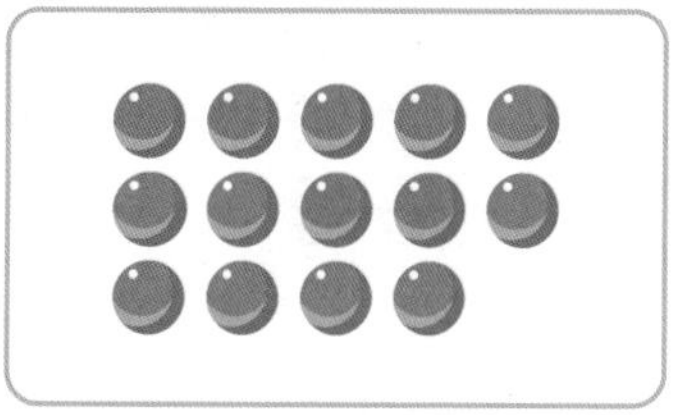

(3)

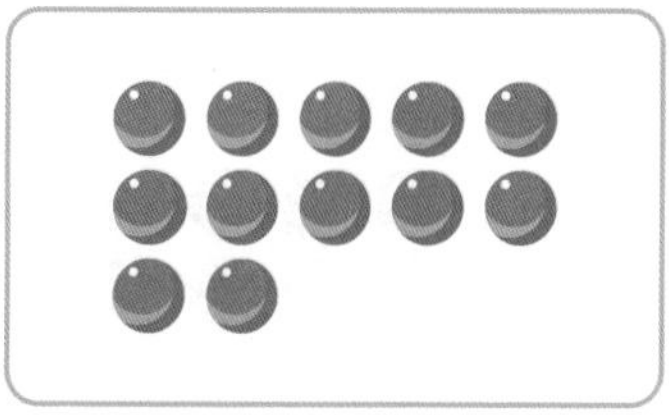

(6)

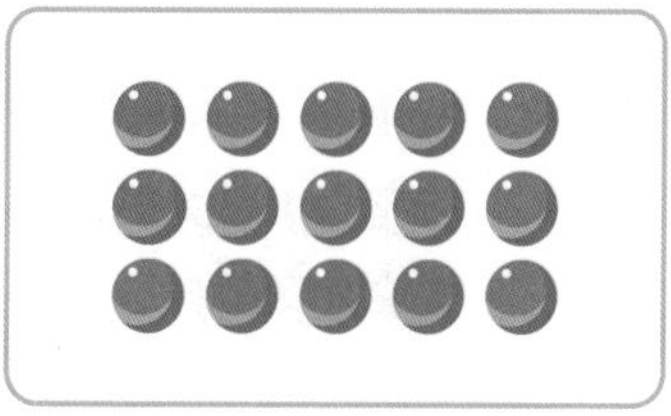

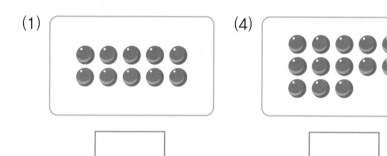

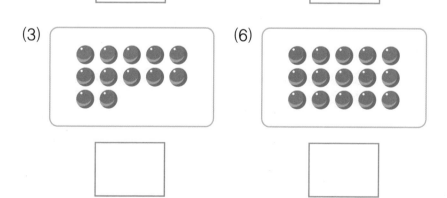

● 세어 보고, 알맞은 수를 쓰세요.

(1)

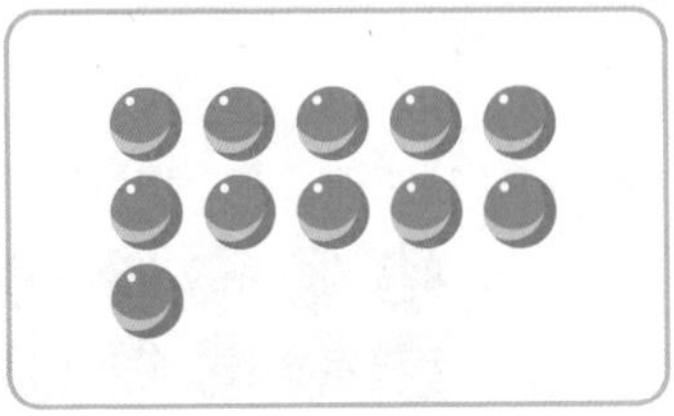

(2)

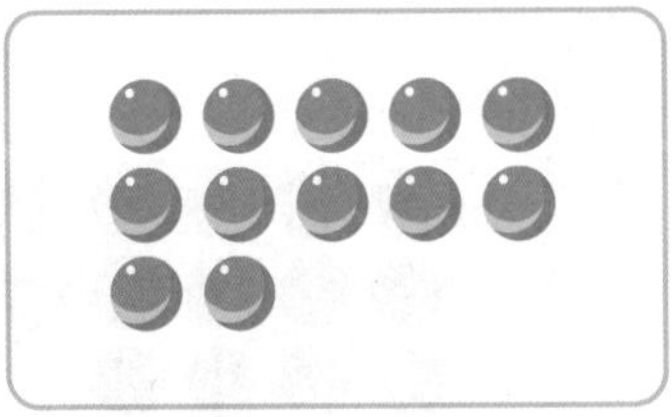

(3)

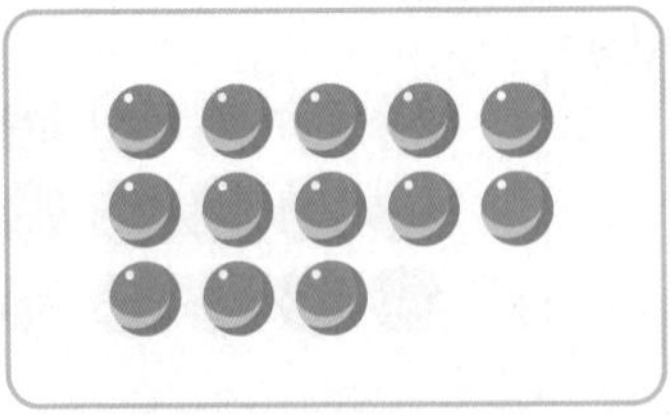

(4)

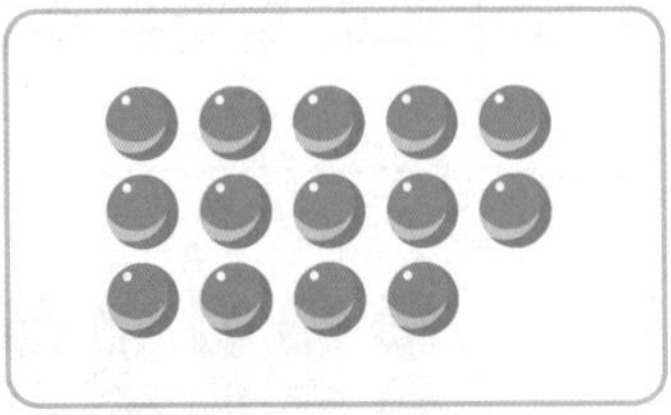

(5)

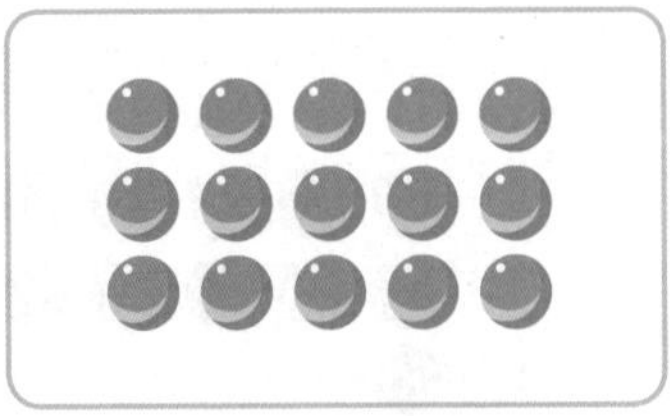

(6)

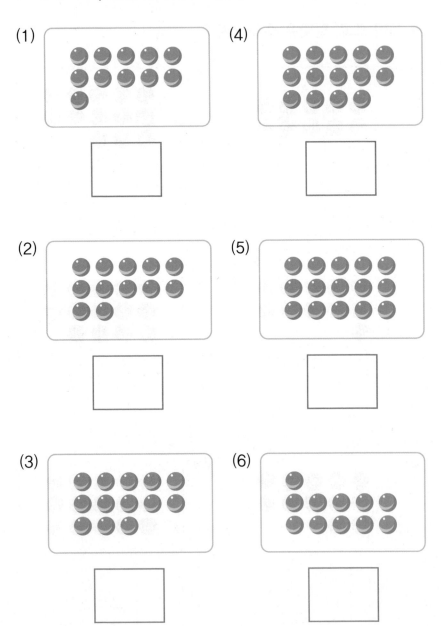

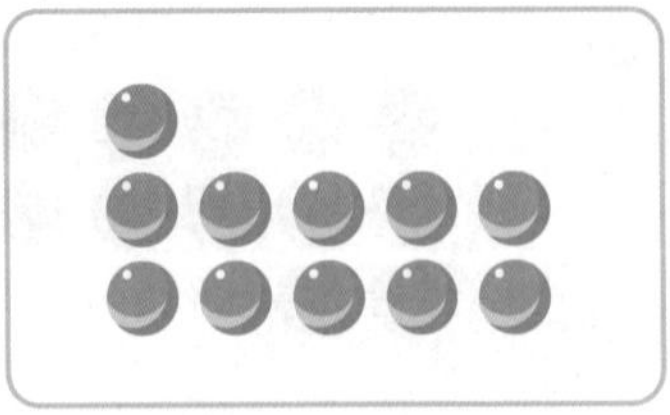

● 세어 보고, 알맞은 수를 쓰세요.

(1)

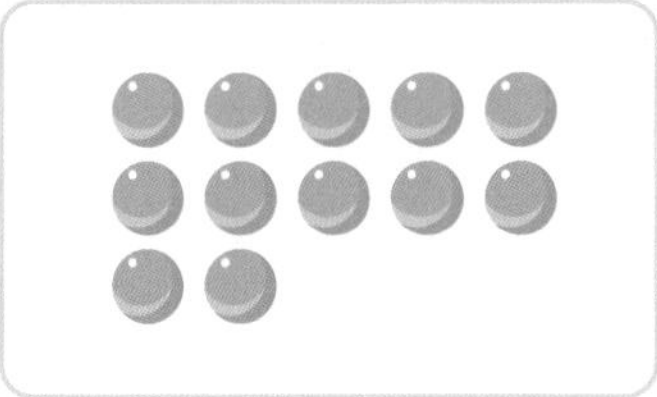

(2)

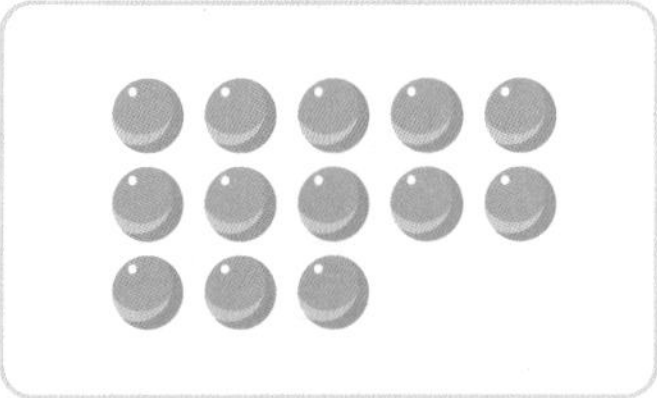

(3)

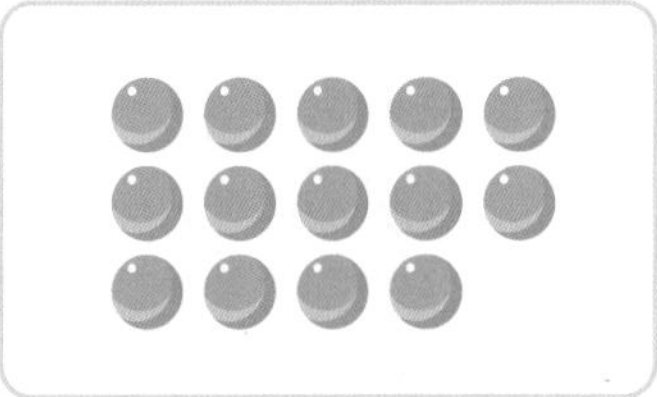

(4)

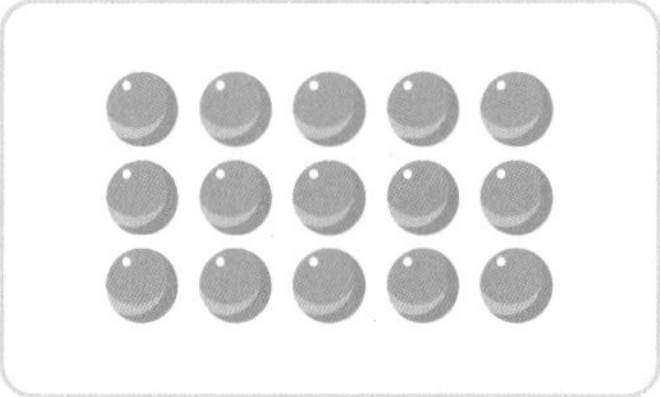

(5)

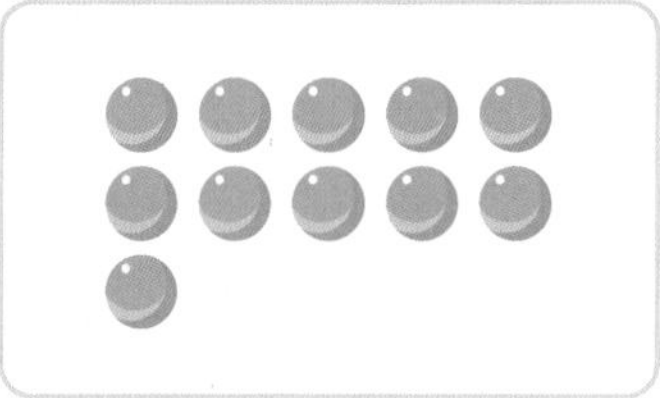

(6)

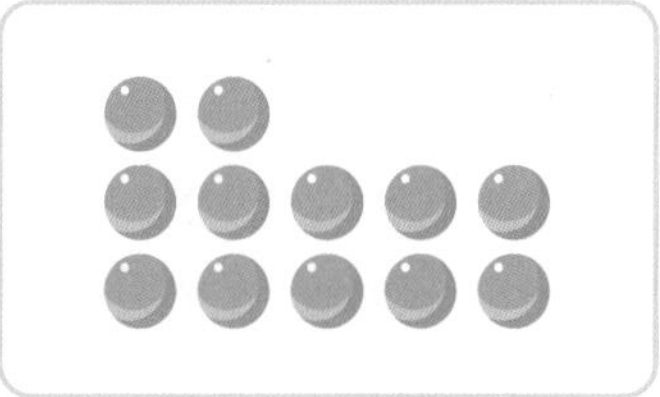

● 세어 보고, 알맞은 수를 쓰세요.

(1)

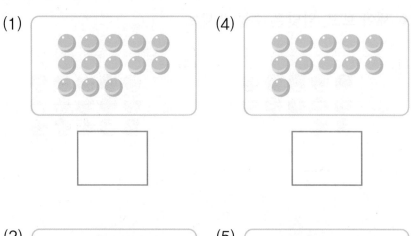

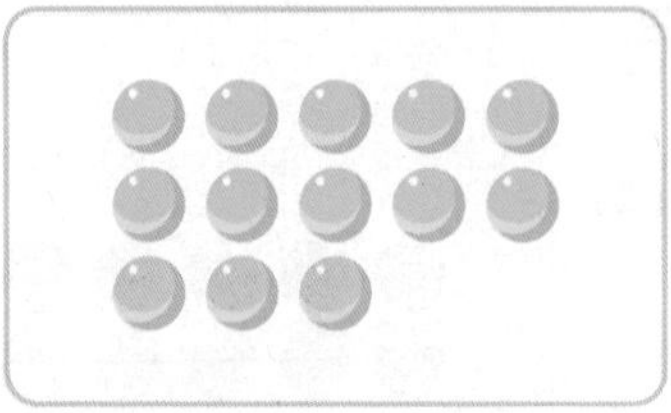

(4)

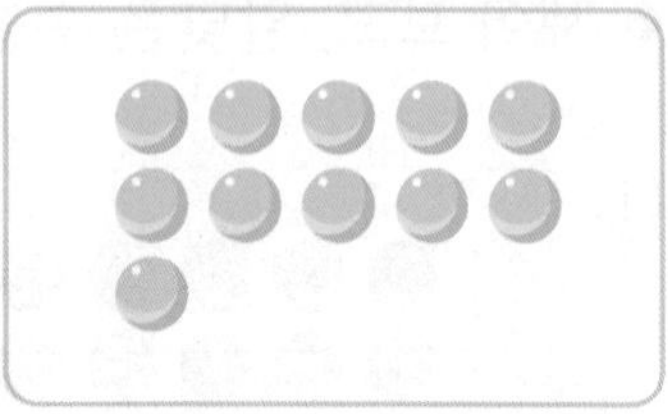

(2)

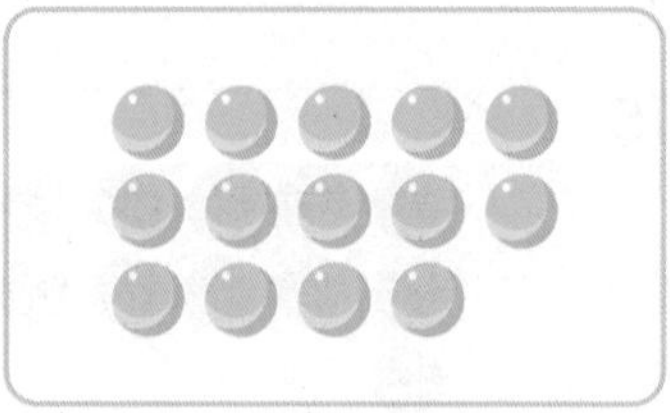

(5)

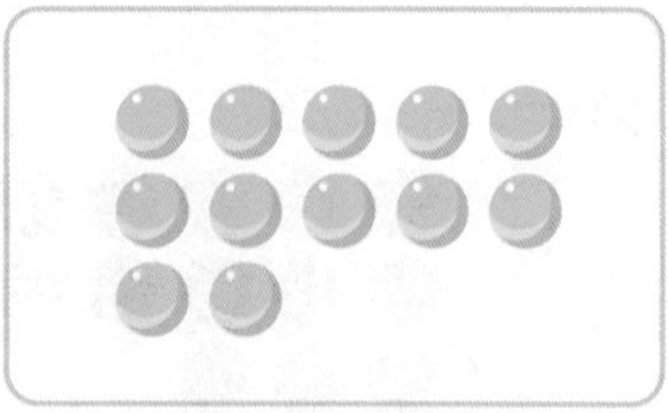

(3)

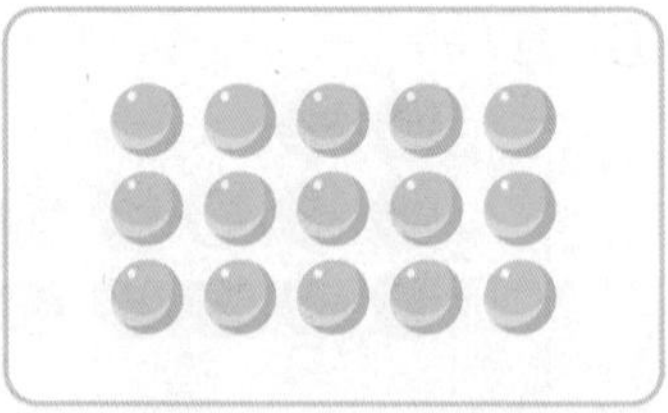

(6)

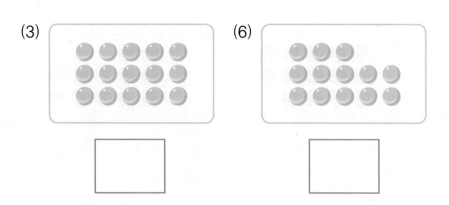

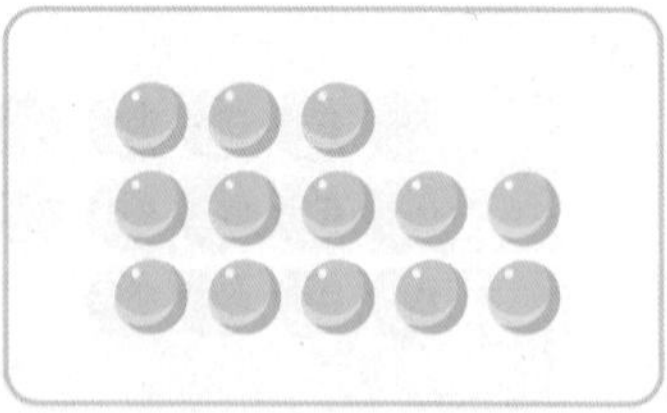

● 세어 보고, 알맞은 수를 쓰세요.

(1)

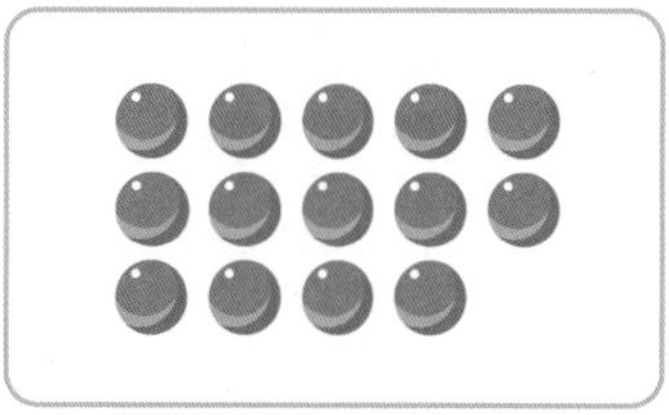

(2)

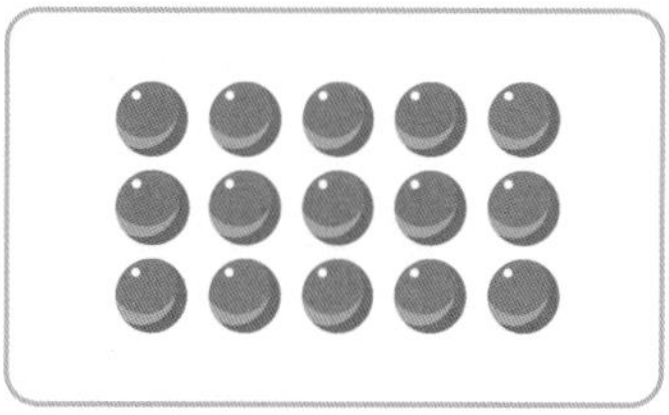

(3)

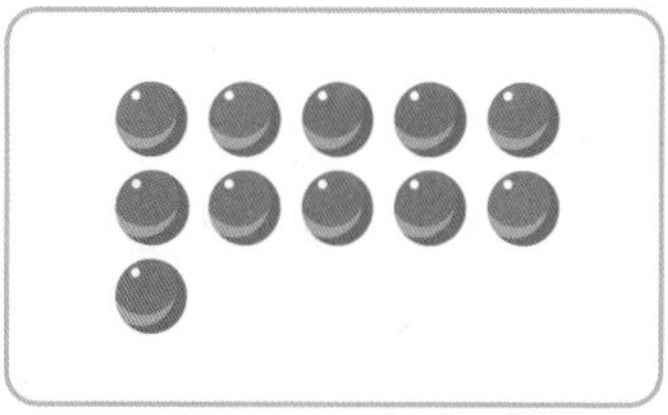

(4)

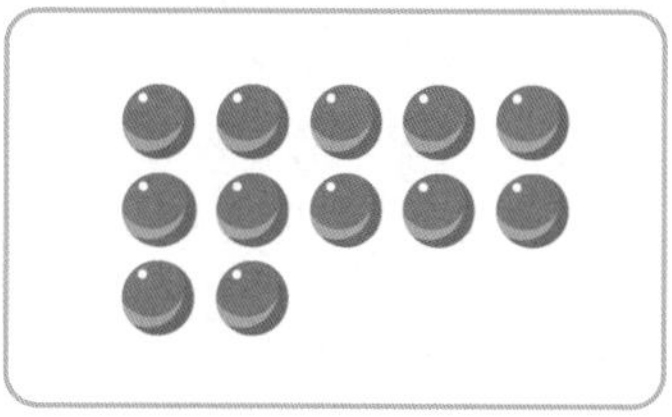

(5)

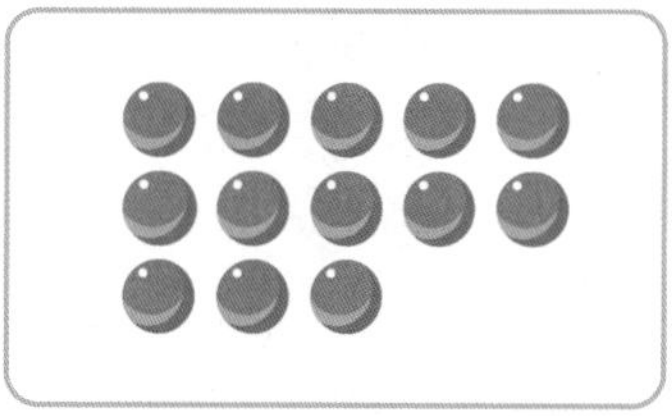

(6)

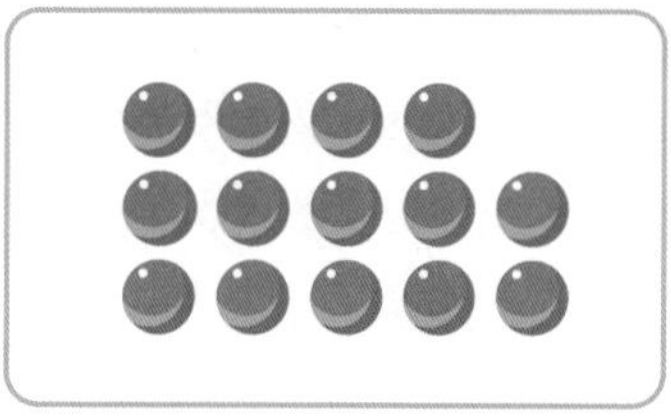

● 세어 보고, 알맞은 수를 쓰세요.

(1)

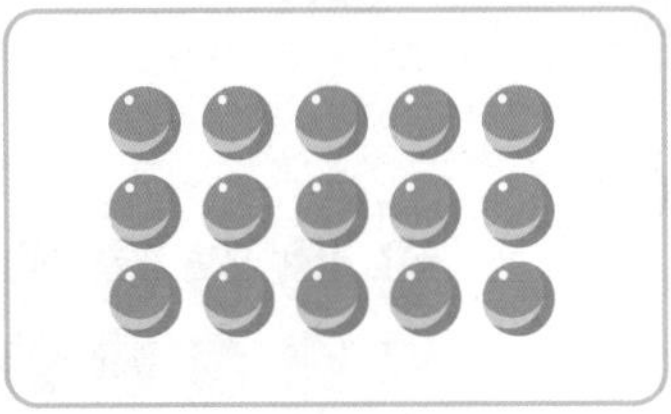

(2)

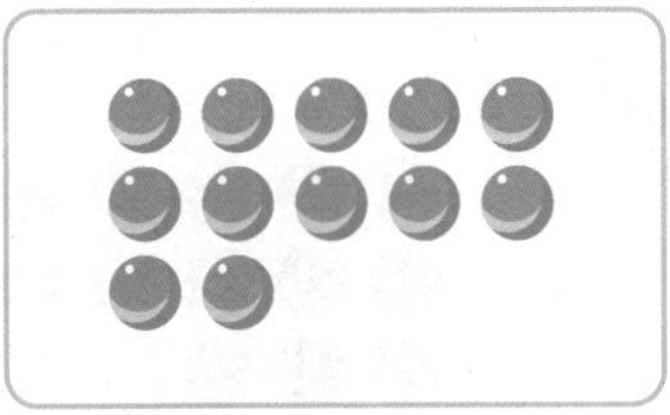

(3)

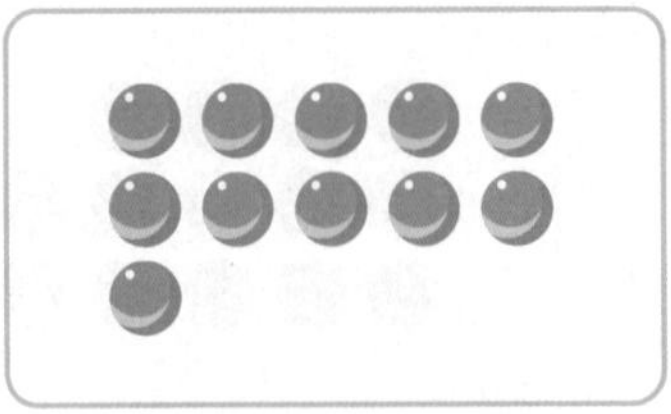

(4)

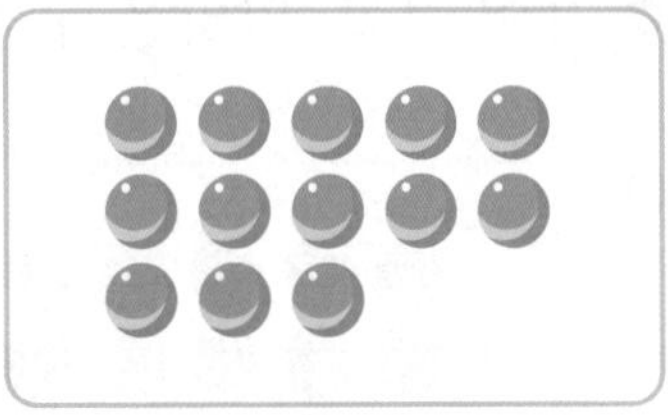

(5)

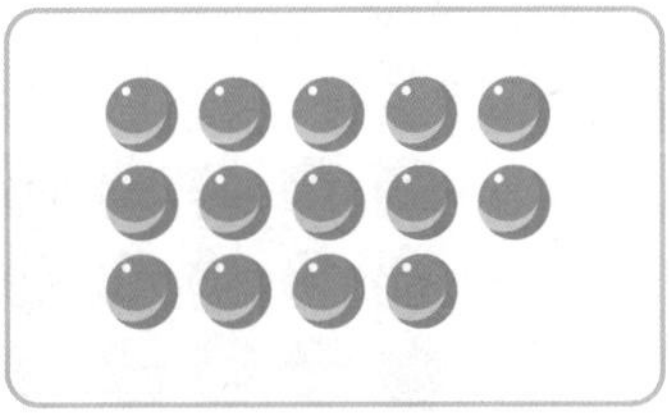

(6)

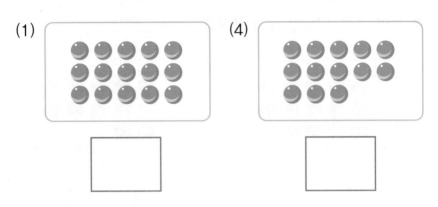

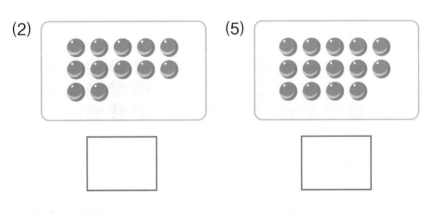

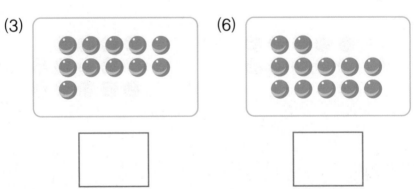

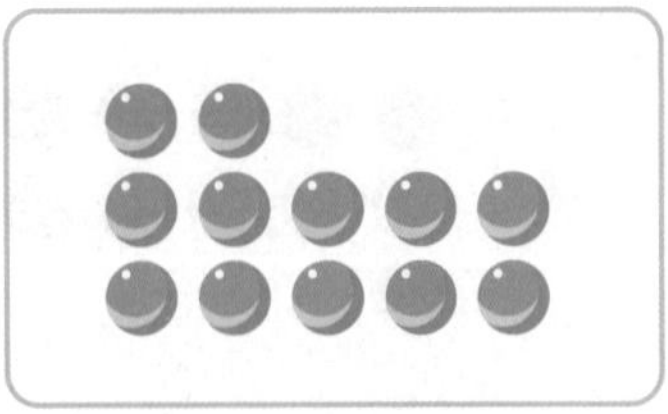

● 세어 보고, 알맞은 수를 쓰세요.

(1)

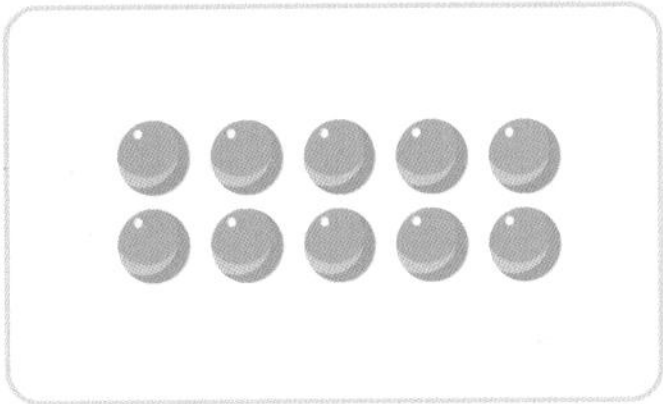

(4)

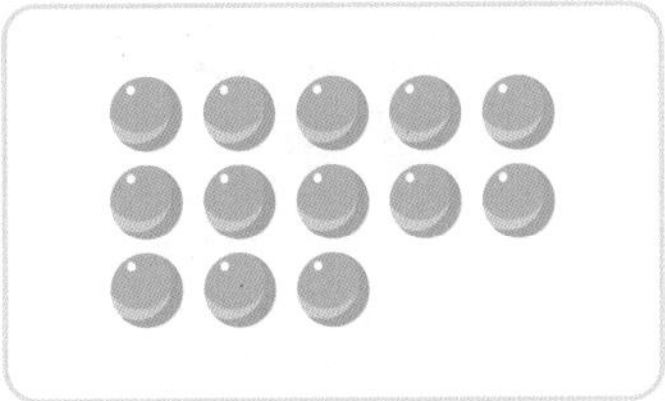

(2)

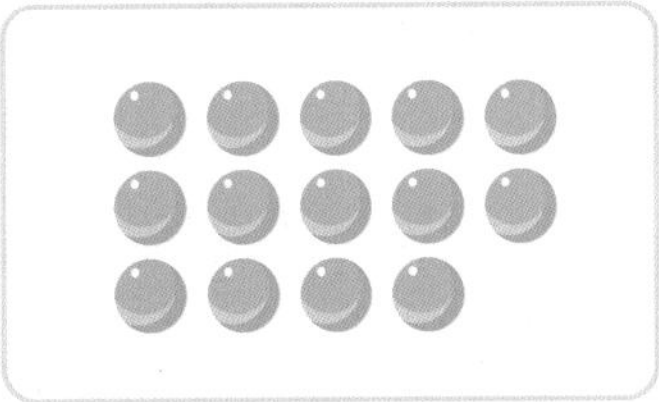

(5)

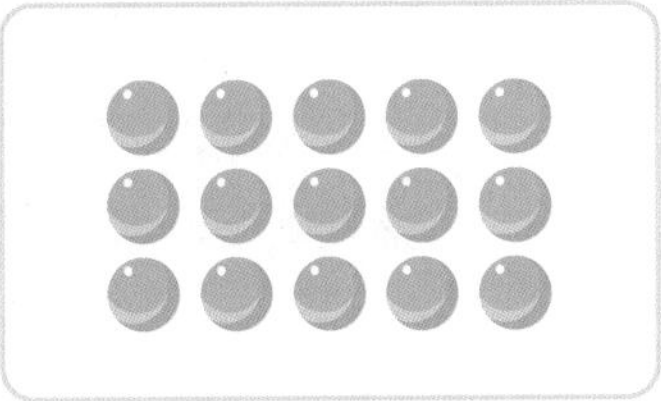

(3)

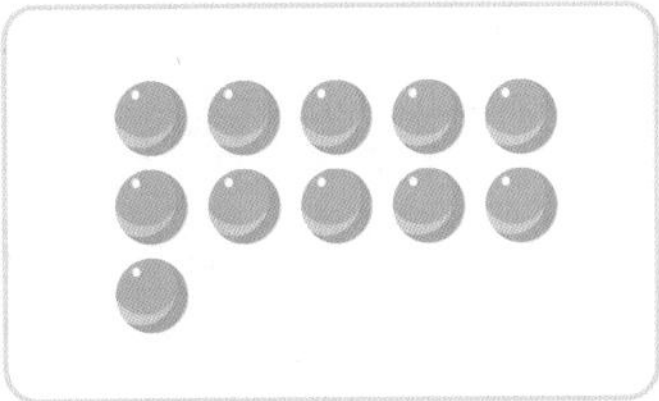

(6)

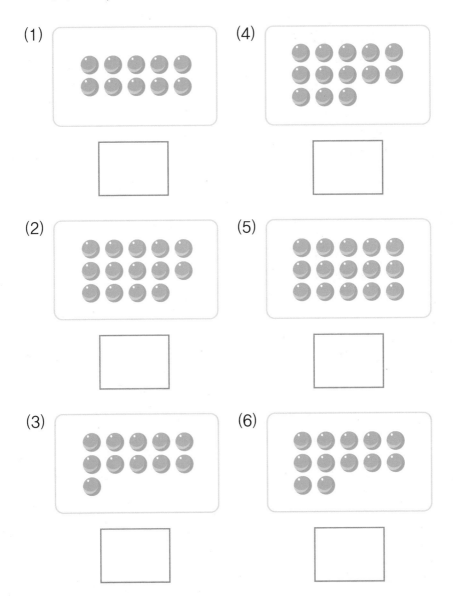

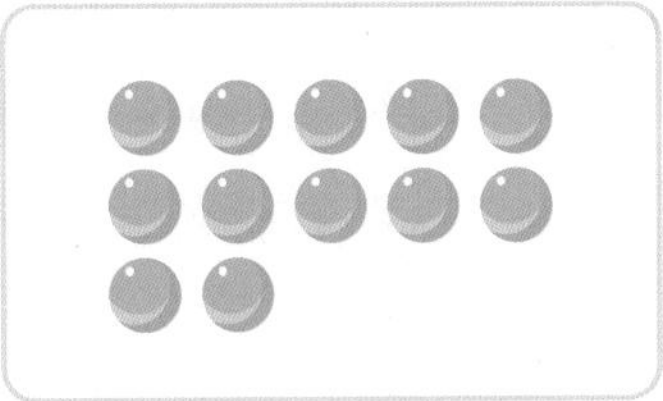

● 세어 보고, 알맞은 수를 쓰세요.

(1)

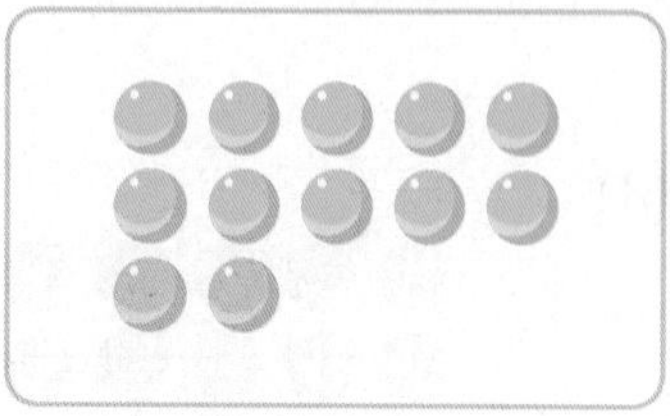

(4)

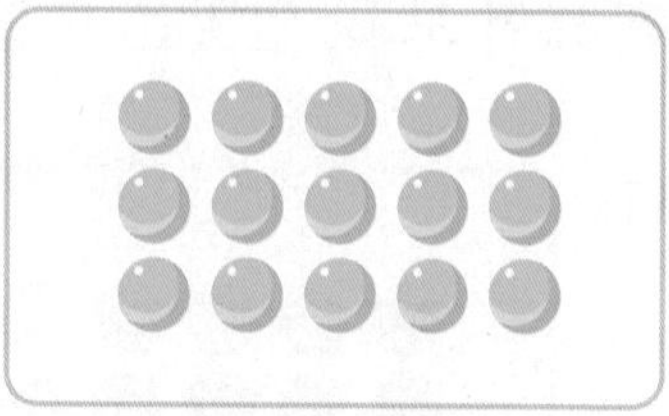

(2)

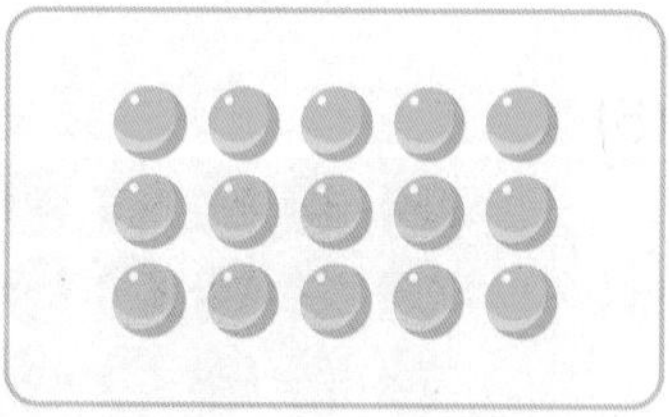

(5)

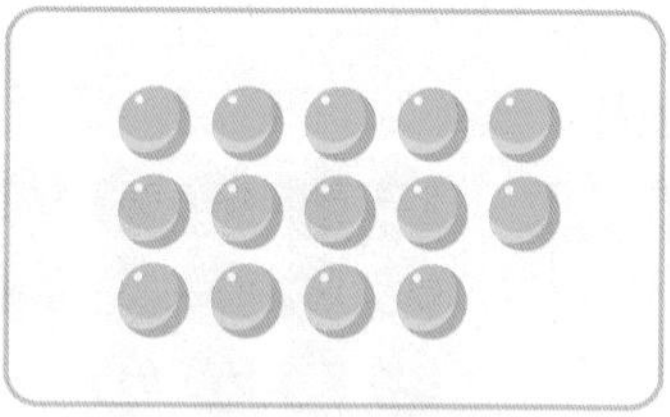

(3)

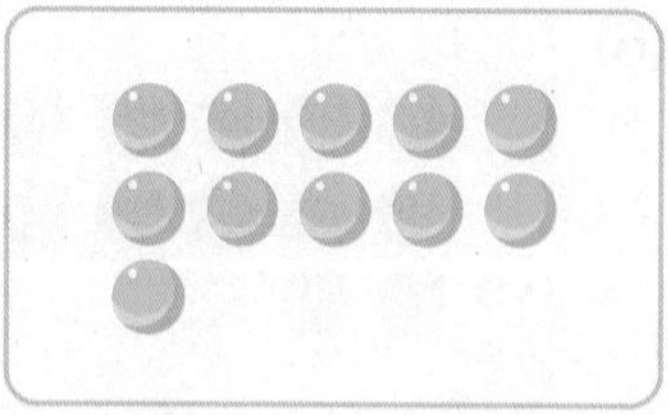

(6)

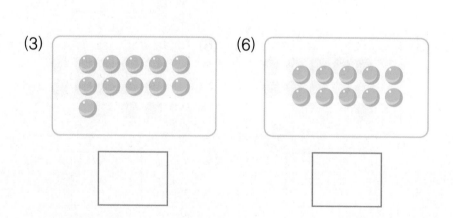

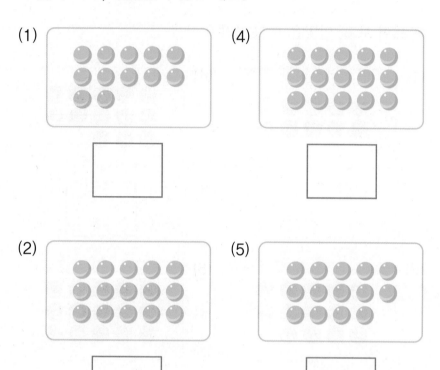

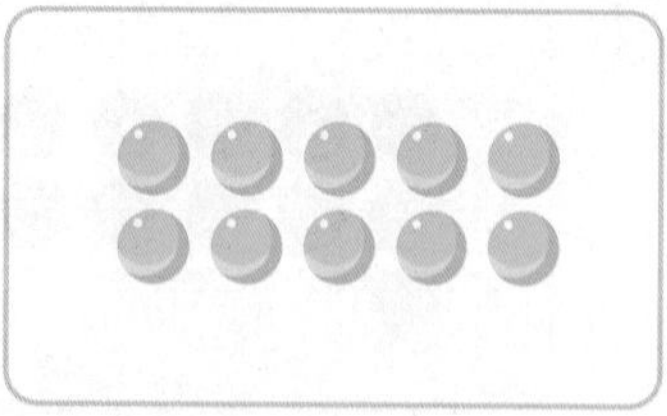

● 세어 보고, 알맞은 수를 쓰세요.

(1)
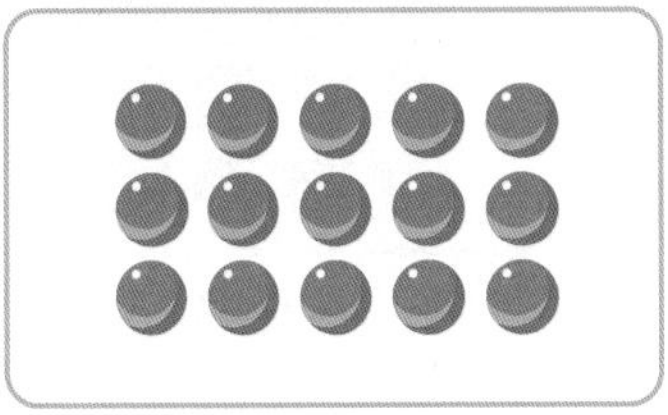

(4)
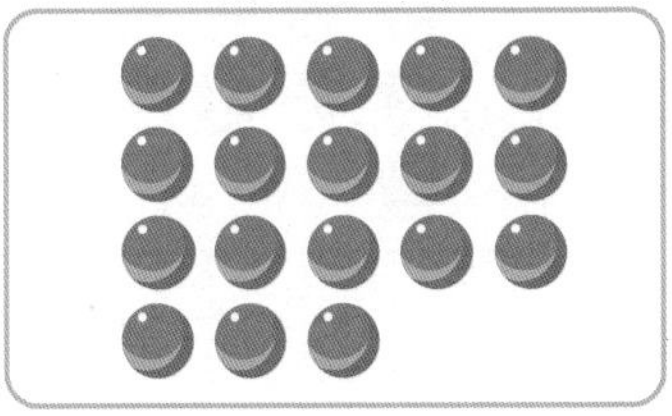

(2)
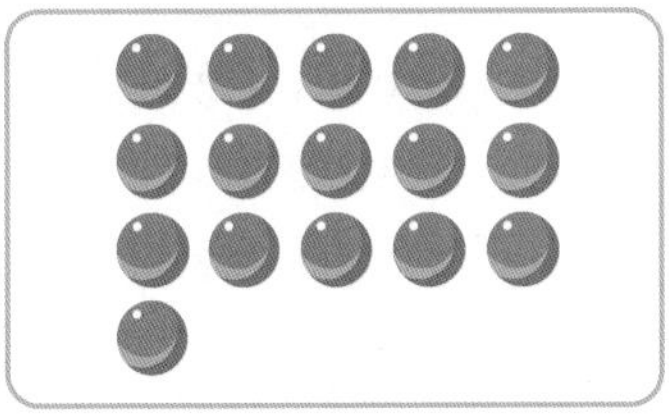

(5)
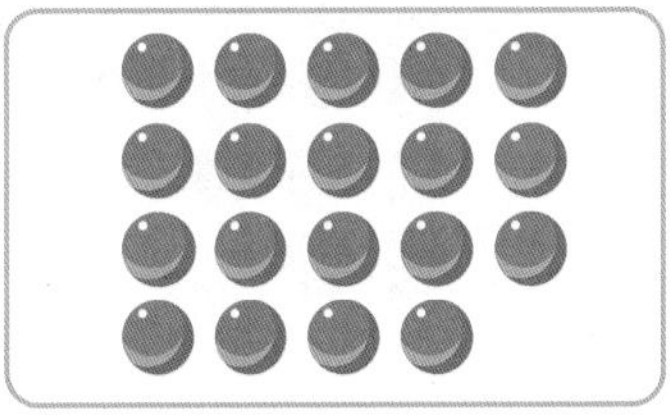

(3)
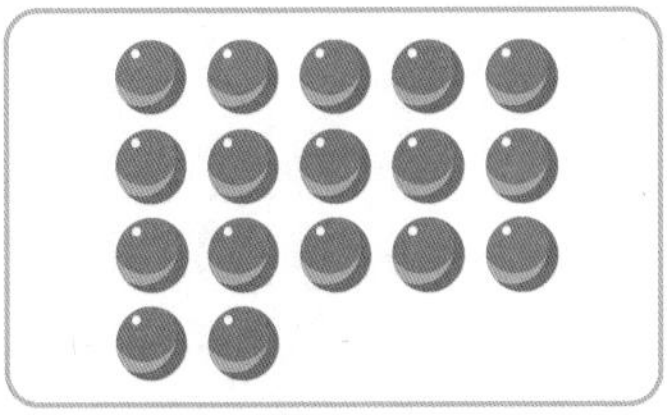

(6)
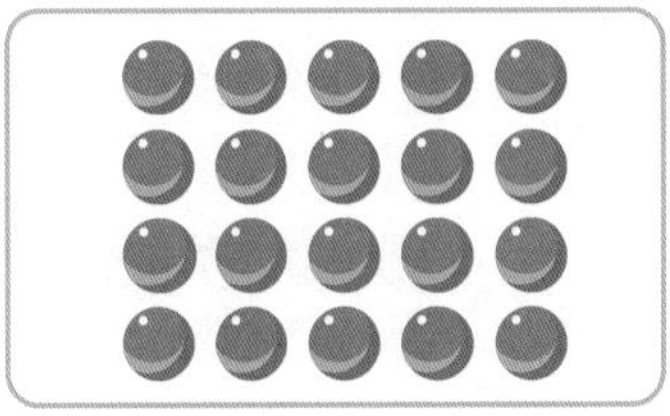

● 세어 보고, 알맞은 수를 쓰세요.

(1)

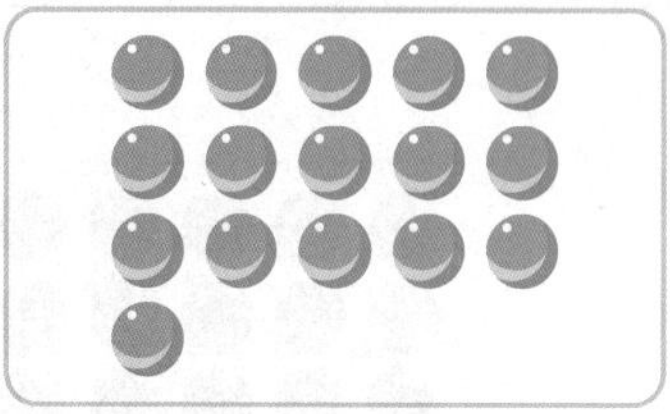

(4)

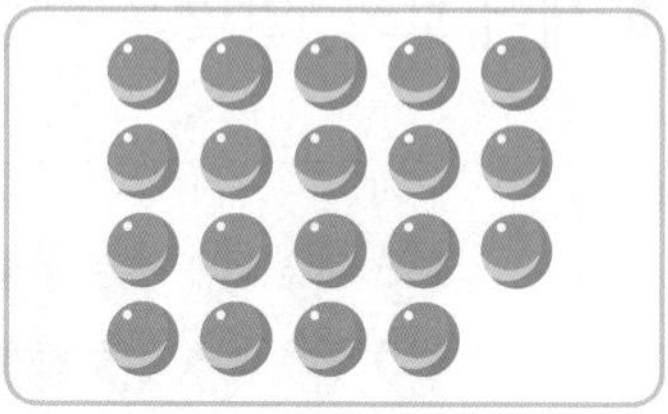

(2)

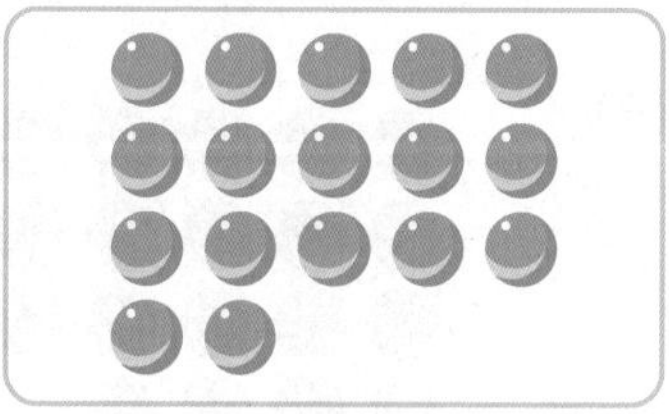

(5)

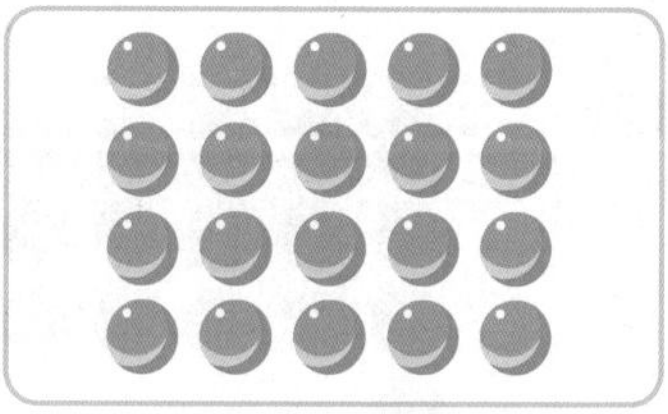

(3)

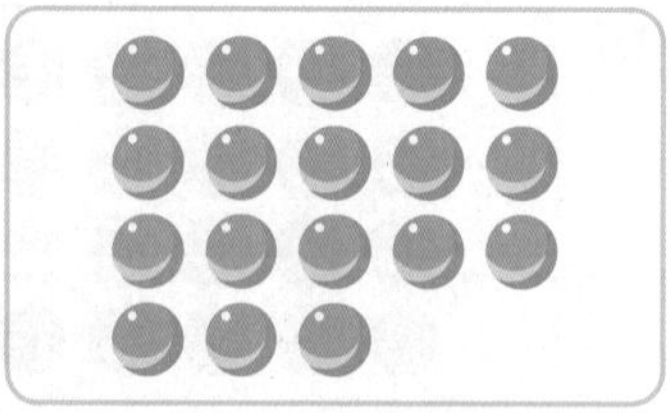

(6)

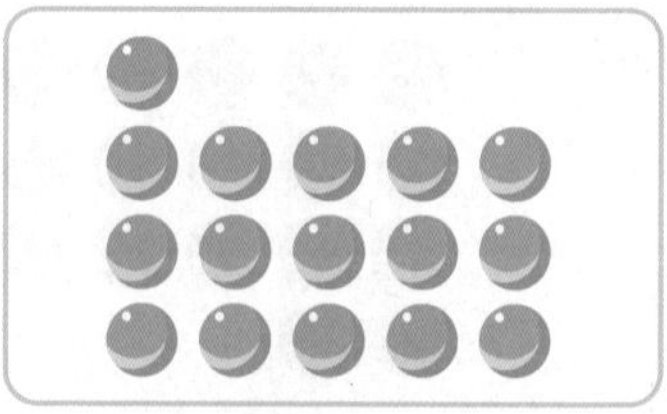

● 세어 보고, 알맞은 수를 쓰세요.

(1)
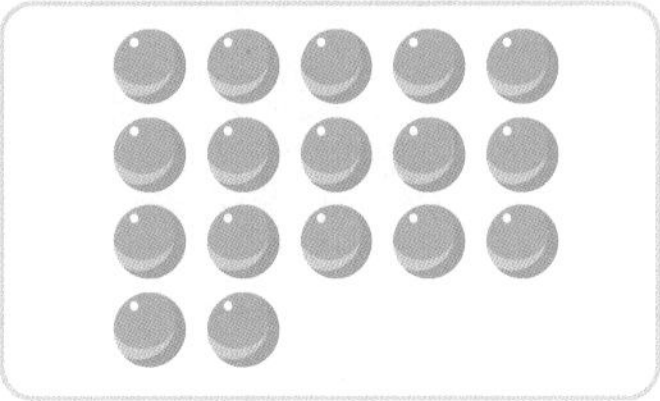

(4)
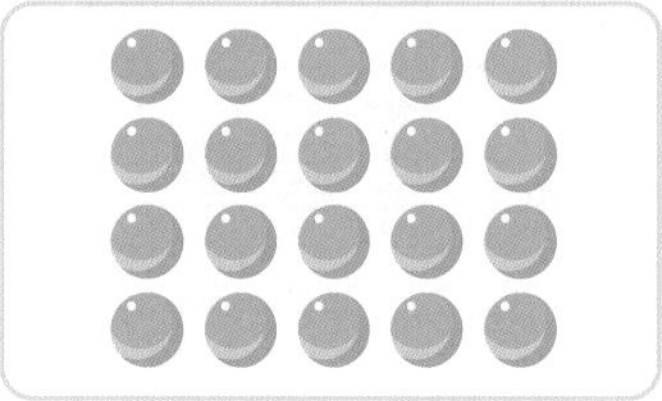

(2)
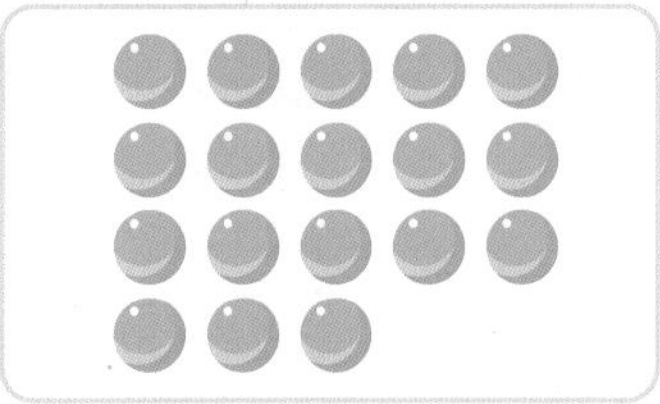

(5)
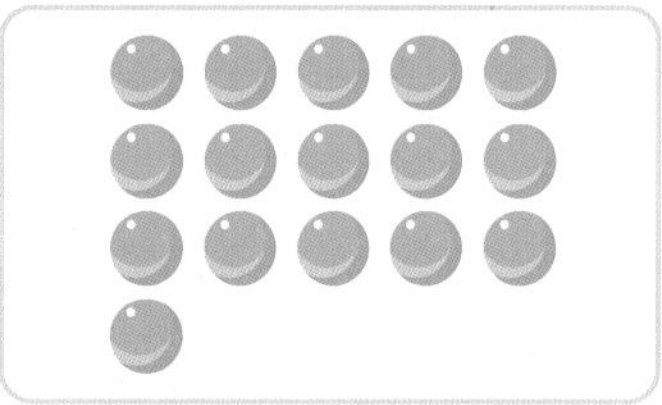

(3)
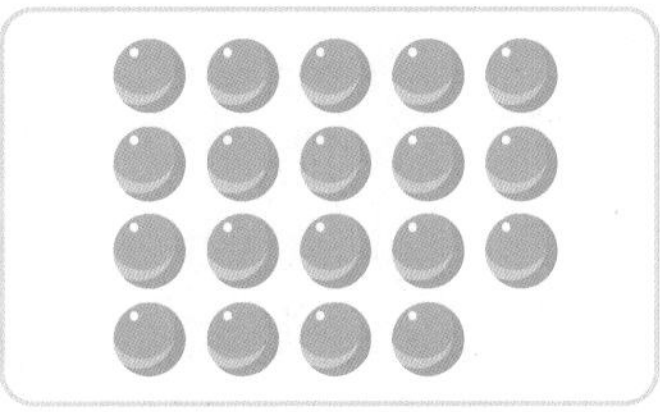

(6)
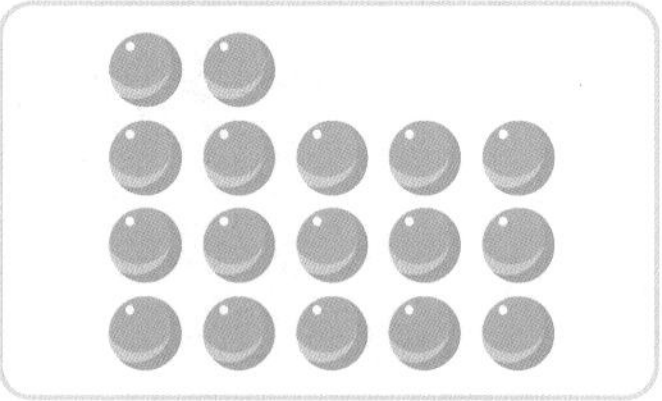

● 세어 보고, 알맞은 수를 쓰세요.

(1)

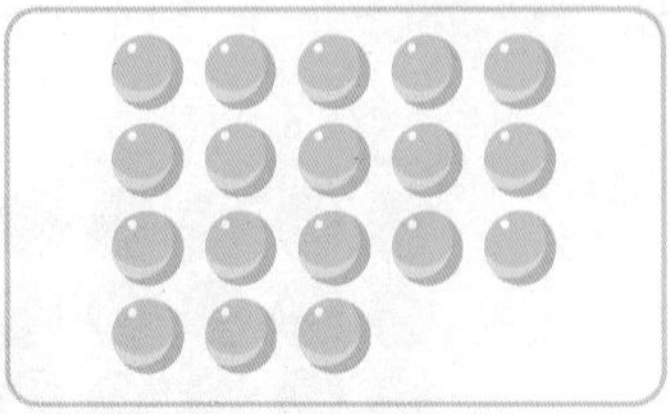

(4)

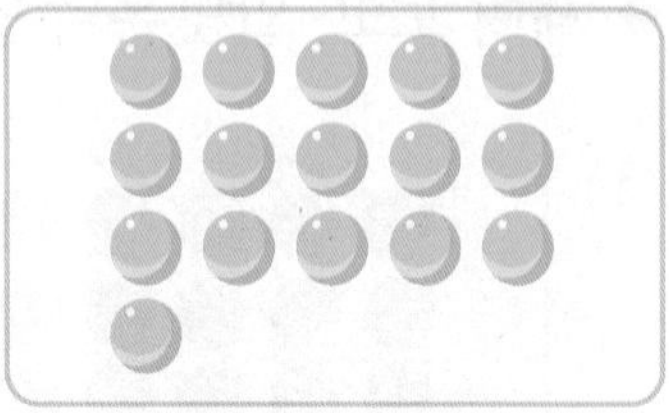

(2)

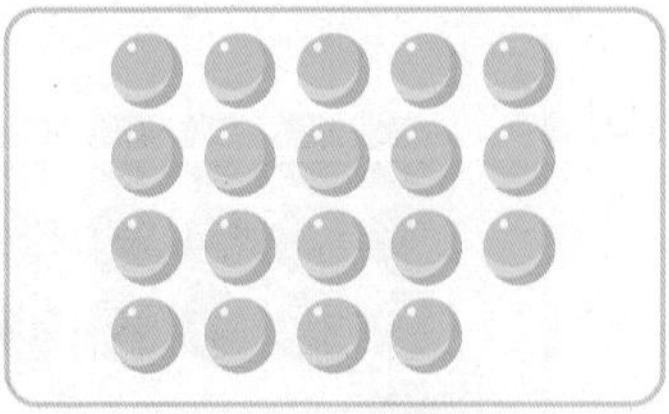

(5)

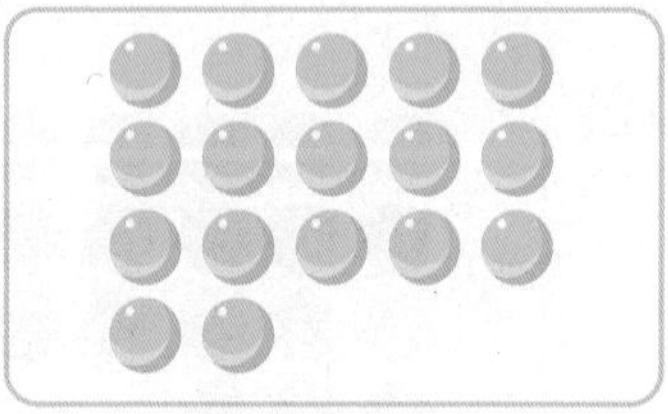

(3)

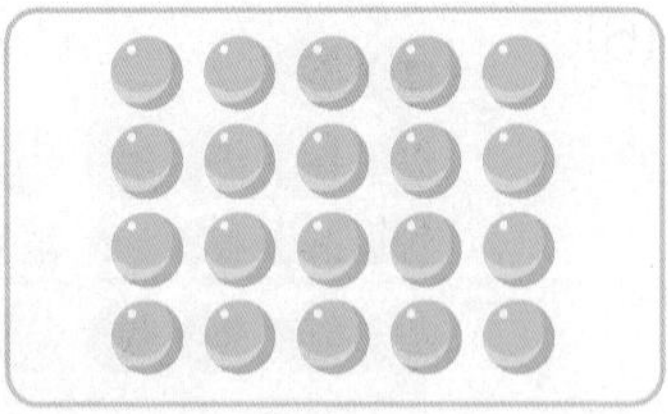

(6)

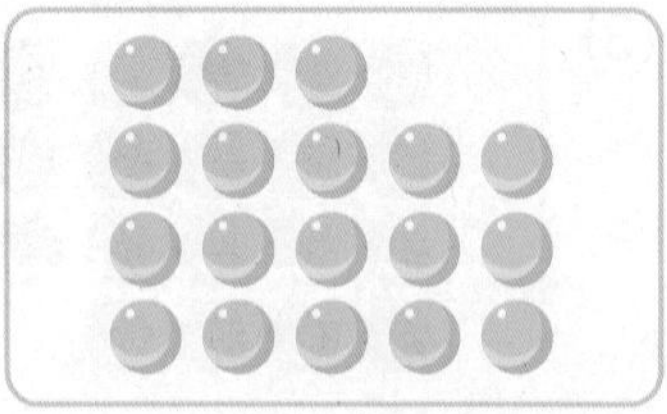

● 세어 보고, 알맞은 수를 쓰세요.

(1)

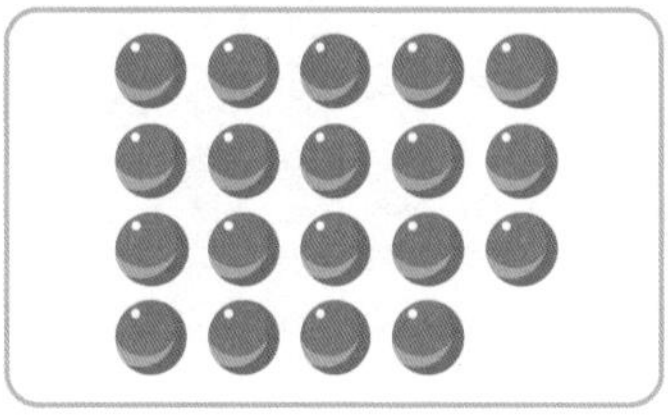

(4)

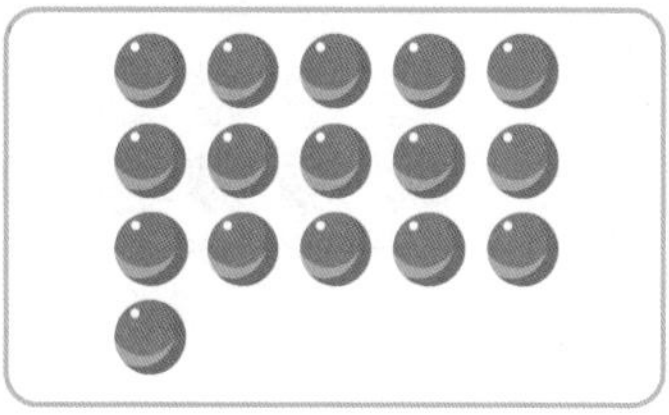

(2)

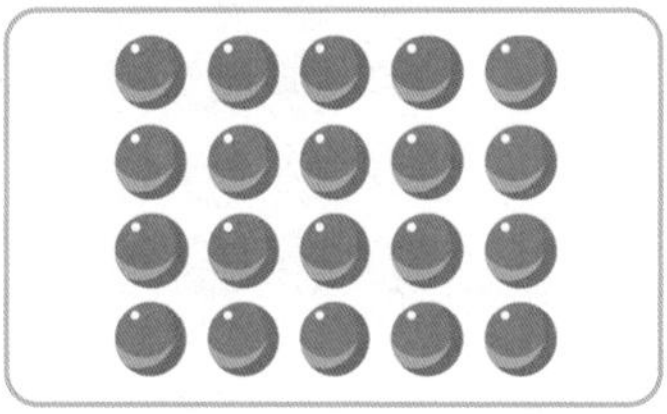

(5)

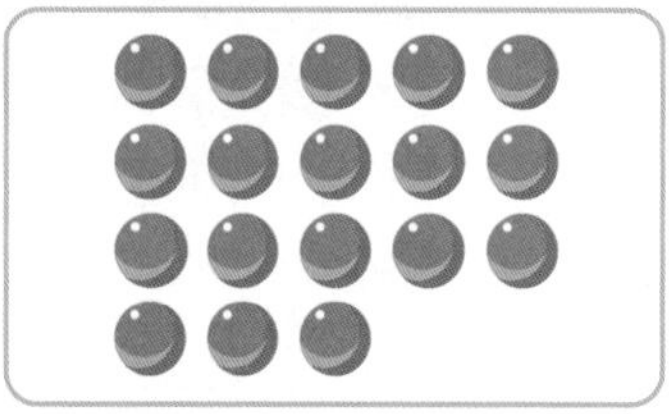

(3)

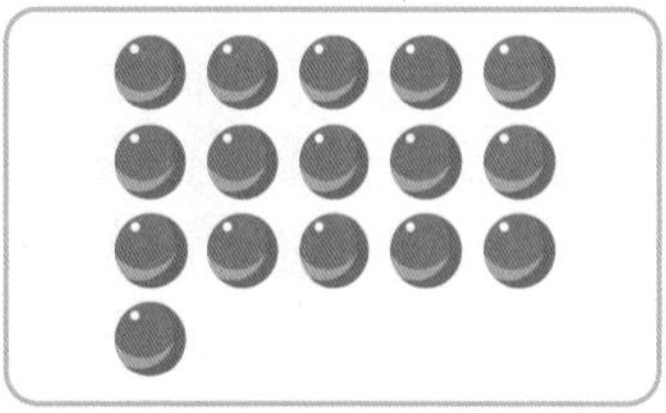

(6)

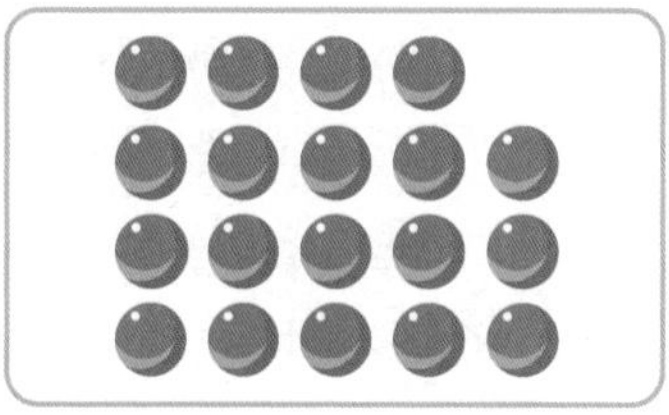

● 세어 보고, 알맞은 수를 쓰세요.

(1)

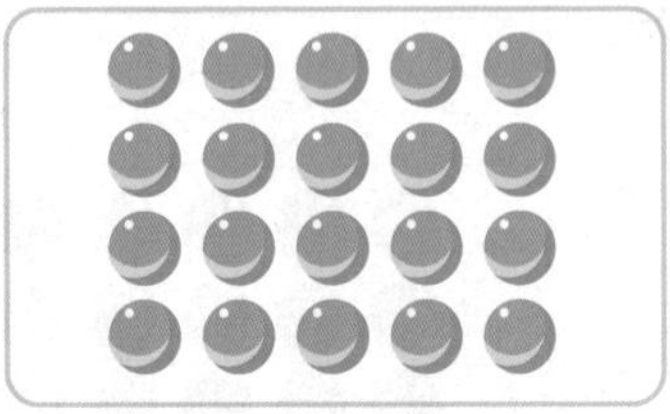

(2)

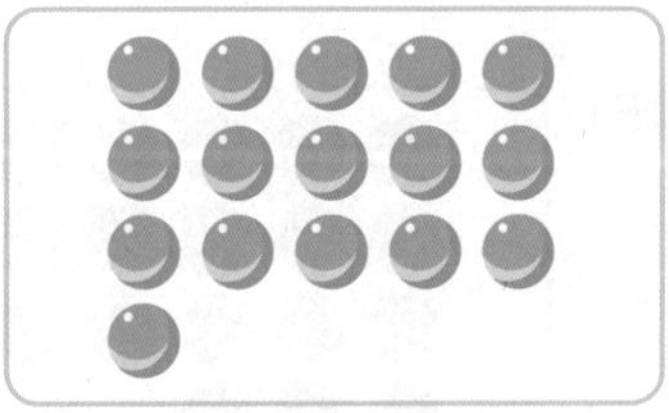

(3)

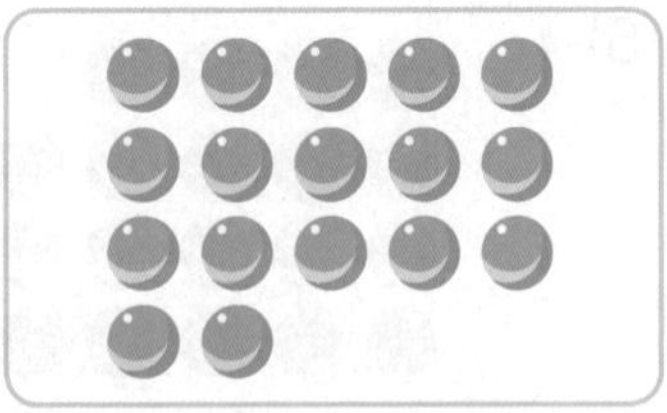

(4)

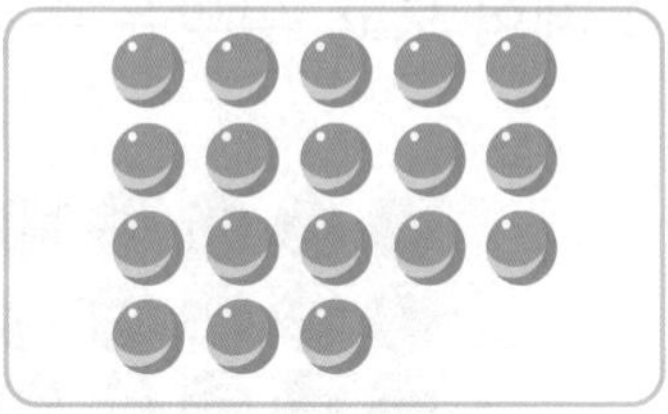

(5)

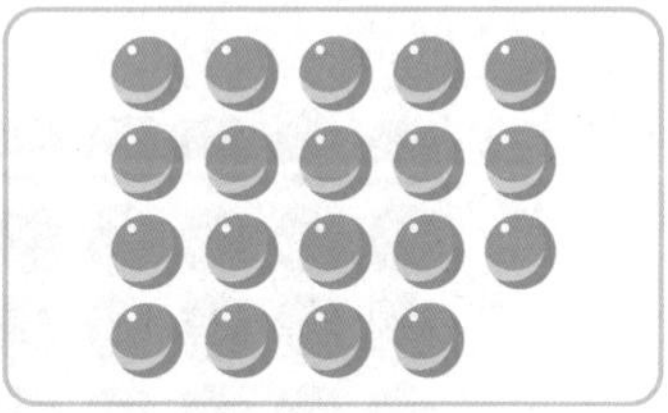

(6)

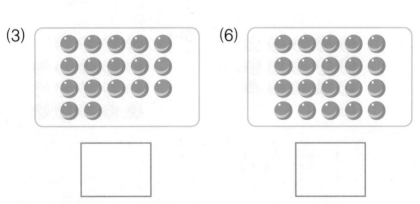

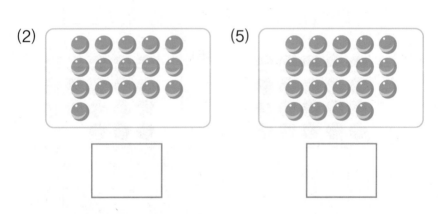

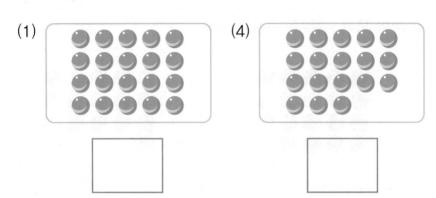

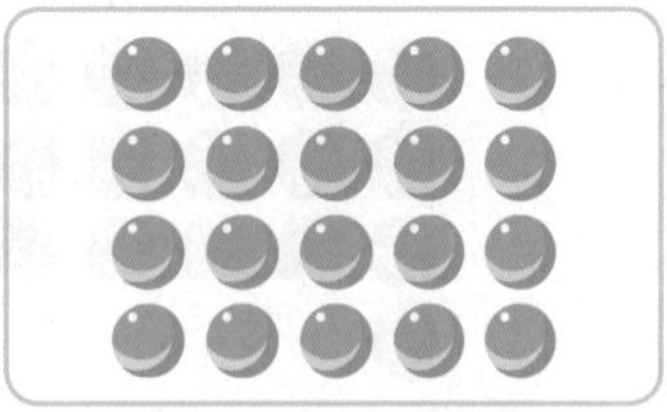

● 세어 보고, 알맞은 수를 쓰세요.

(1)

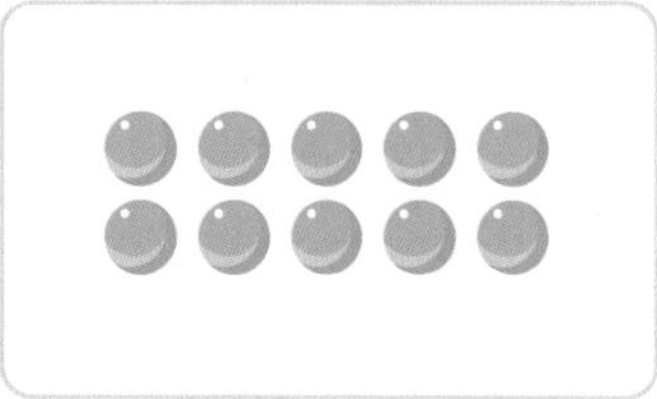

(2)

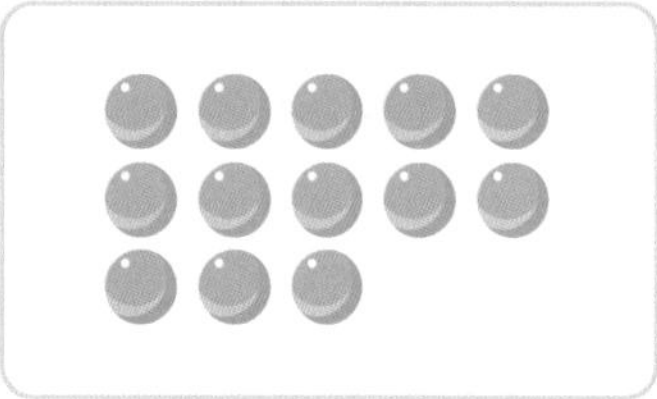

(3)

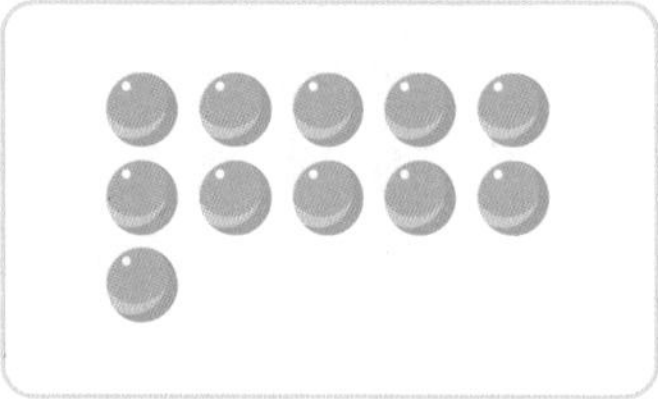

(4)

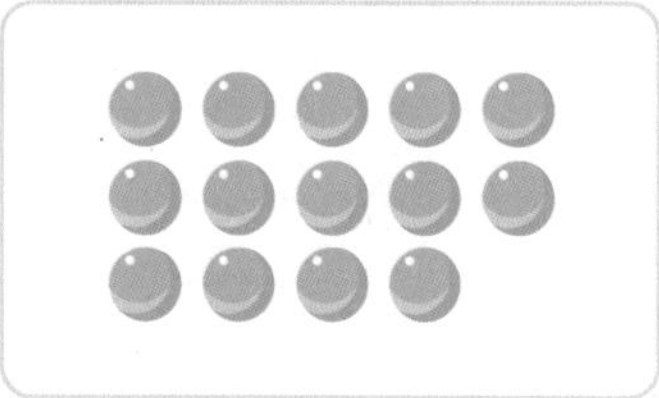

(5)

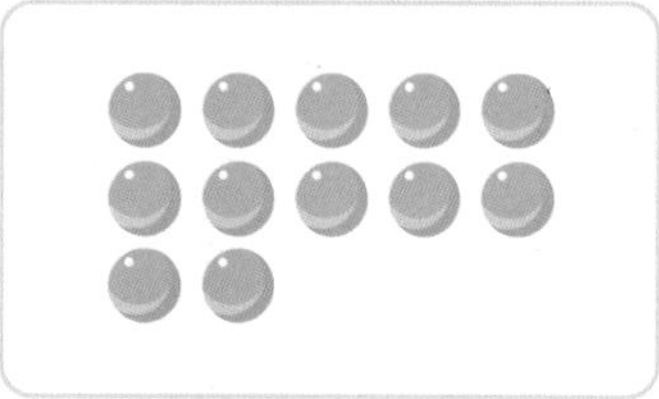

(6)

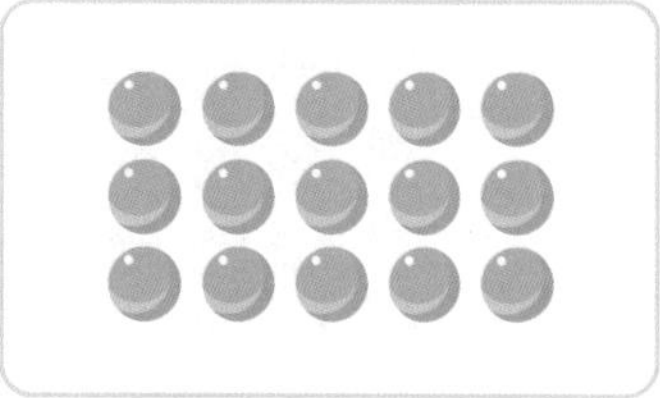

● 세어 보고, 알맞은 수를 쓰세요.

(1)

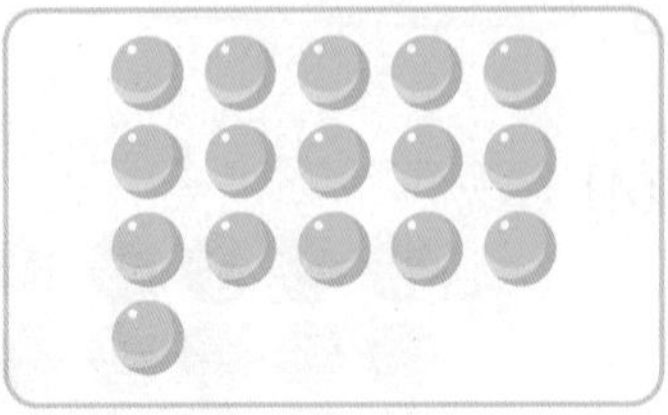

(4)

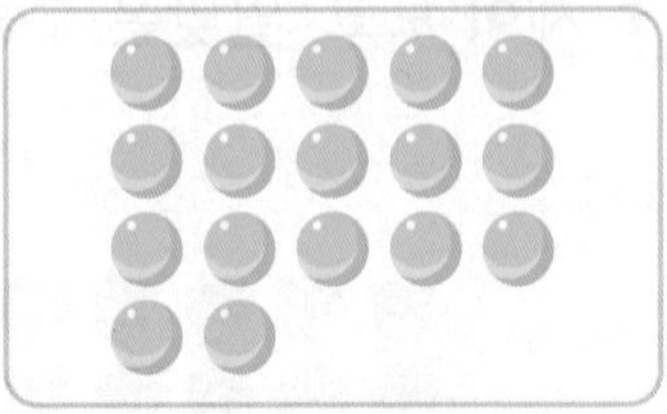

(2)

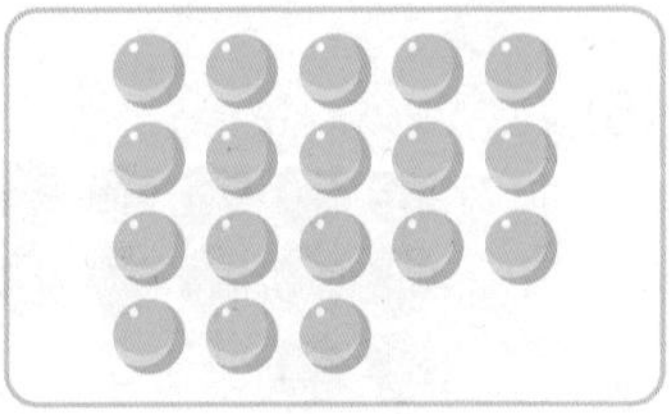

(5)

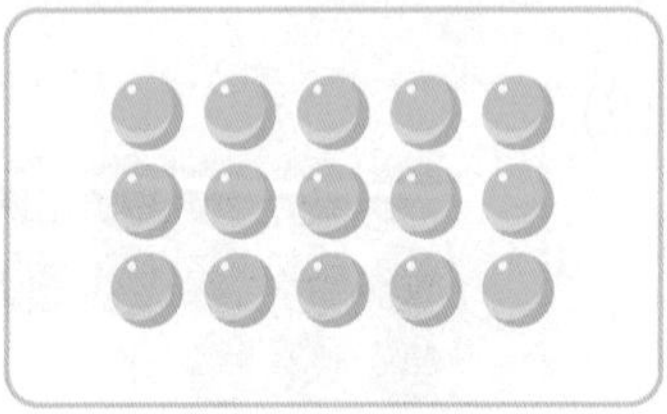

(3)

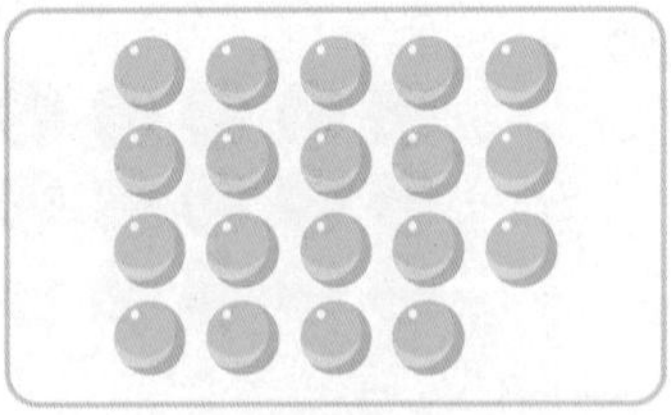

(6)

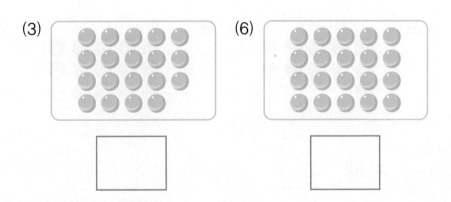

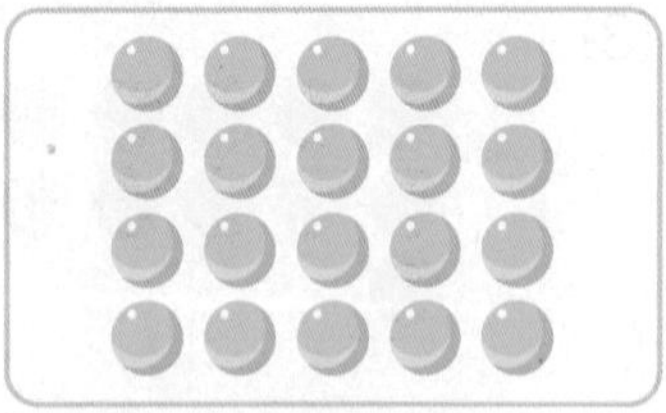

● 세어 보고, 알맞은 수를 쓰세요.

(1)

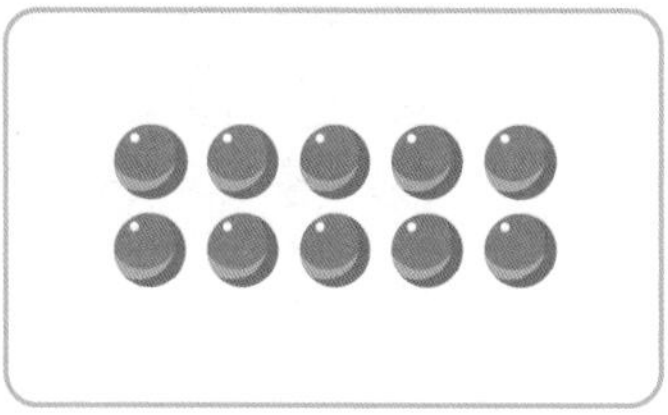

(2)

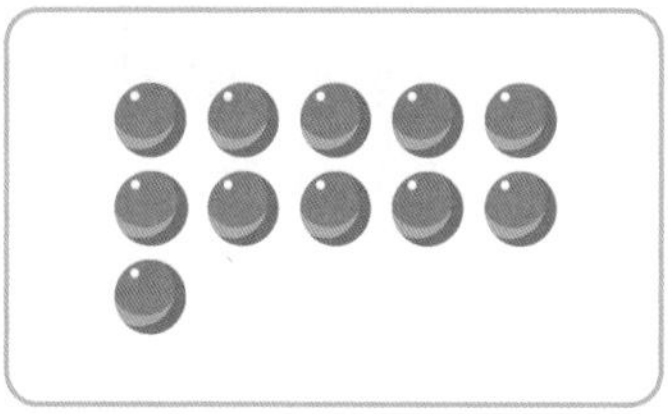

(3)

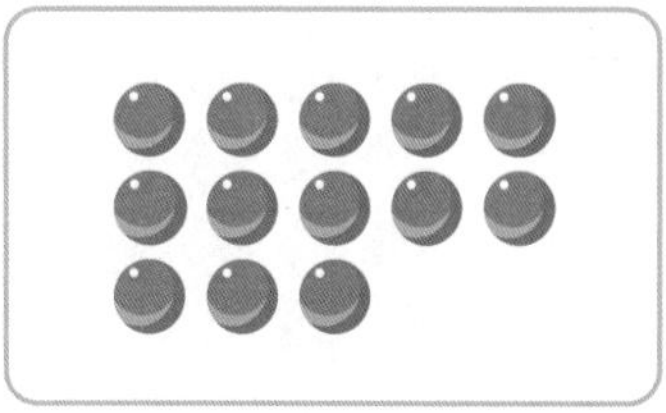

(4)

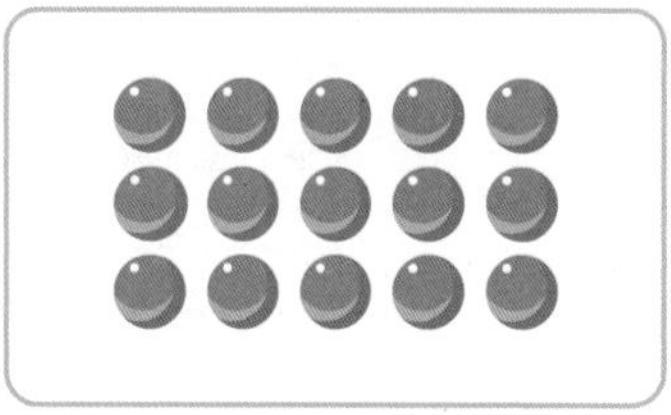

(5)

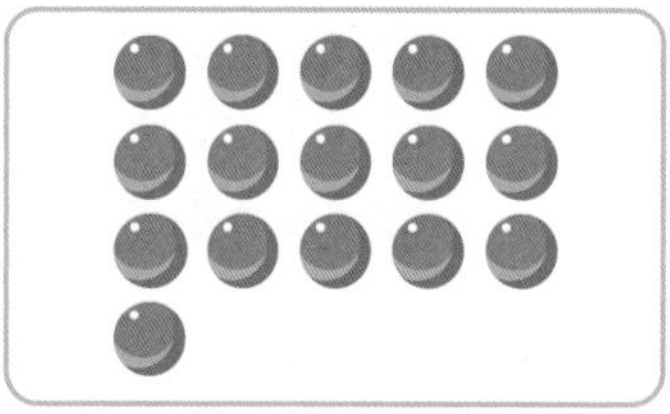

(6)

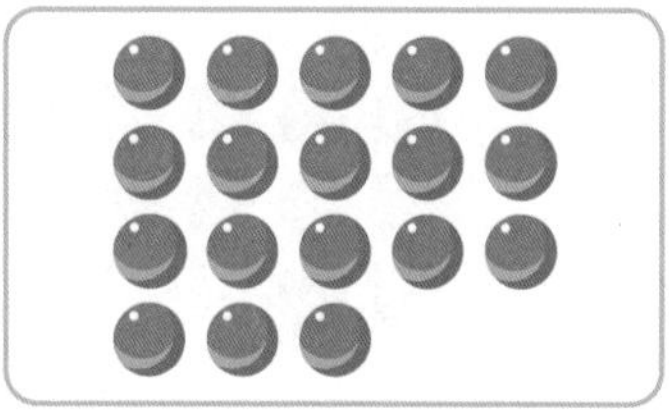

● 세어 보고, 알맞은 수를 쓰세요.

(1)

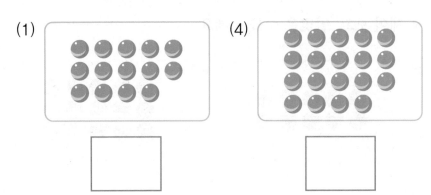

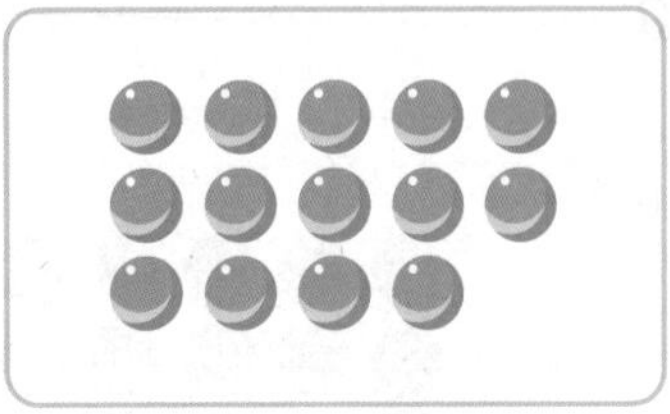

(4)

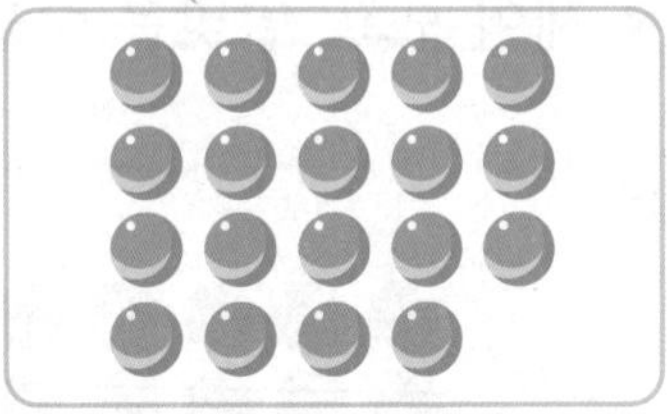

(2)

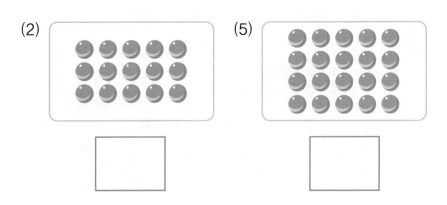

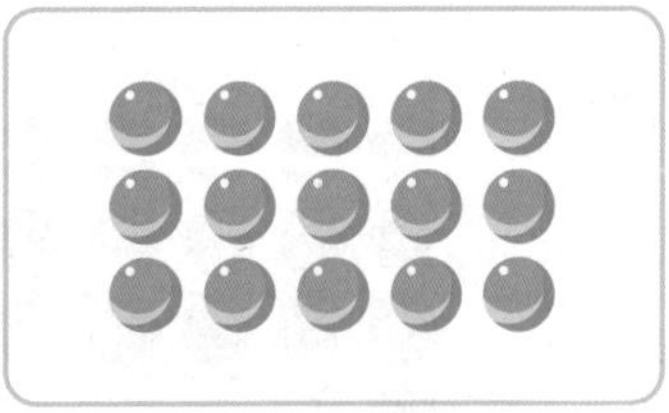

(5)

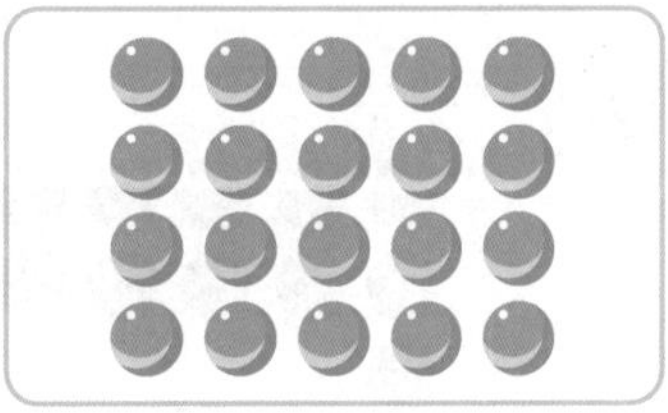

(3)

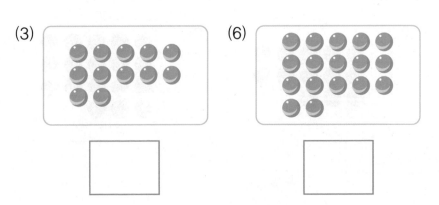

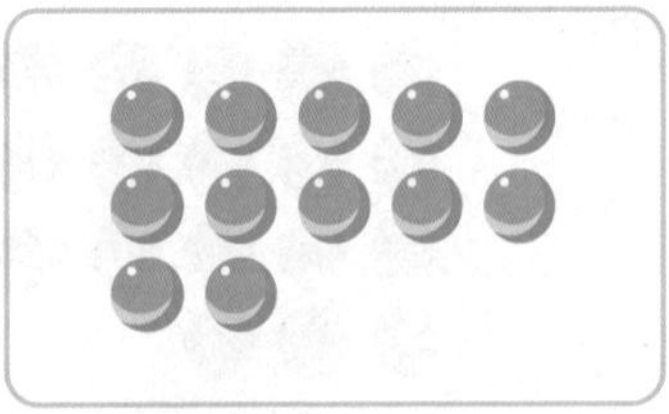

(6)

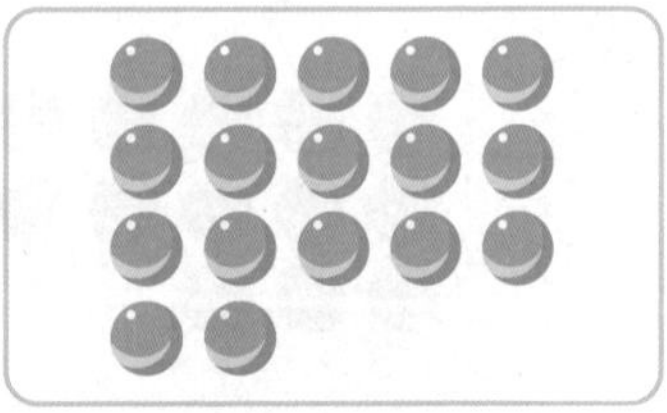

● 세어 보고, 알맞은 수를 쓰세요.

(1)

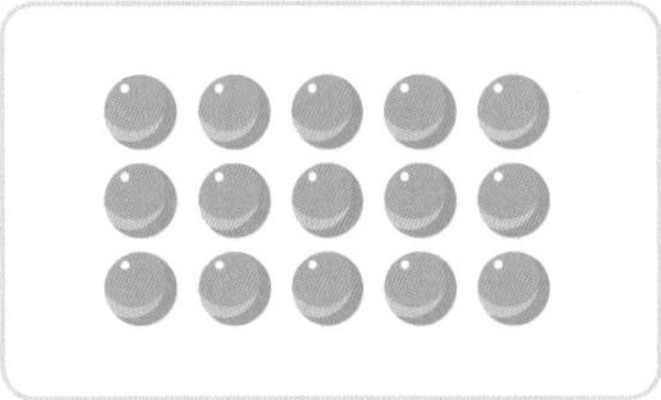

(4)

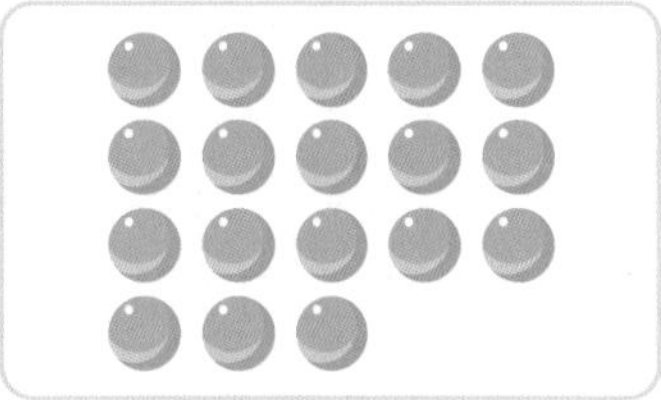

(2)

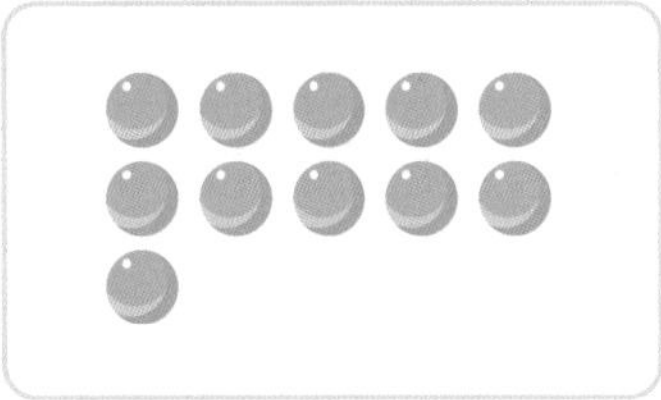

(5)

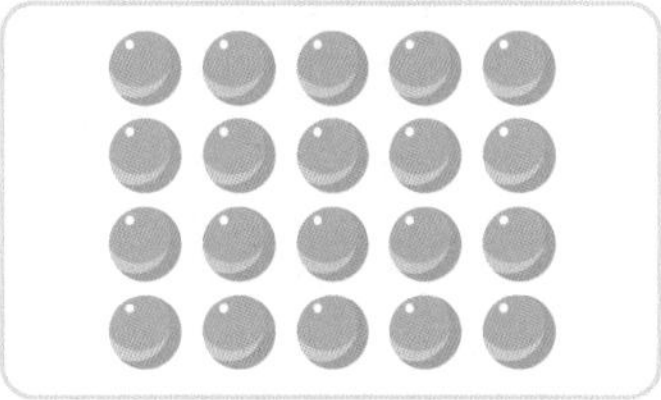

(3)

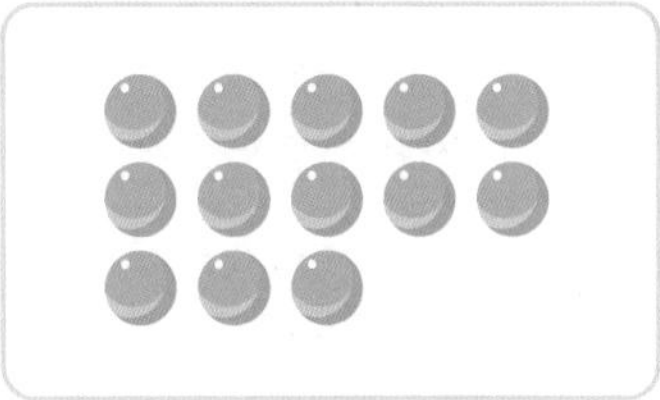

(6)

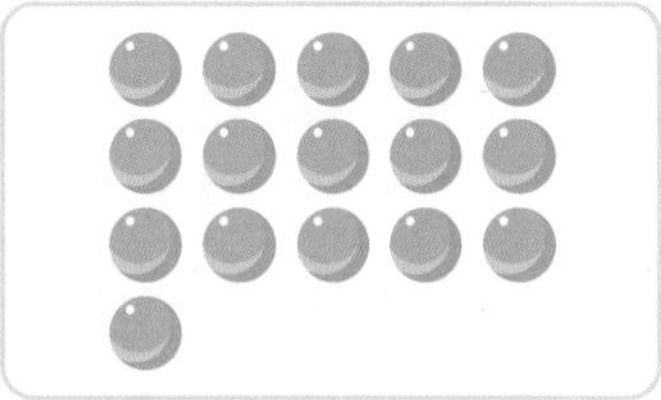

● 세어 보고, 알맞은 수를 쓰세요.

(1)

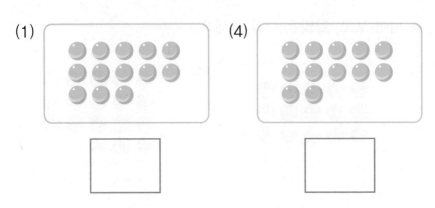

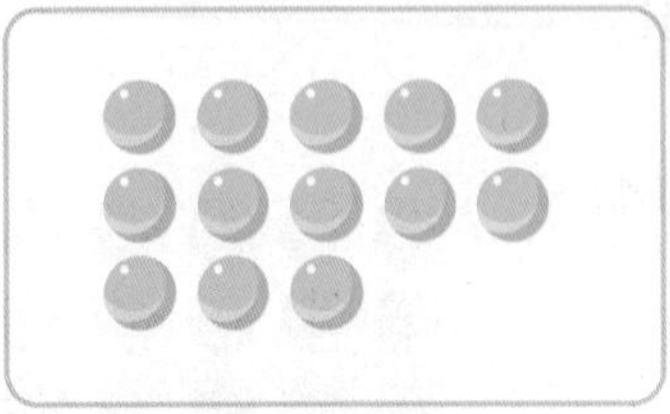

(4)

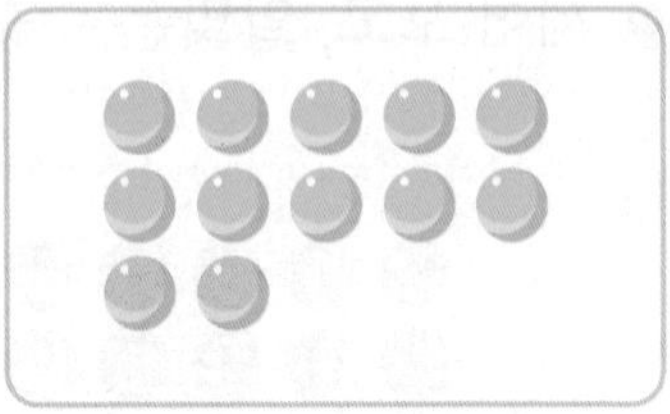

(2)

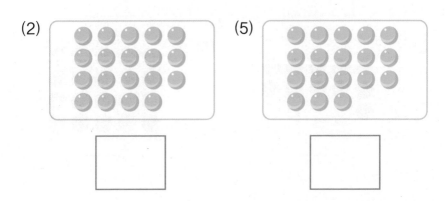

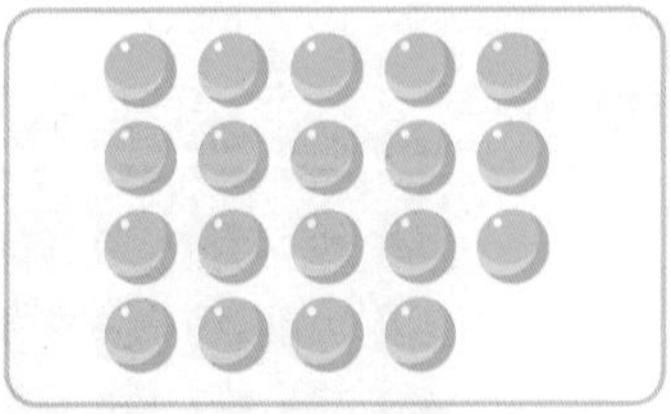

(5)

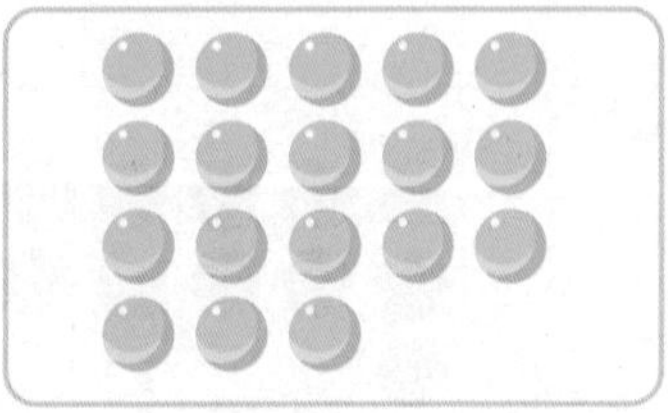

(3)

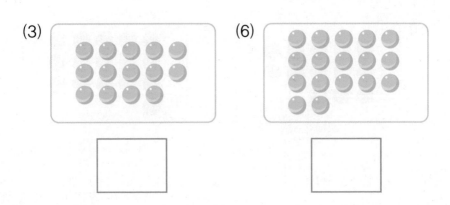

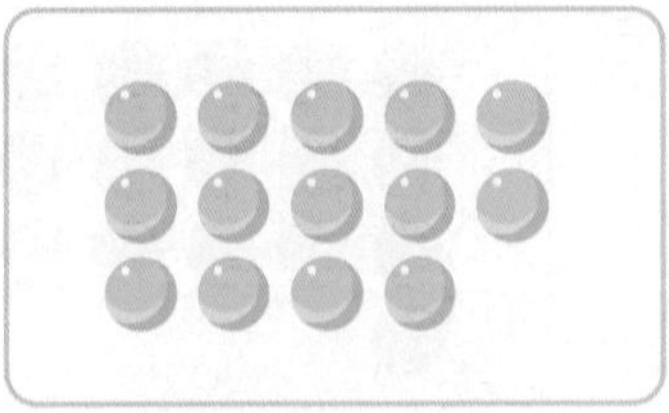

(6)

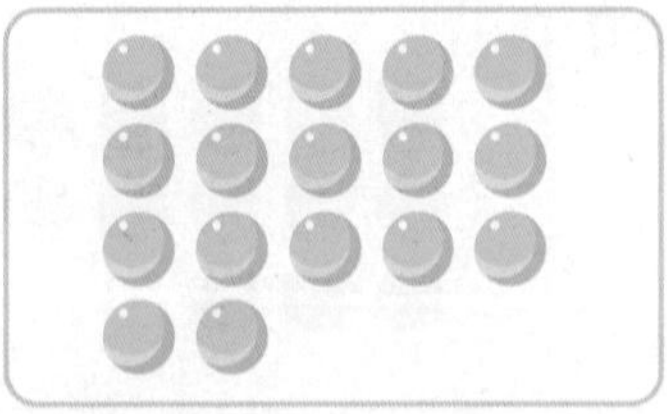

● 세어 보고, 알맞은 수를 쓰세요.

(1)

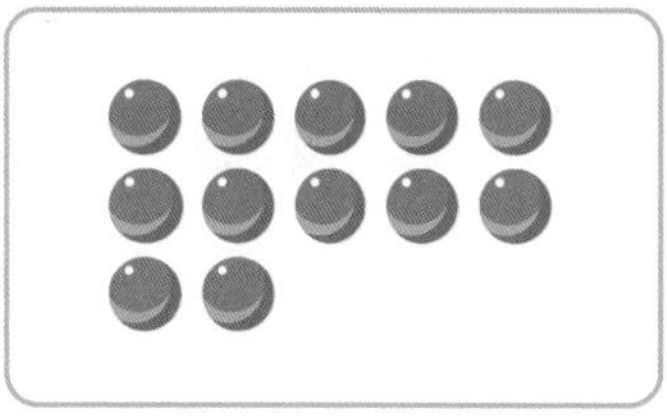

(4)

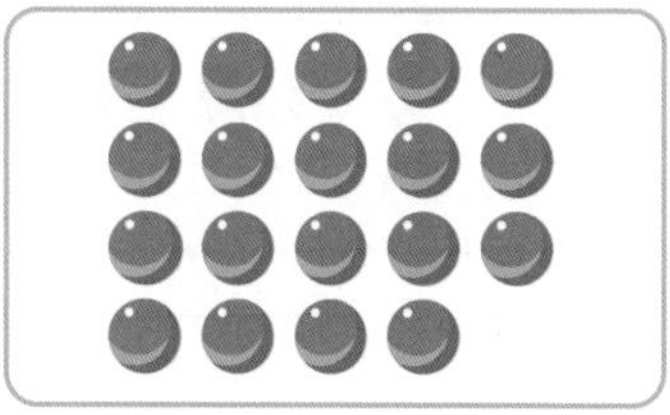

(2)

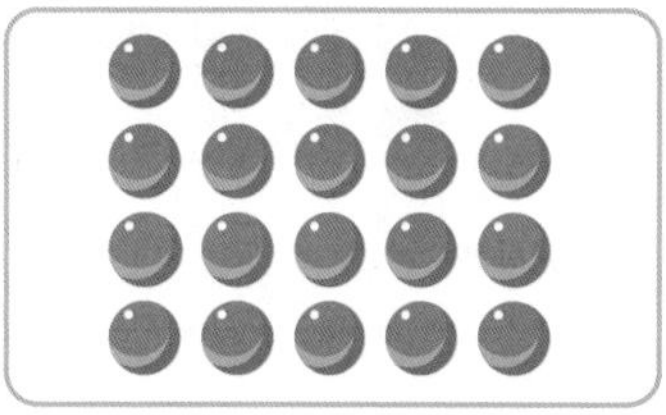

(5)

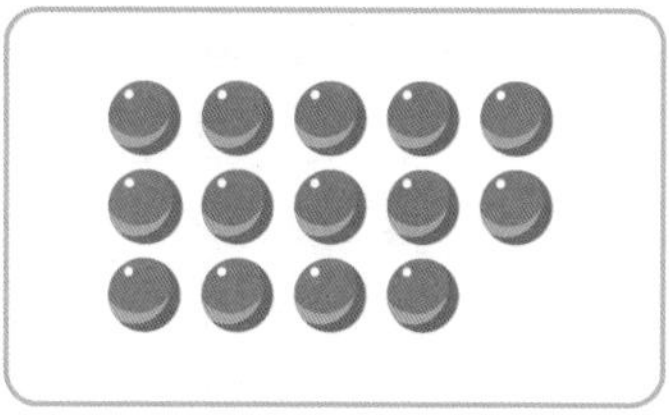

(3)

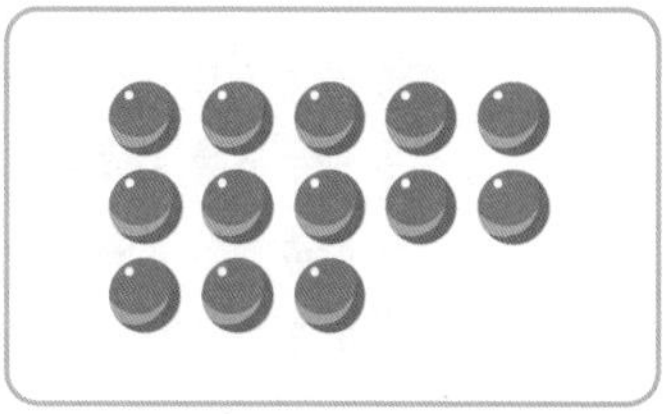

(6)

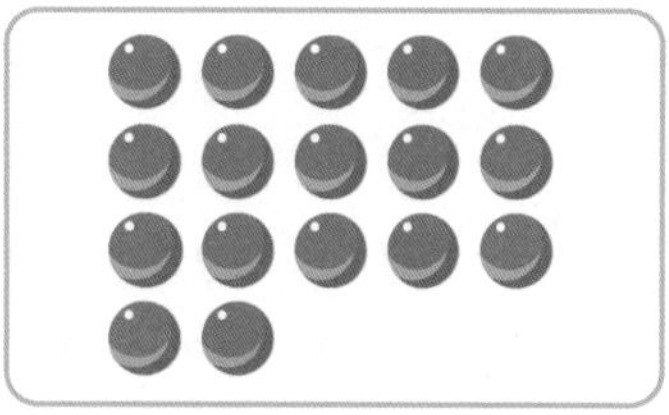

● 세어 보고, 알맞은 수를 쓰세요.

(1)

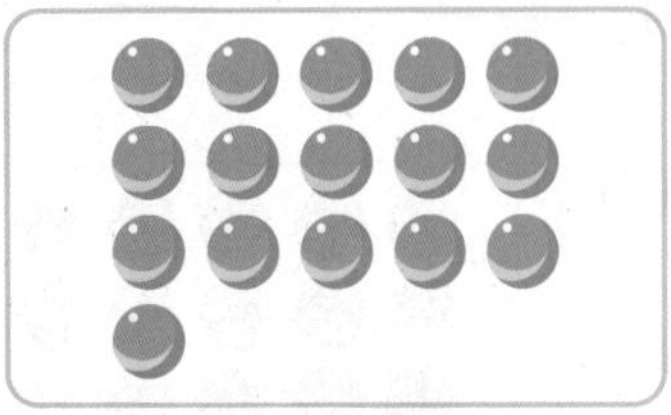

(2)

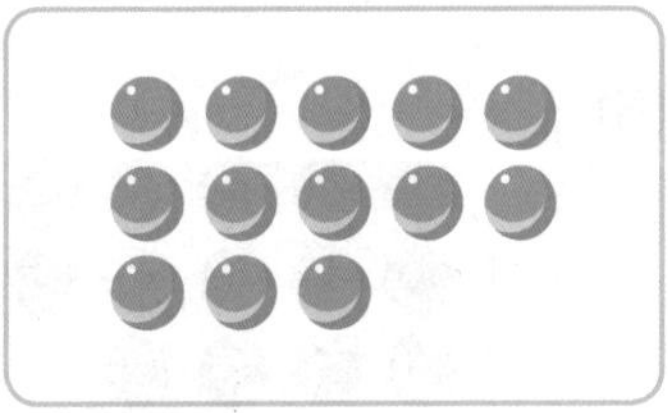

(3)

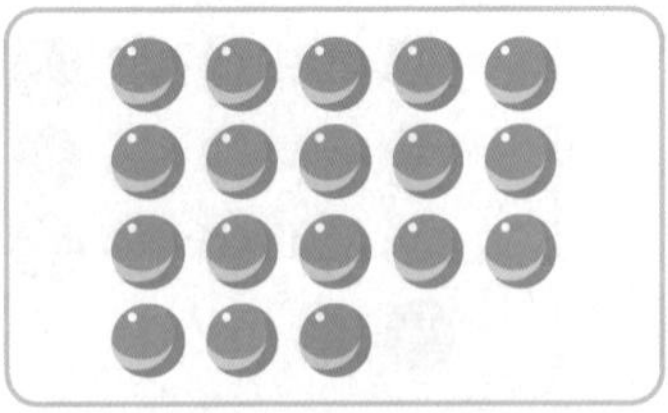

(4)

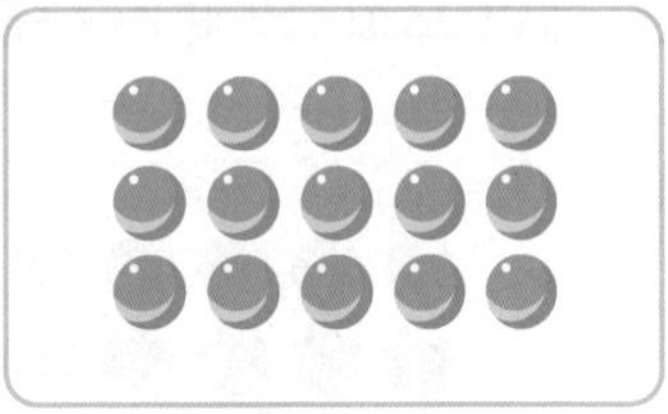

(5)

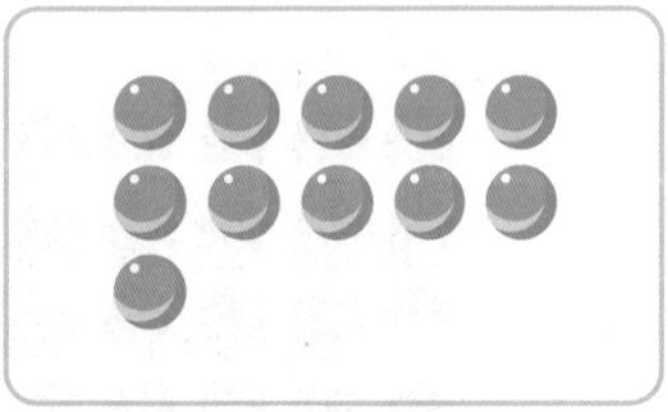

(6)

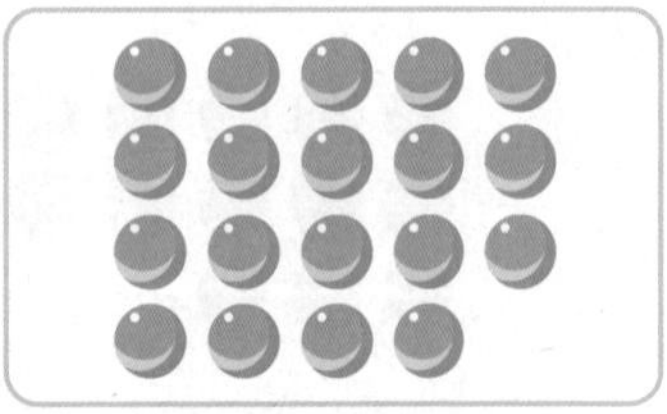

● 세어 보고, 알맞은 수를 쓰세요.

(1)

(2)

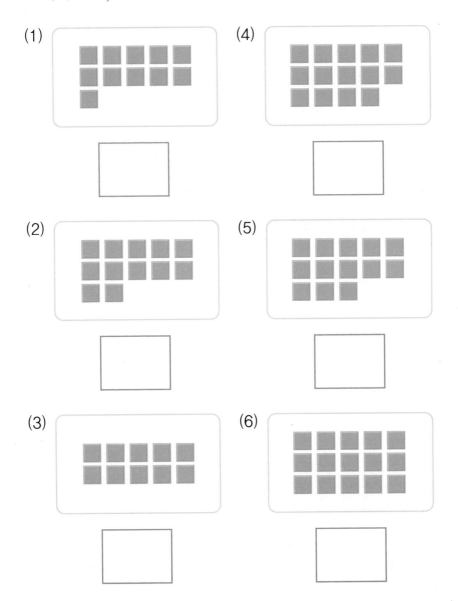

(3)

(4)

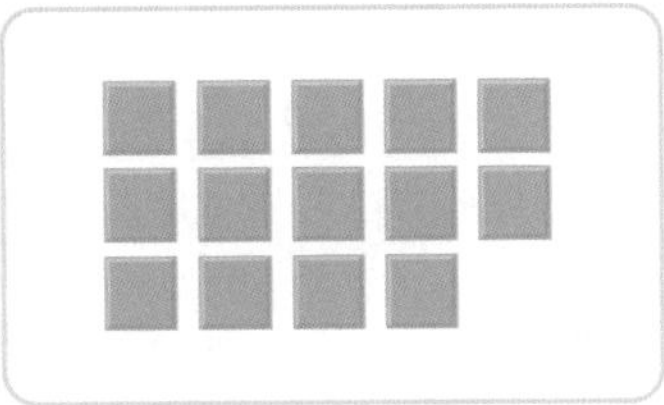

(5)

(6)

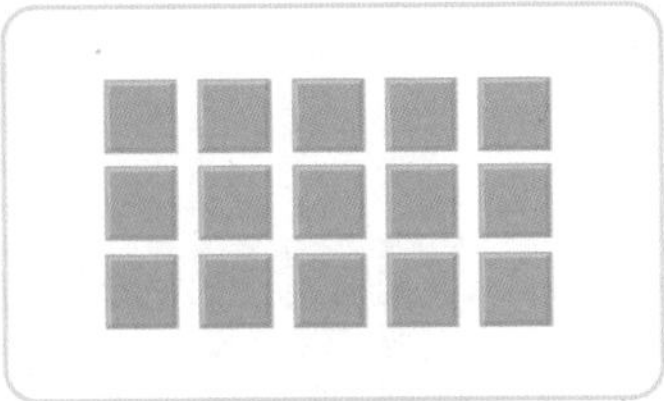

● 세어 보고, 알맞은 수를 쓰세요.

(1)

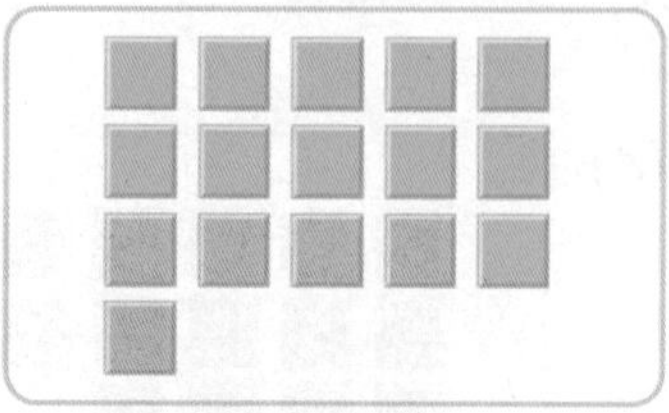

(4)

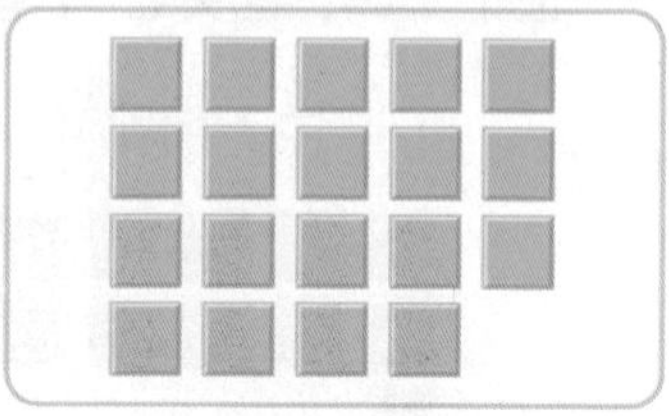

(2)

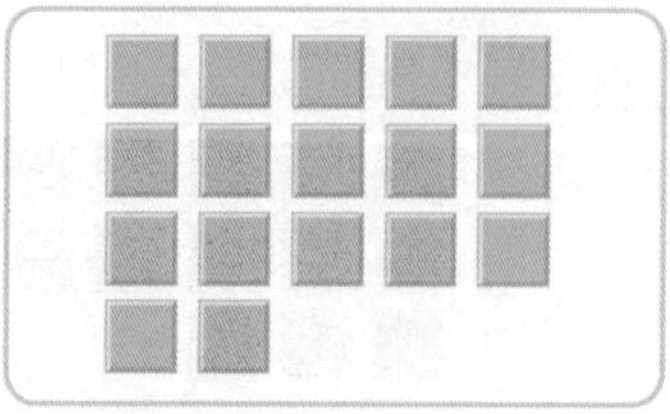

(5)

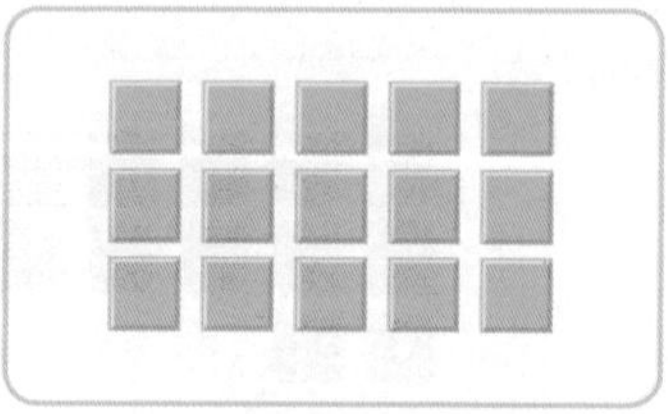

(3)

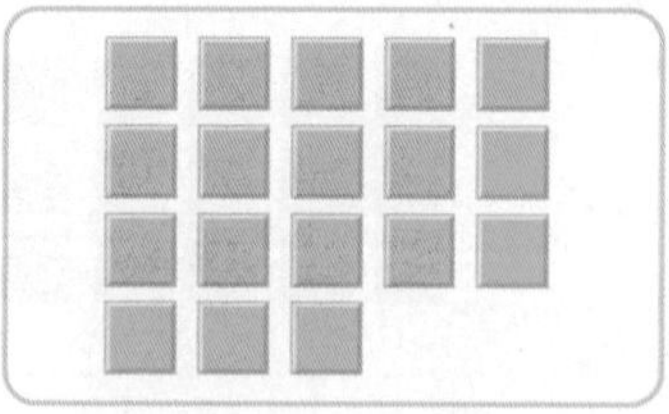

(6)

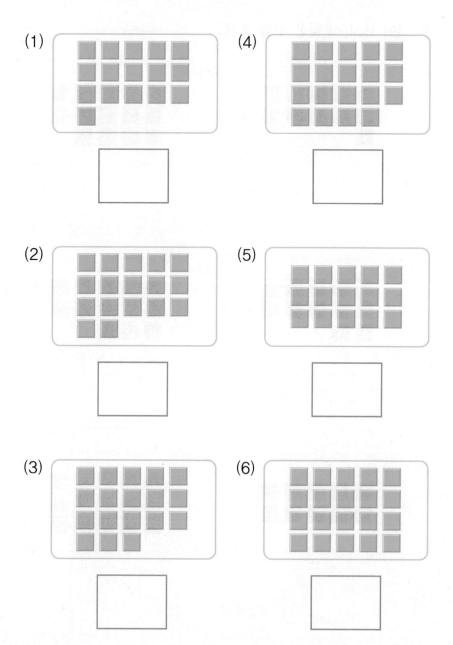

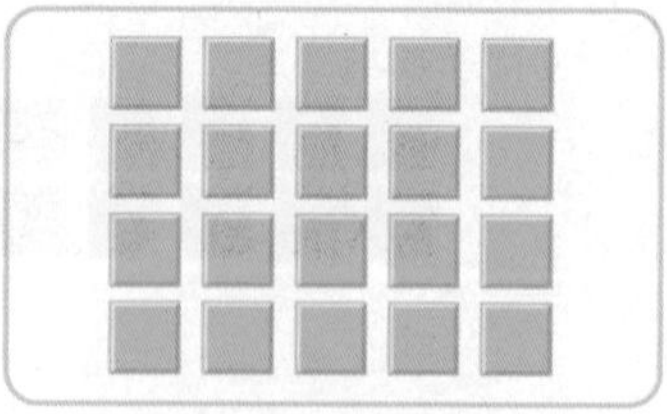

● 세어 보고, 알맞은 수를 쓰세요.

(1)

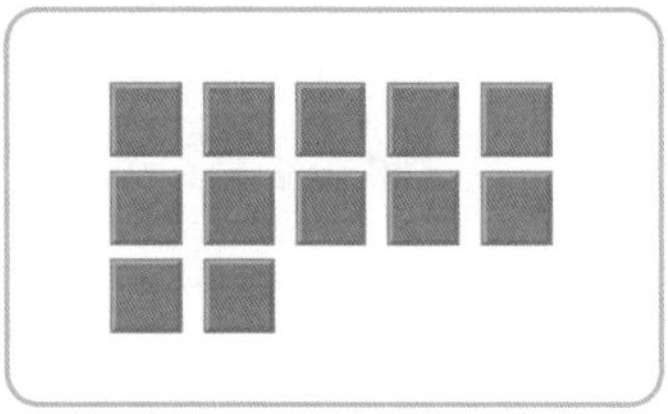

(2)

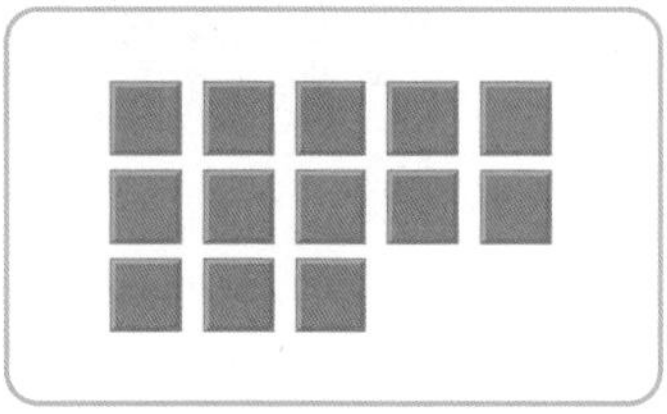

(3)

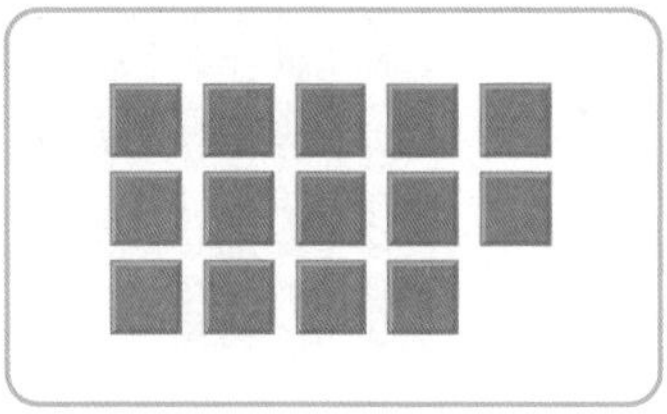

(4)

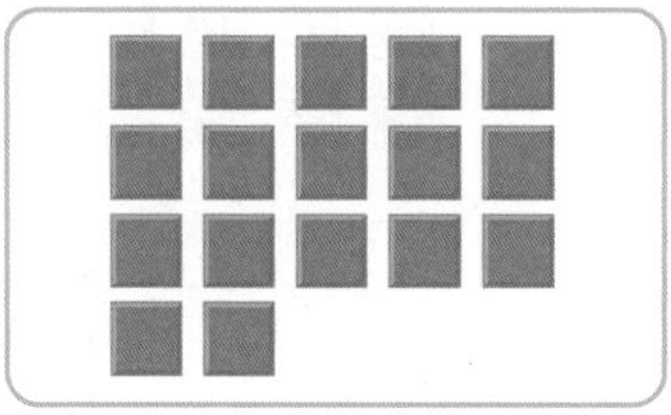

(5)

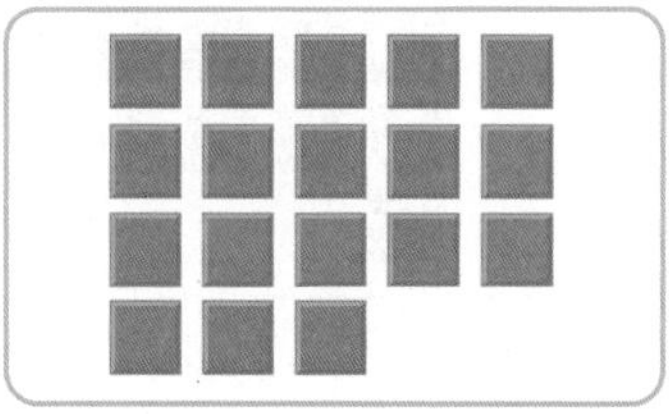

(6)

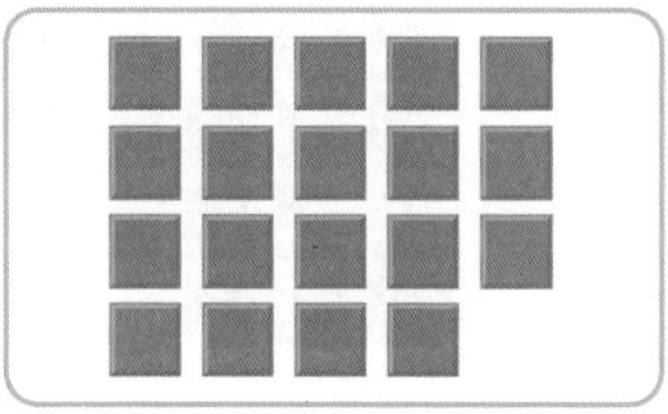

● 세어 보고, 알맞은 수를 쓰세요.

(1)

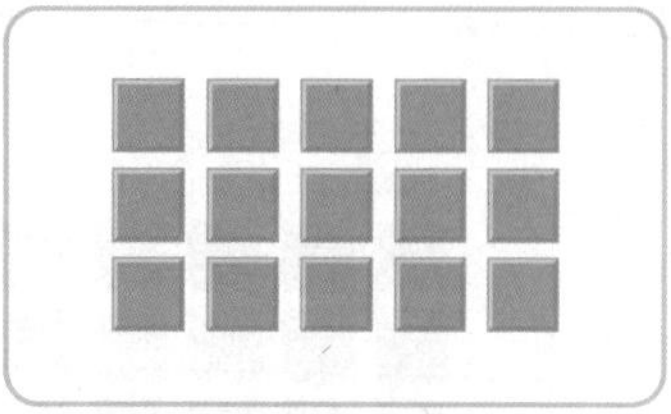

(4)

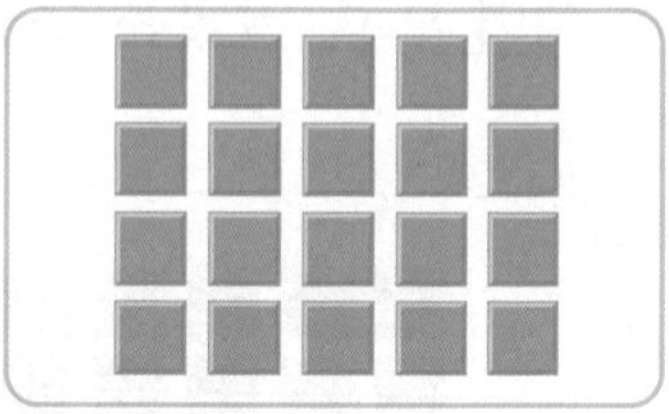

(2)

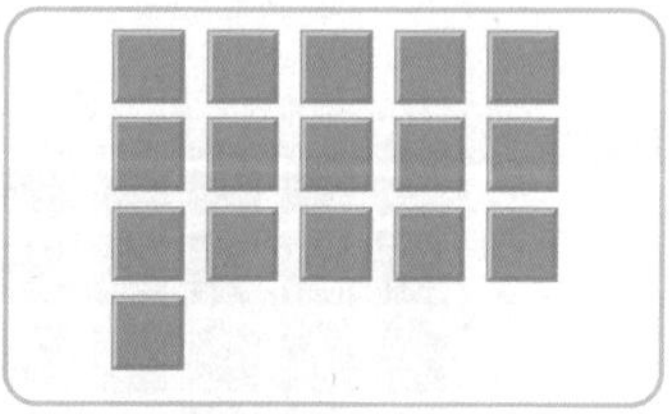

(5)

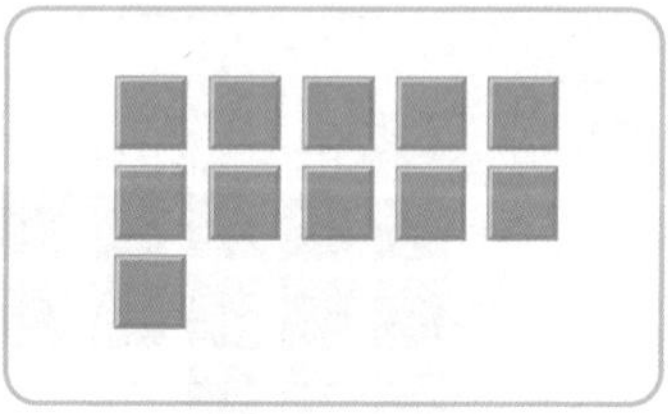

(3)

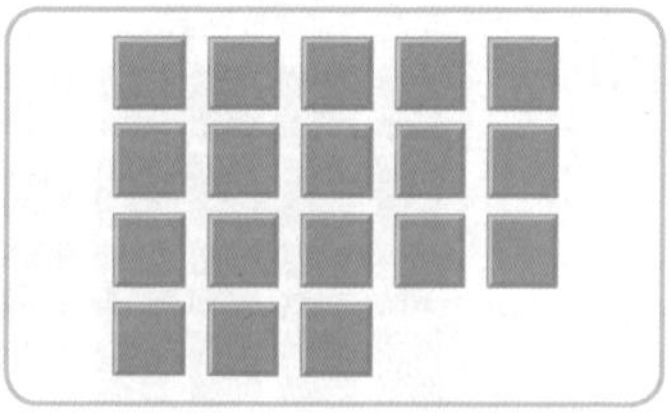

(6)

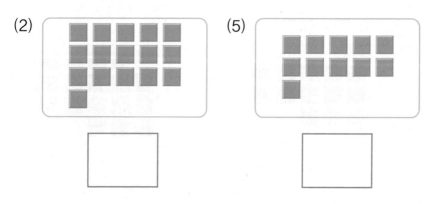

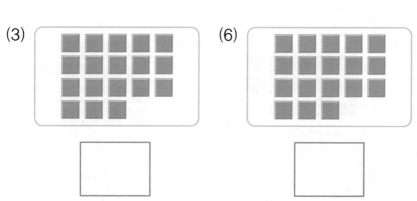

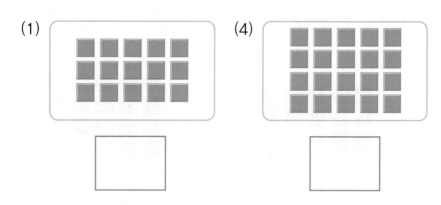

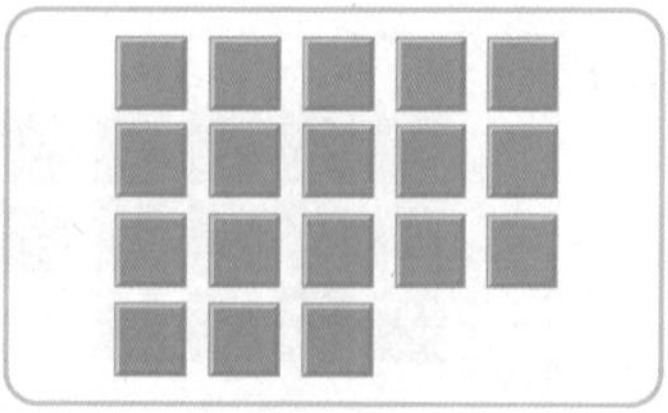

● 세어 보고, 알맞은 수를 쓰세요.

(1)

(4)

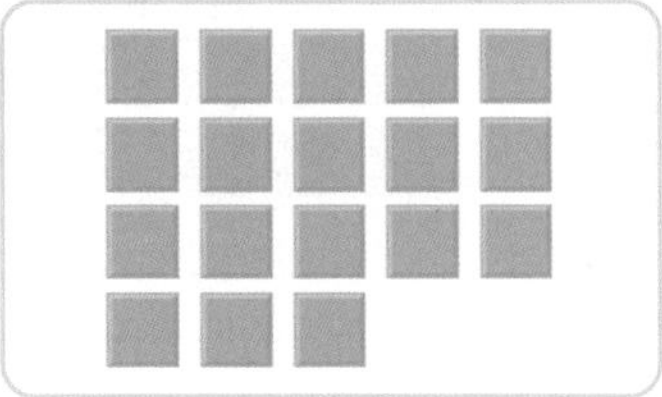

(2)

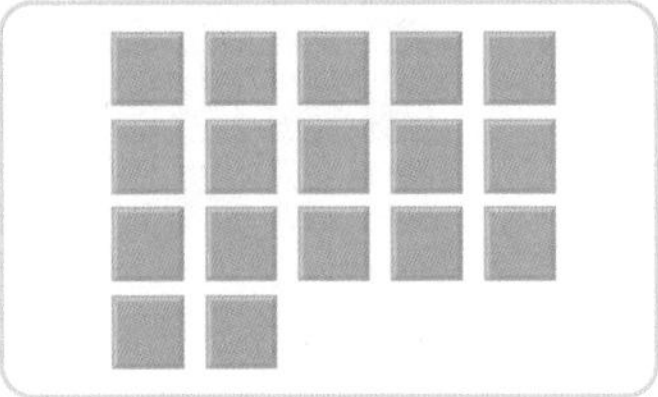

(5)

(3)

(6)

● 세어 보고, 알맞은 수를 쓰세요.

(1)

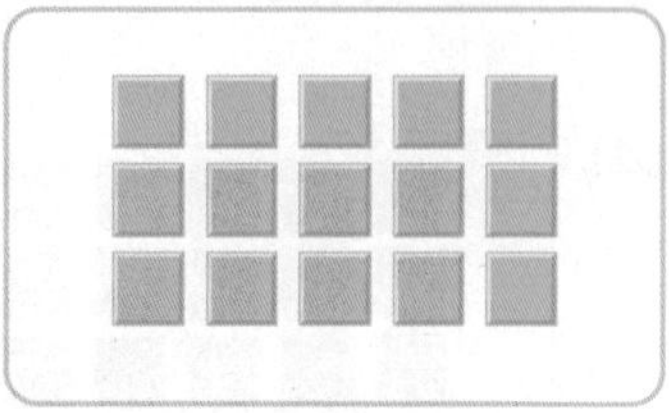

(2)

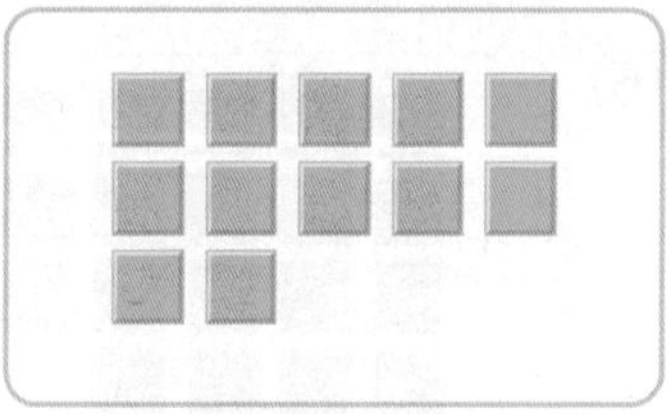

(3)

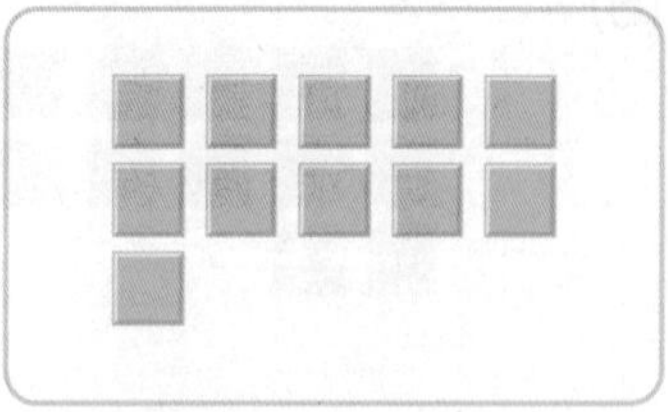

(4)

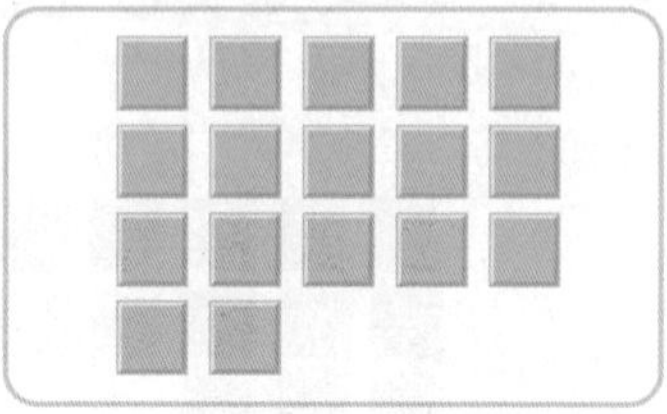

(5)

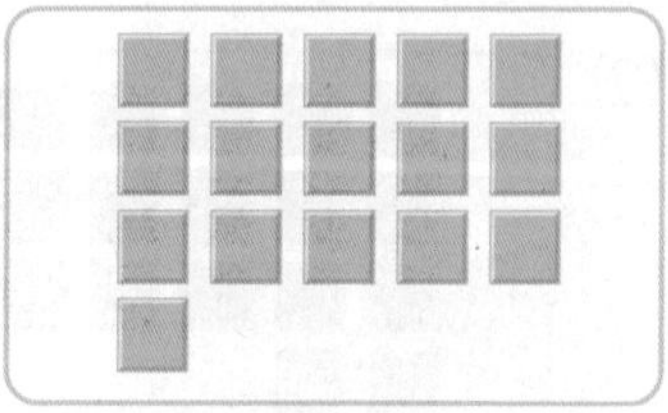

(6)

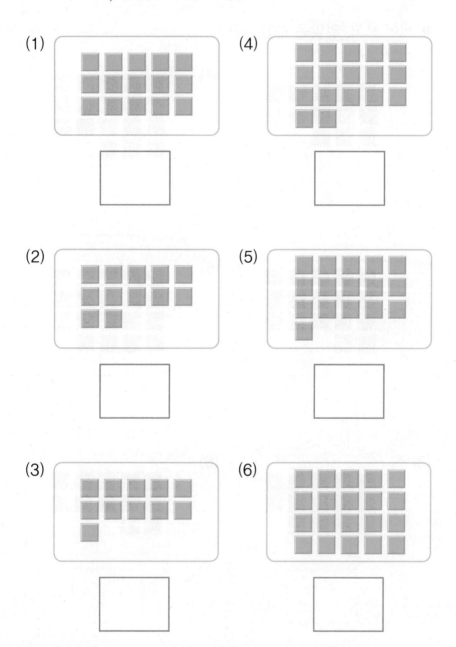

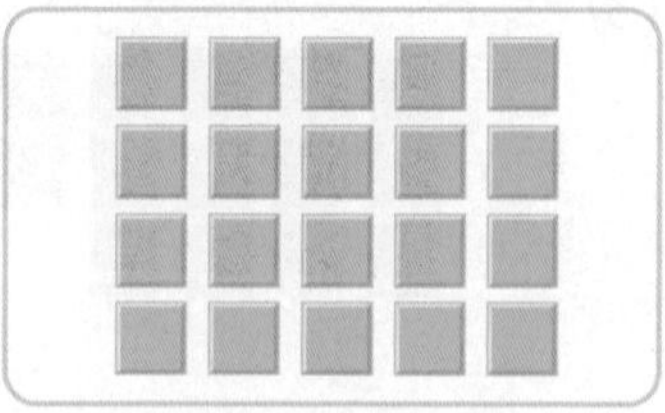

● 세어 보고, 알맞은 수를 쓰세요.

(1)

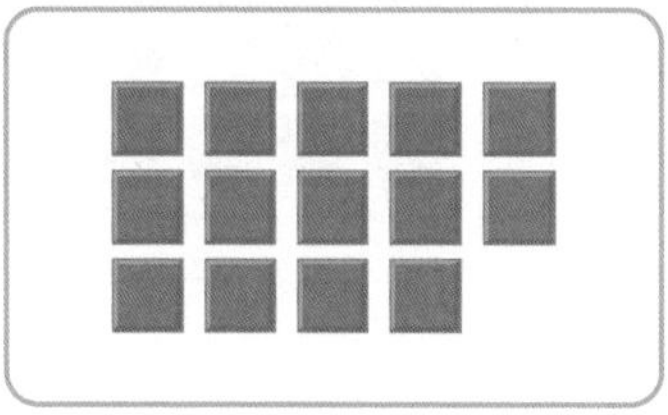

(2)

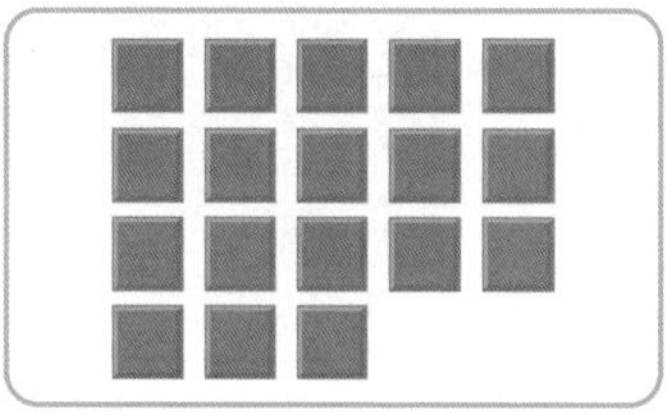

(3)

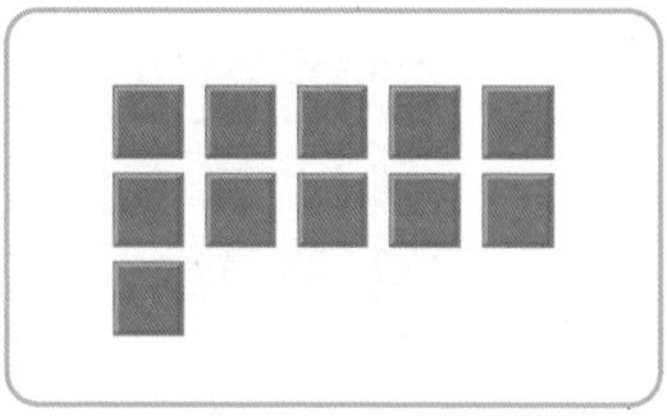

(4)

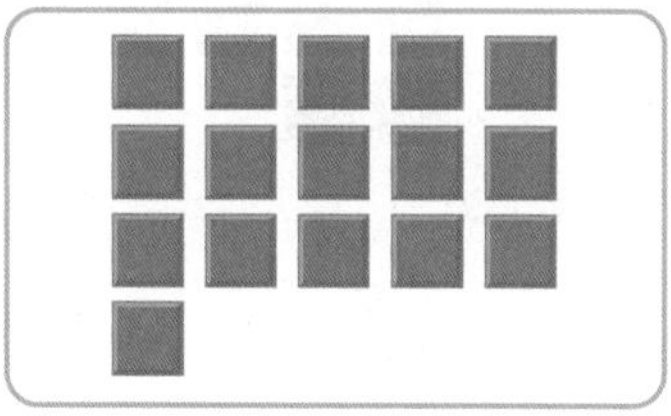

(5)

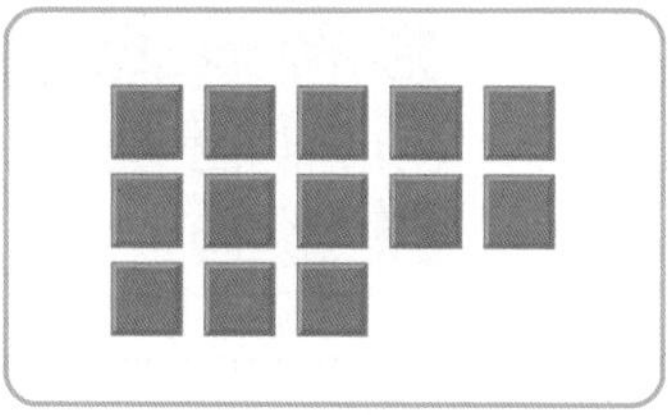

(6)

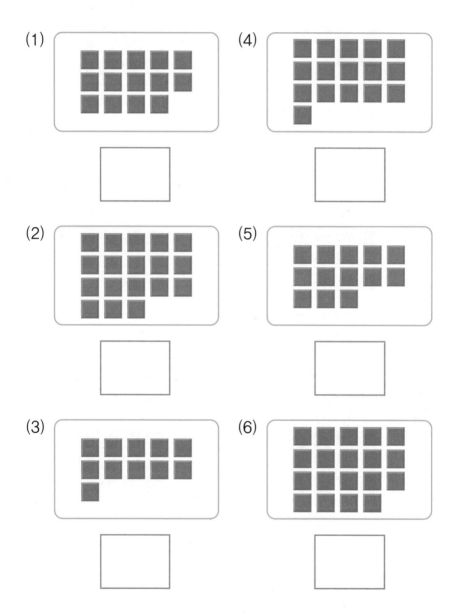

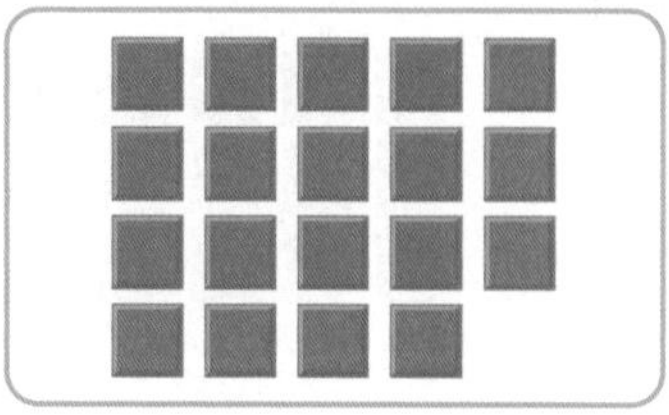

● 세어 보고, 알맞은 수를 쓰세요.

(1)

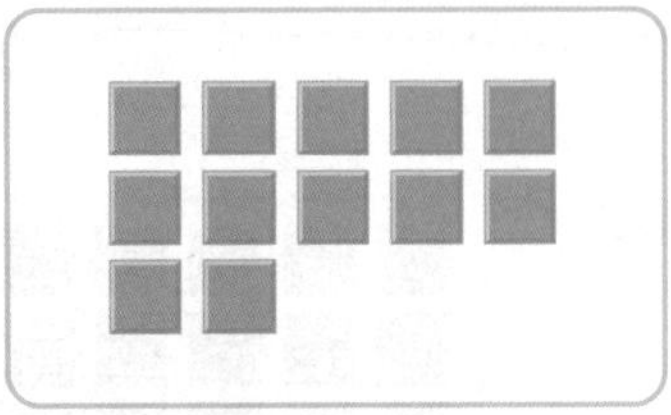

(4)

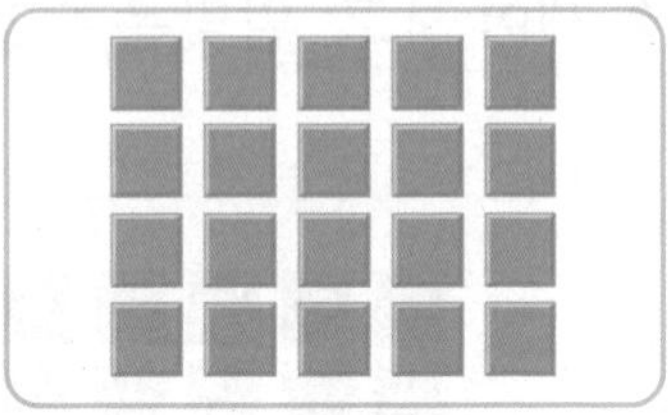

(2)

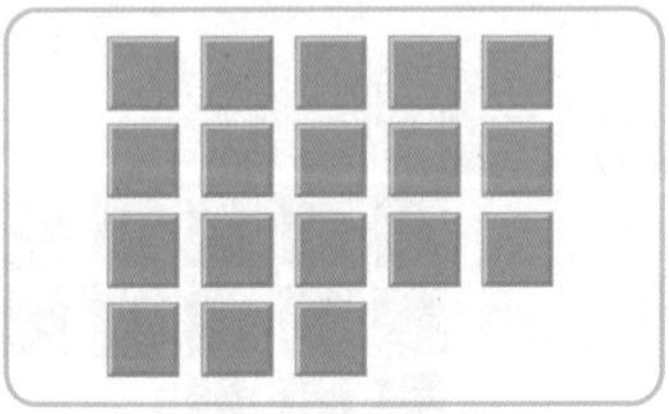

(5)

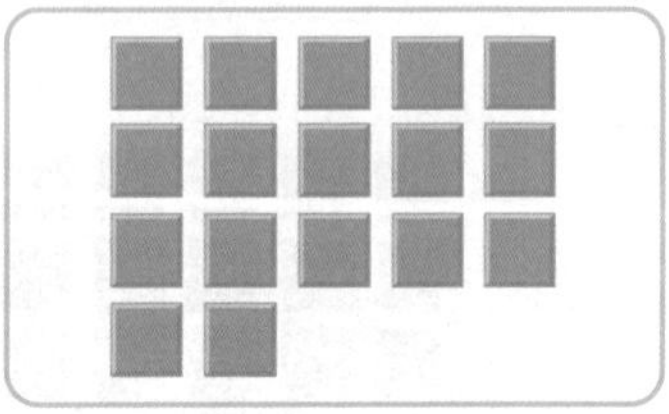

(3)

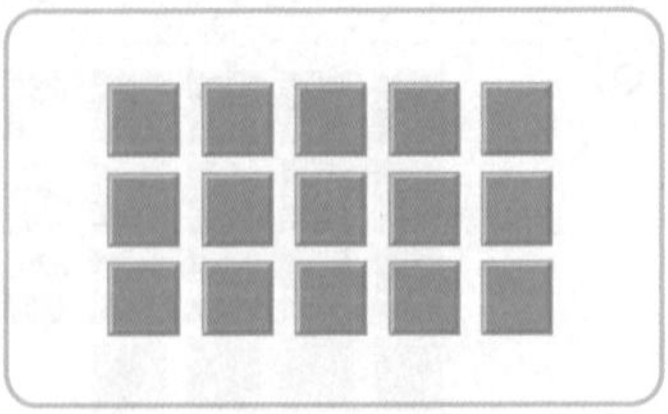

(6)

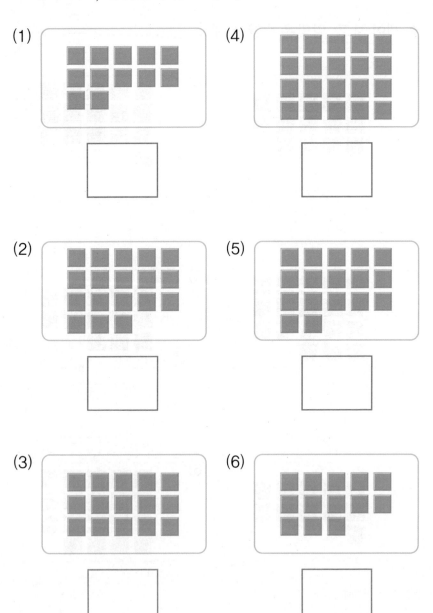

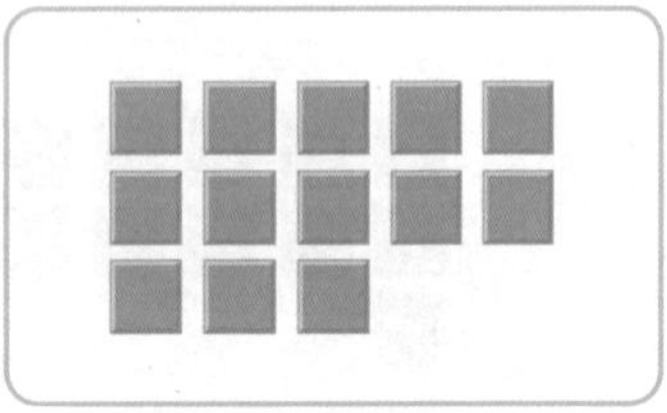

● 세어 보고, 알맞은 수를 쓰세요.

(1)

(4)

(2)

(5)

(3)

(6)

● 세어 보고, 알맞은 수를 쓰세요.

(1)

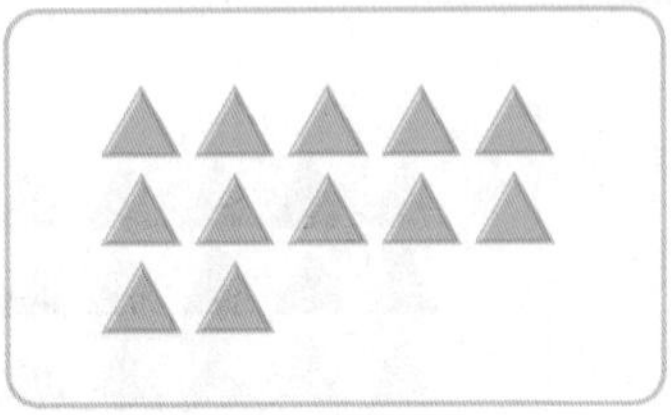

(4)

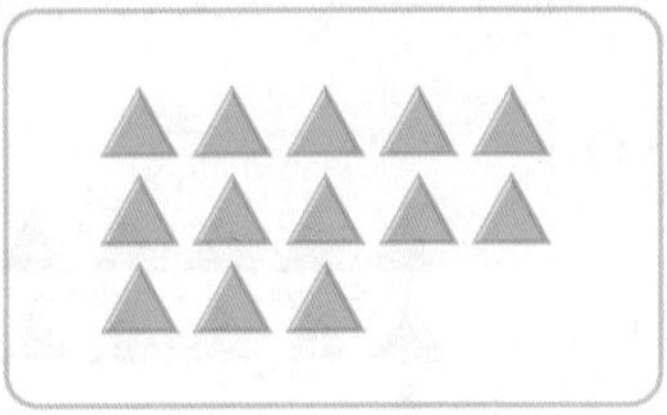

(2)

(5)

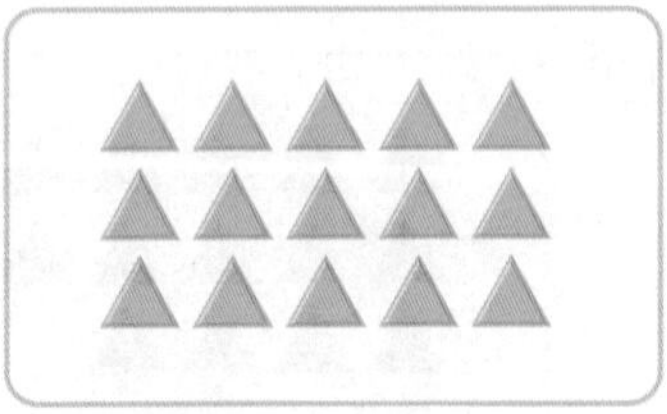

(3)

(6)

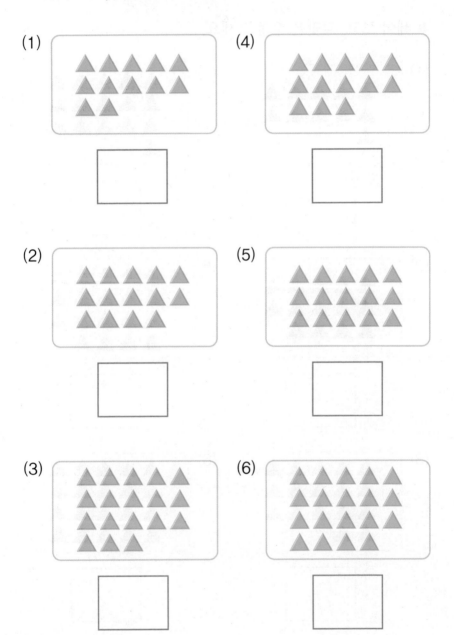

● 세어 보고, 알맞은 수를 쓰세요.

(1)

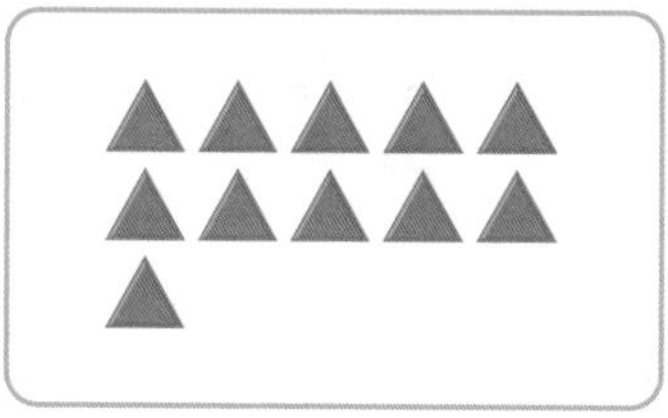

(4)

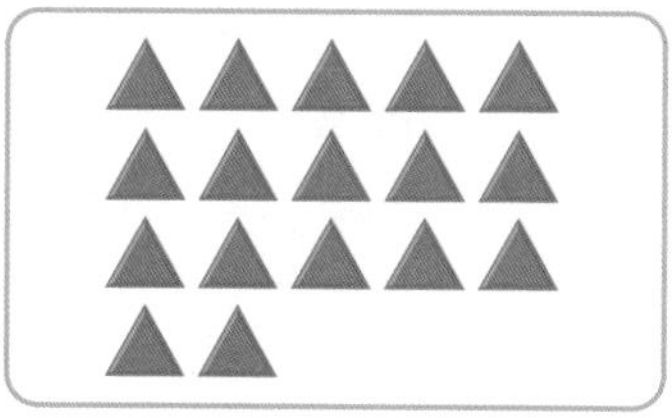

(2)

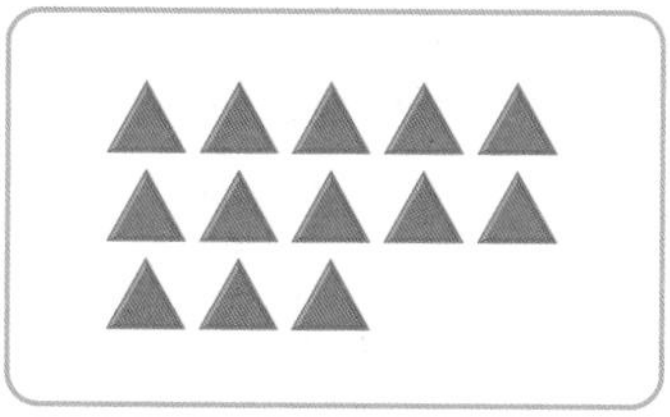

(5)

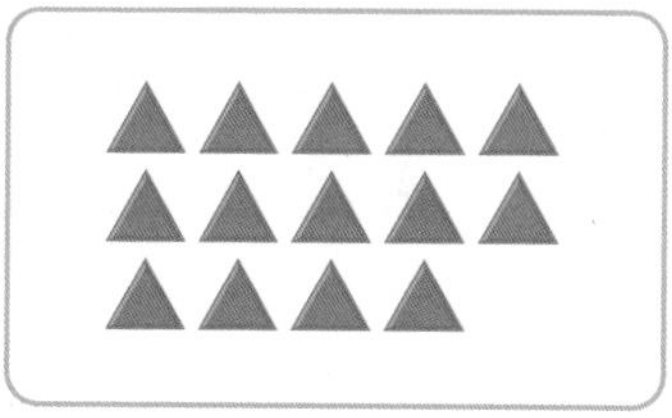

(3)

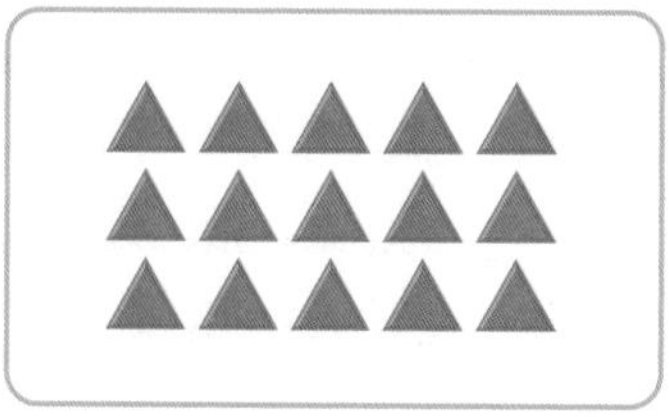

(6)

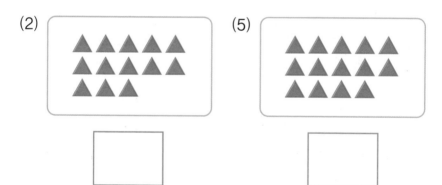

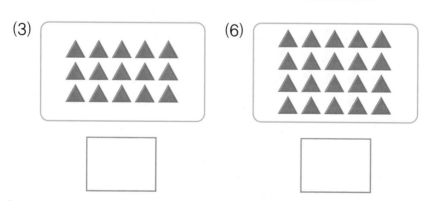

● 세어 보고, 알맞은 수를 쓰세요.

(1)

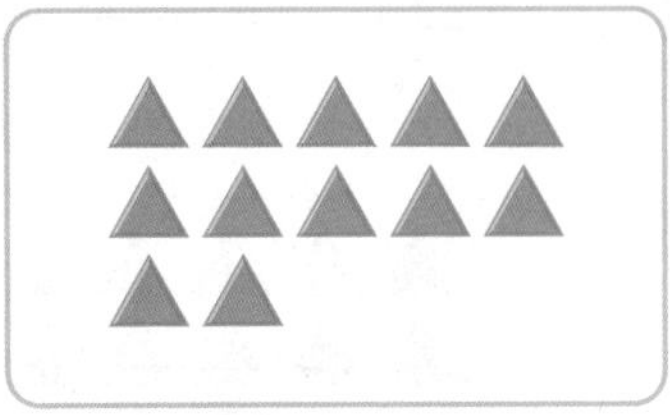

(4)

(2)

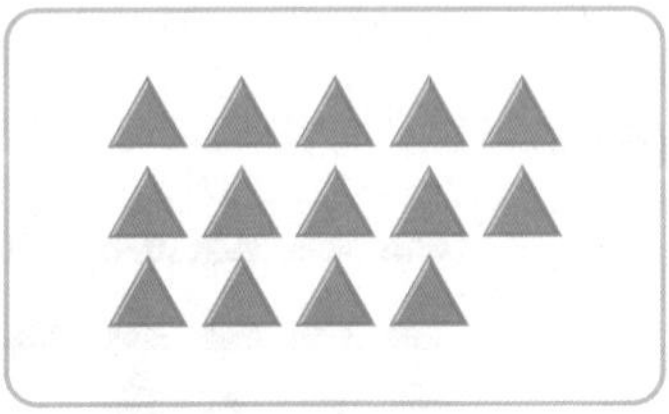

(5)

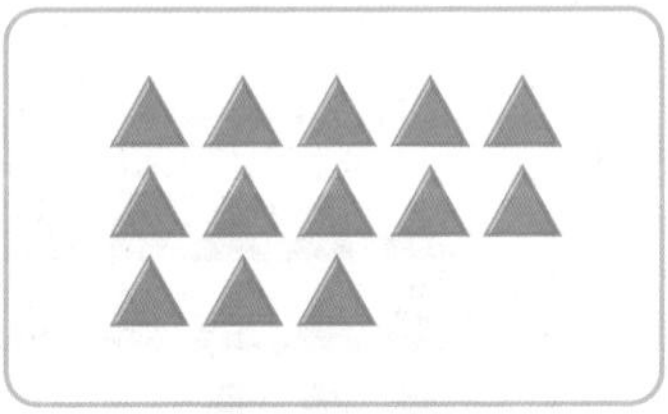

(3)

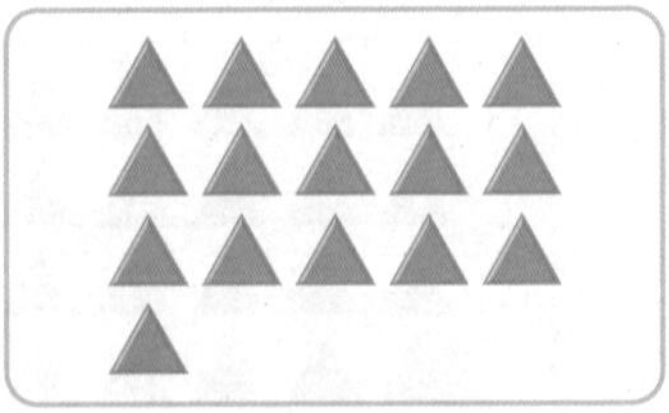

(6)

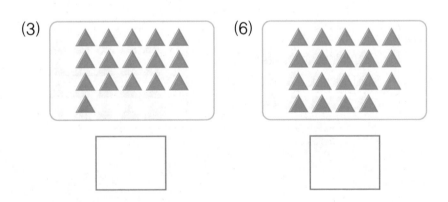

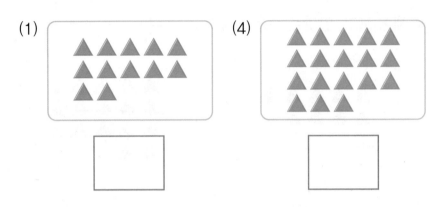

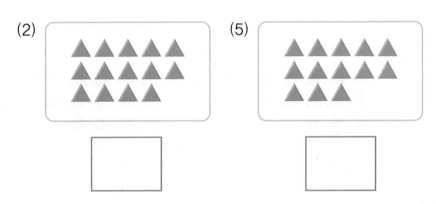

● 세어 보고, 알맞은 수를 쓰세요.

(1)

(2)

(3)

(4)

(5)

(6)

● 세어 보고, 알맞은 수를 쓰세요.

(1)

(4)

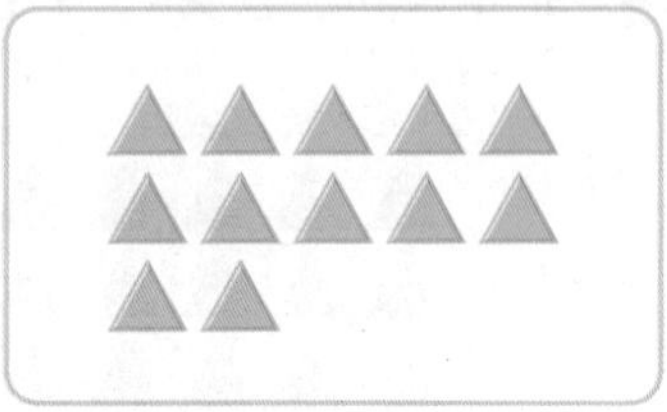

(2)

(5)

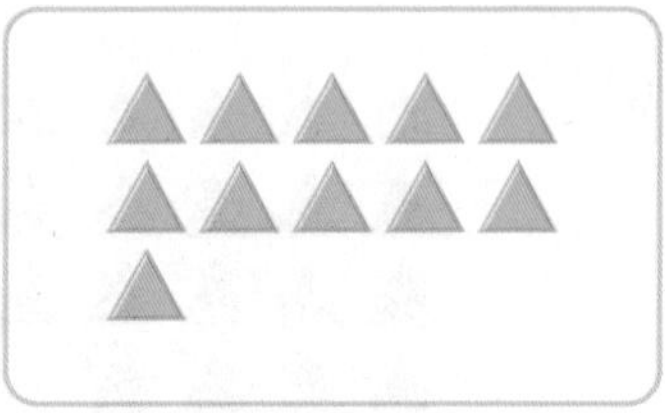

(3)

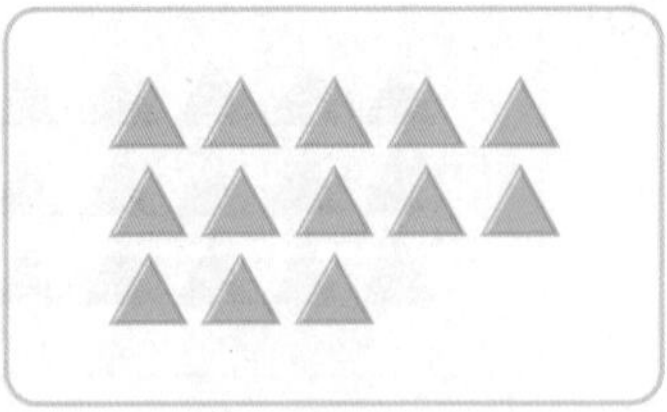

(6)

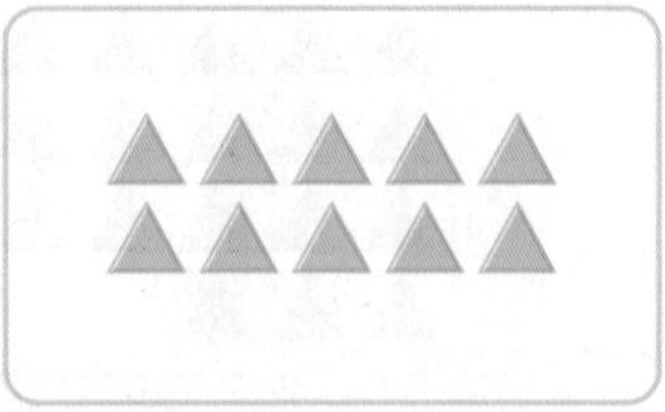

● 세어 보고, 알맞은 수를 쓰세요.

(1)

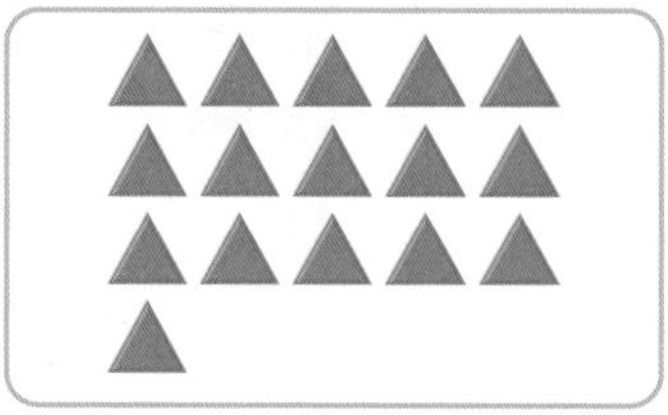

(2)

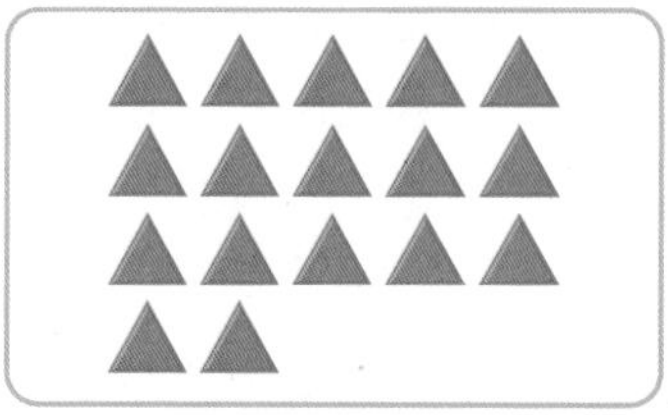

(3)

(4)

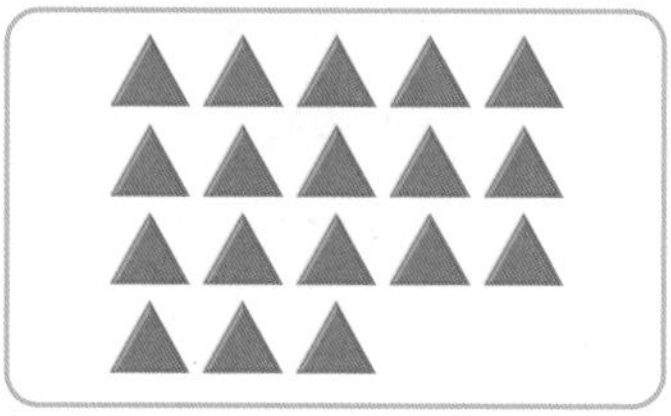

(5)

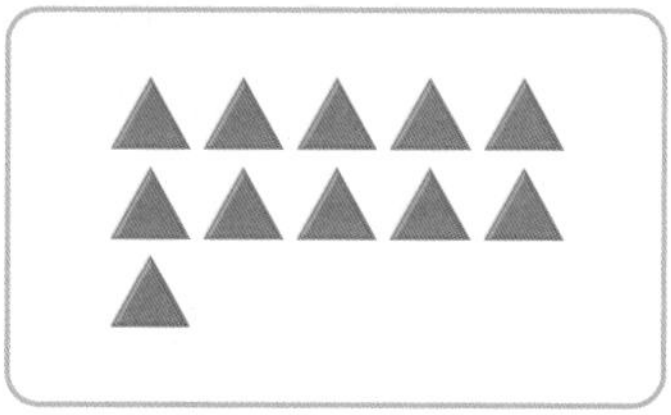

(6)

● 세어 보고, 알맞은 수를 쓰세요.

(1)

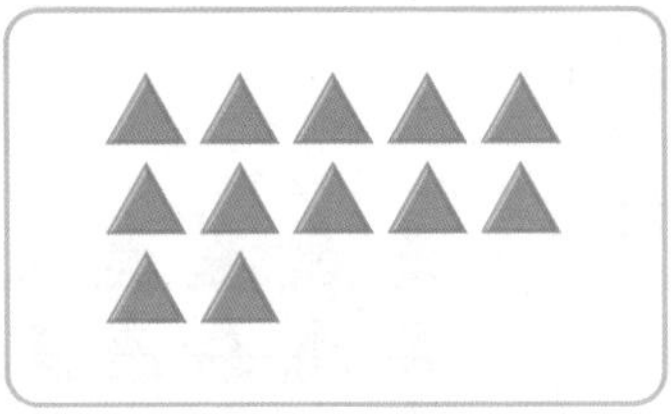

(4)

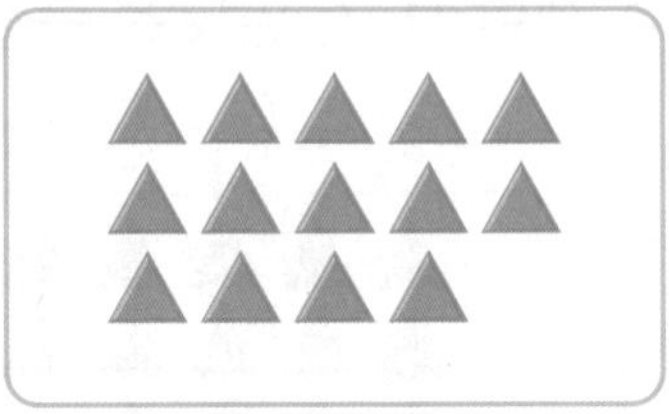

(2)

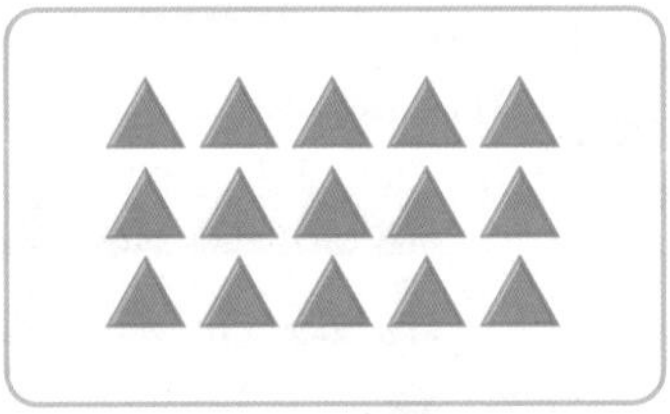

(5)

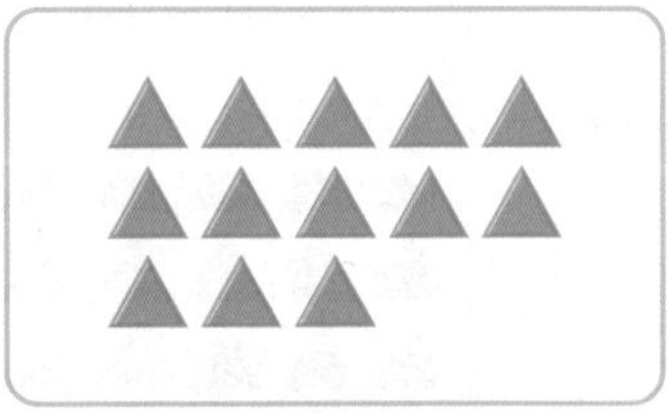

(3)

(6)

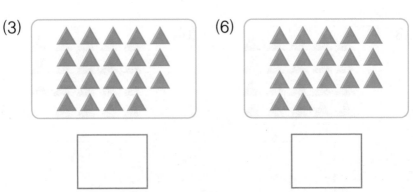

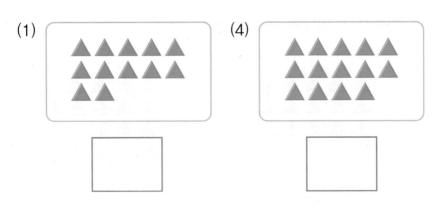

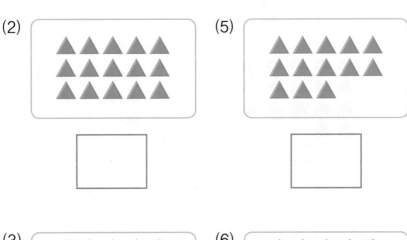

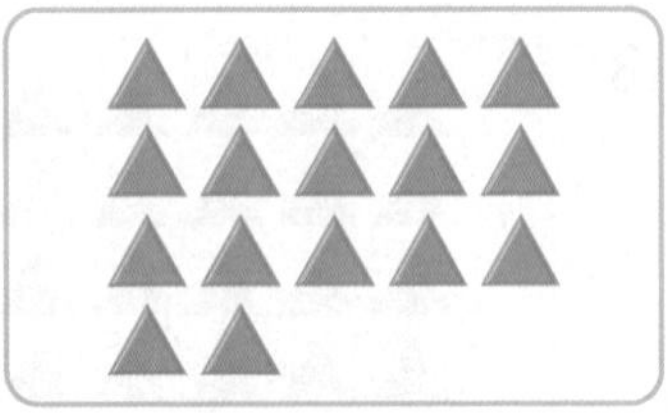

MA단계 ② 권

학교 연산 대비하자

연산 UP

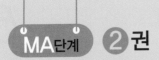

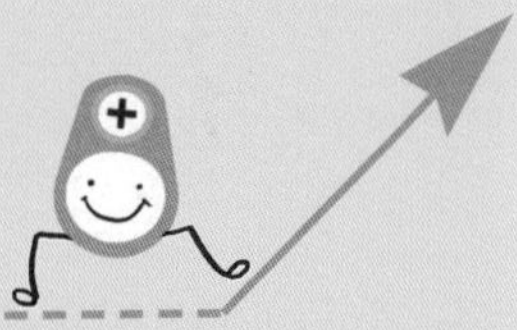

연산 UP

● 수만큼 빈 곳에 △를 더 그리세요.

(1) 7

△ △ △

(2) 9

△ △ △ △ △
△

(3) 6

△ △ △

(4) 10

△ △ △ △ △

(5) 8

△ △ △ △

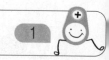

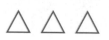

● 세어 보고, 알맞은 수를 쓰세요.

(1)

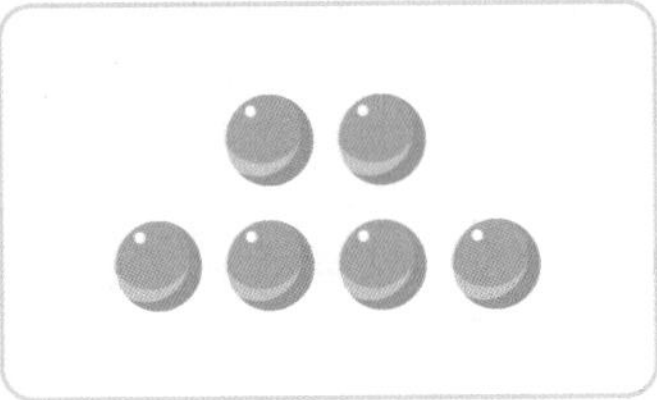

(4)

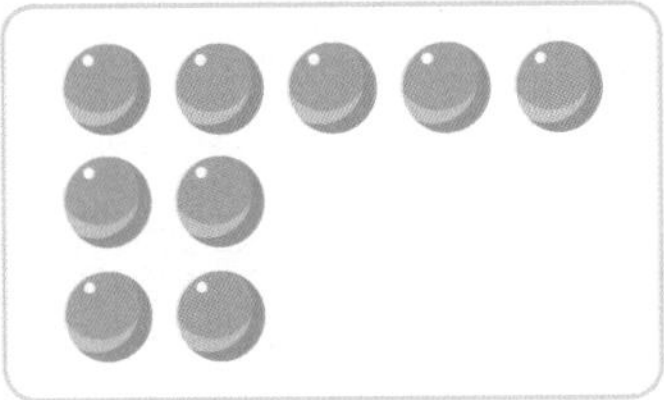

(2)

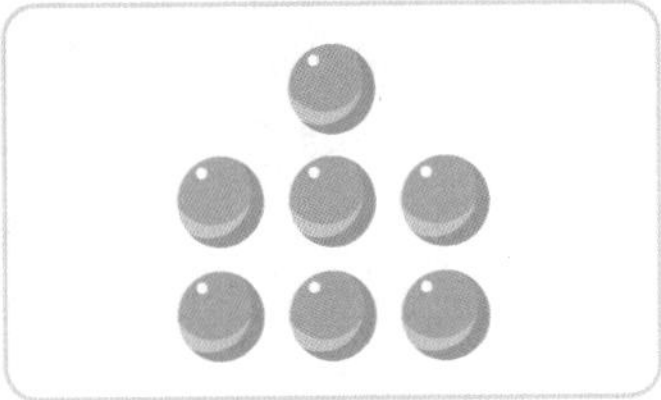

(5)

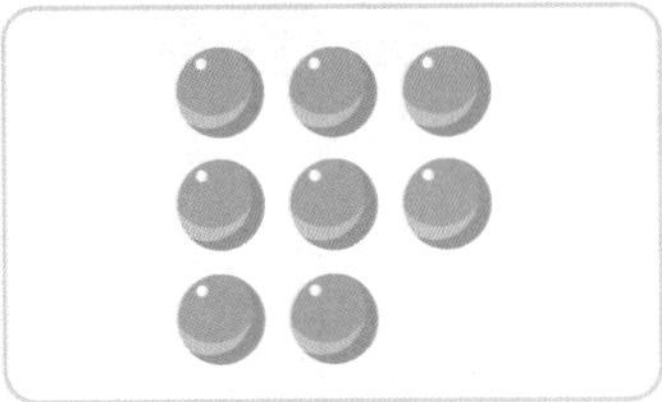

(3)

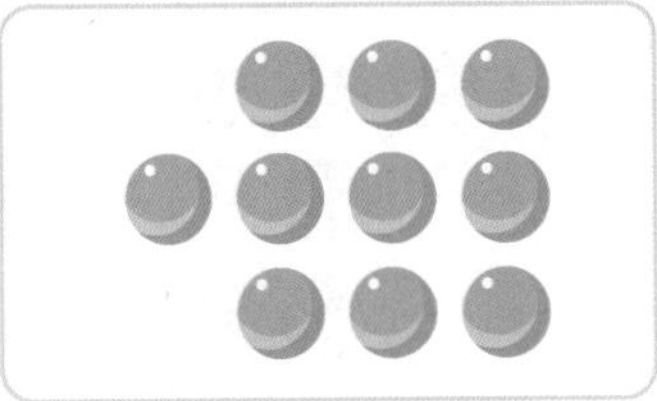

(6)

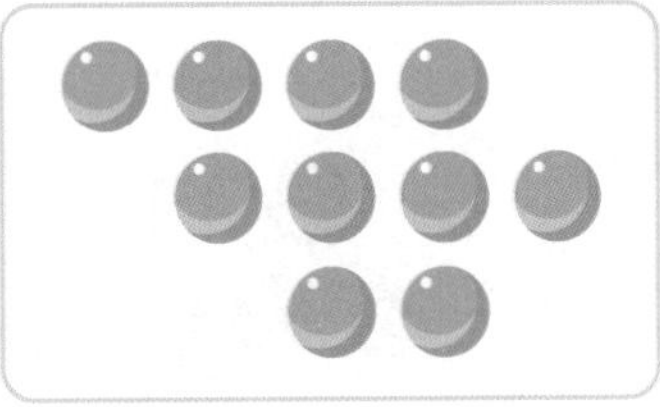

(7)

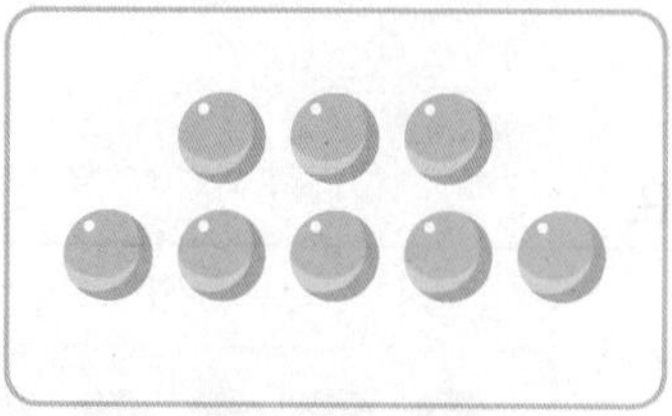

(10)

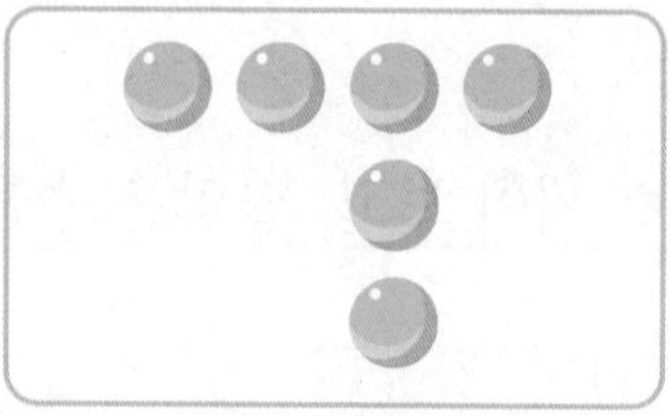

(8)

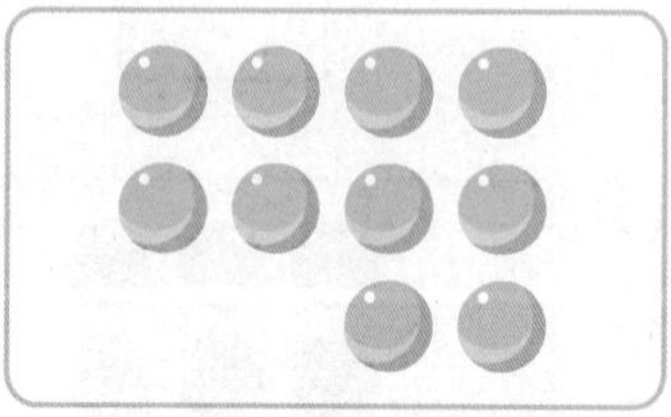

(11)

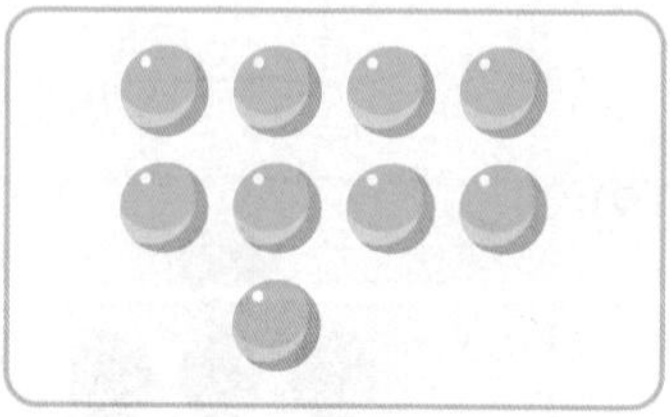

(9)

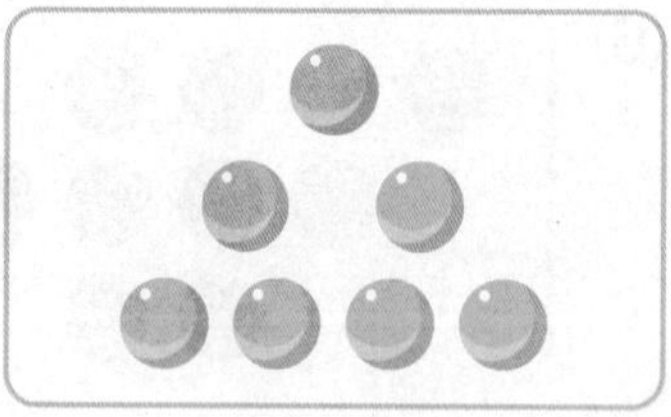

(12)

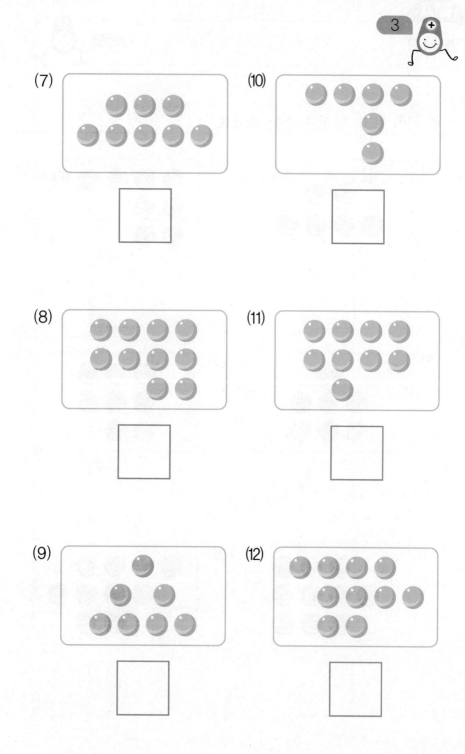

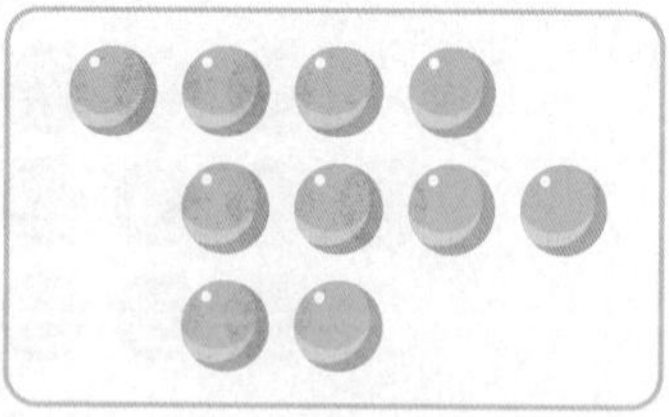

● 구슬 10개 중 가려진 것이 있습니다. 가려진 수만큼 □ 안에 알맞은 수를 쓰세요.

(1)
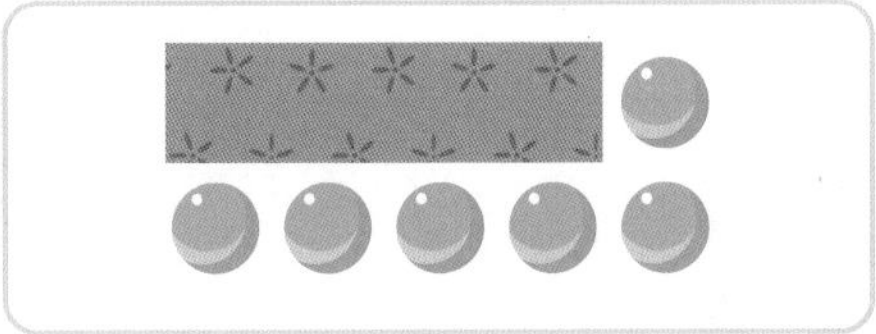
□

(2)
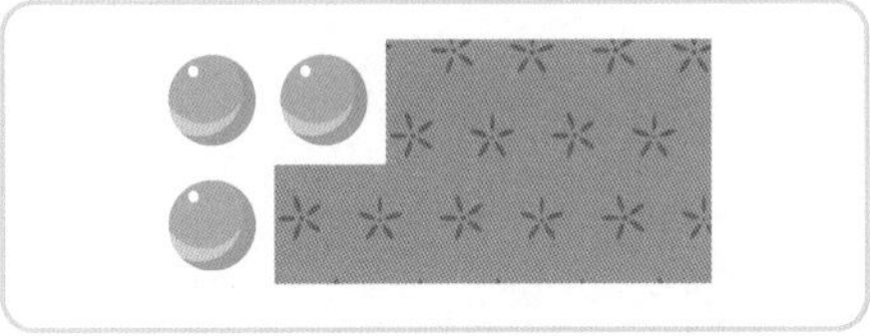
□

(3)
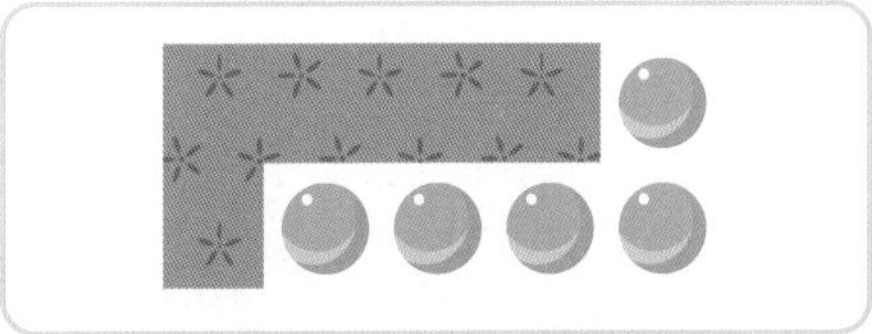
□

(4)
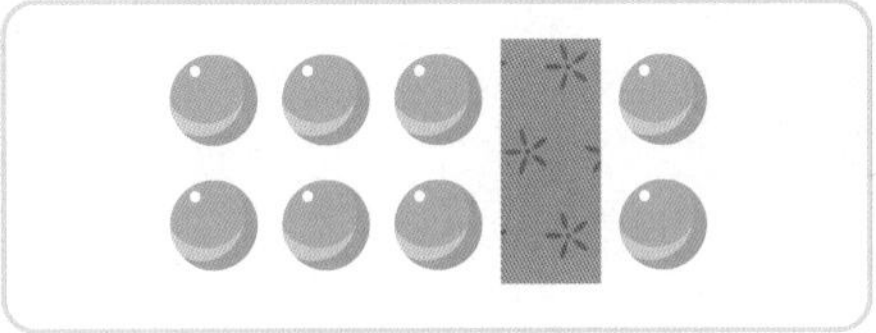
□

(5)
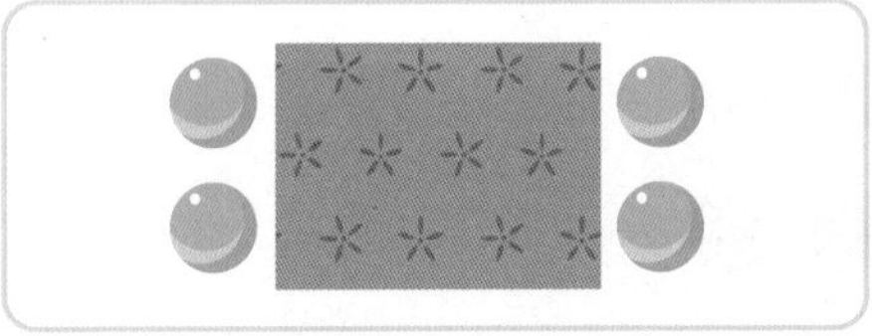
□

(6)

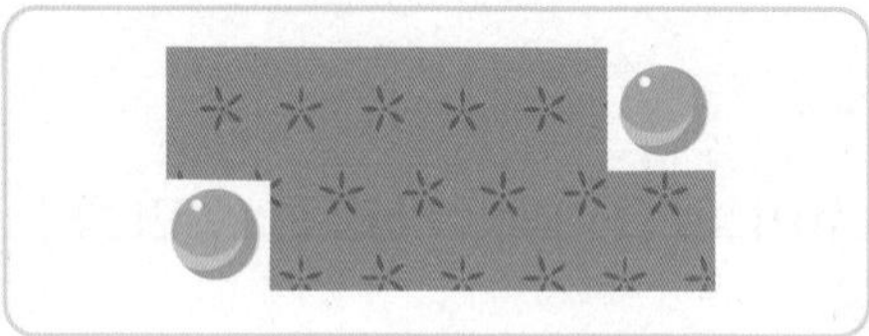

(7)

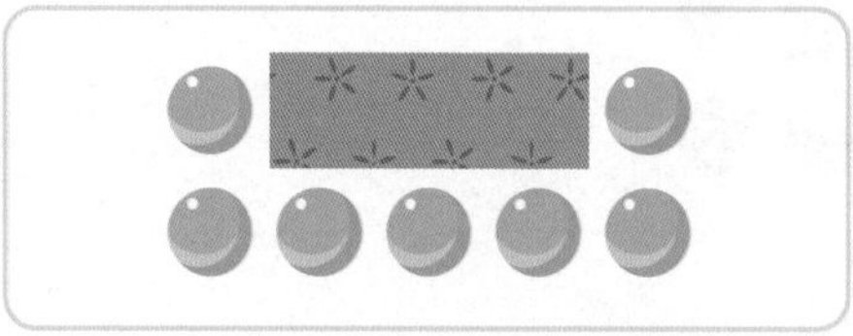

(8)

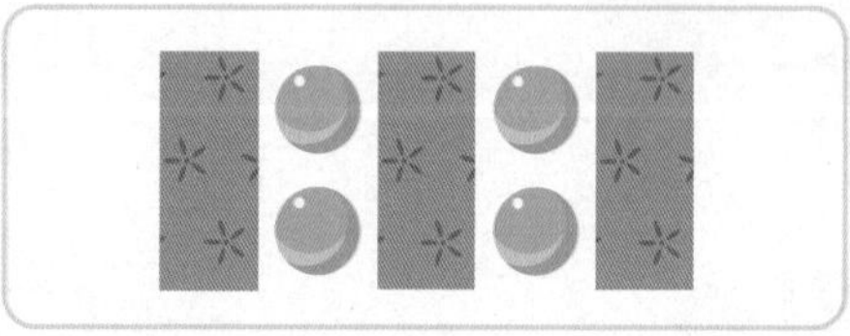

(9)

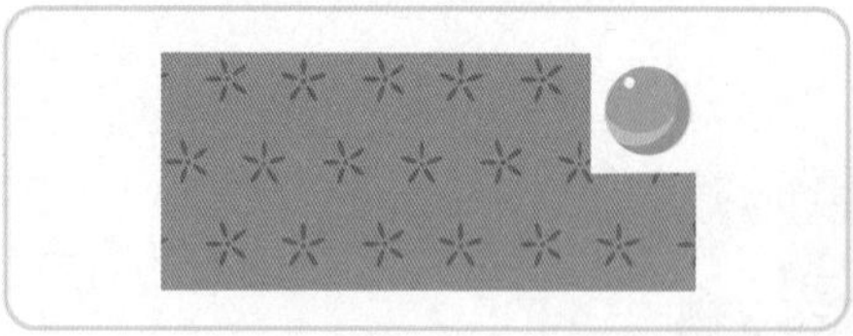

(10)

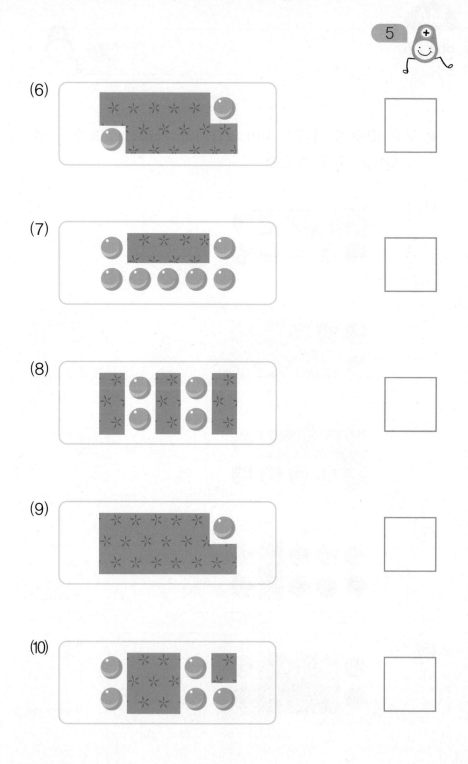

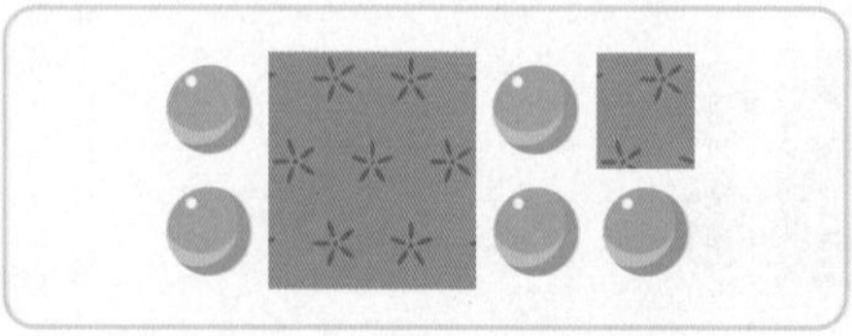

연산 UP

● 빈 곳에 알맞은 수를 쓰세요.

(1)

(2)

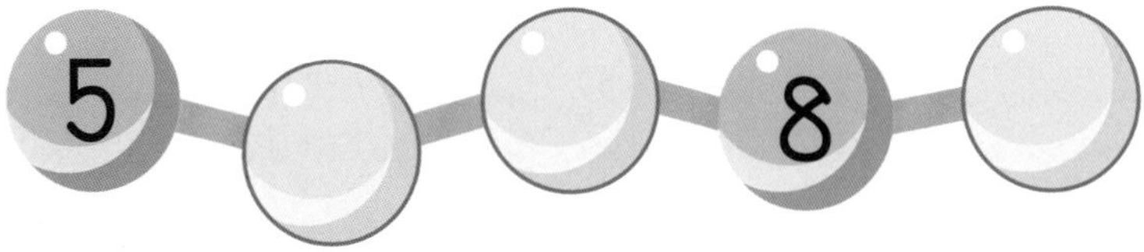

(3)

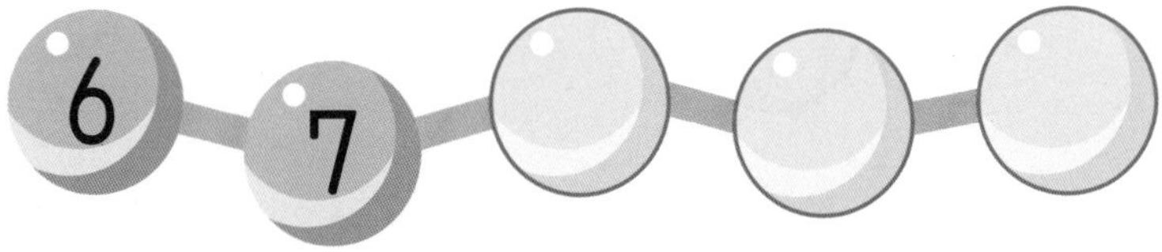

(4)

(5)

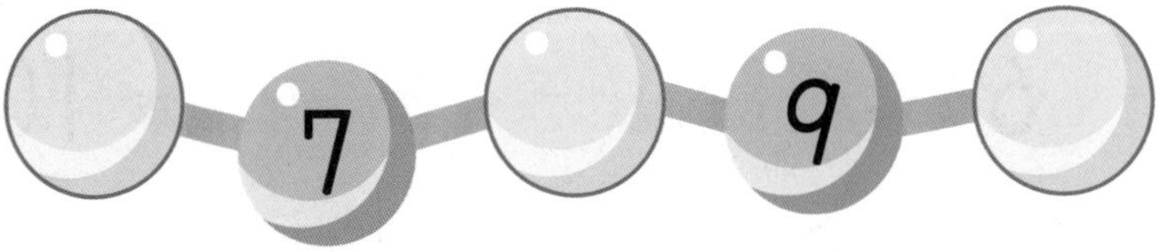

(6)

(7)

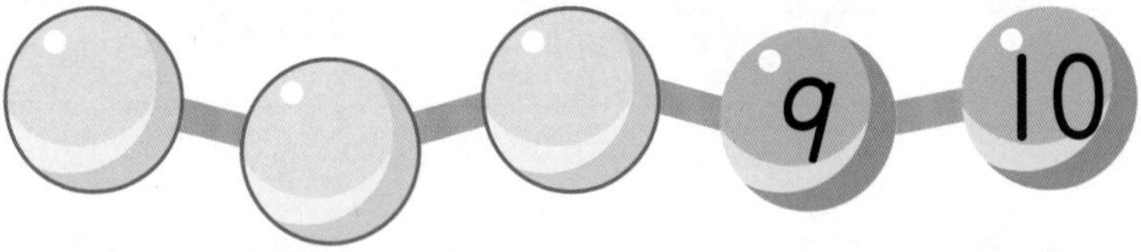

(8)

(9)

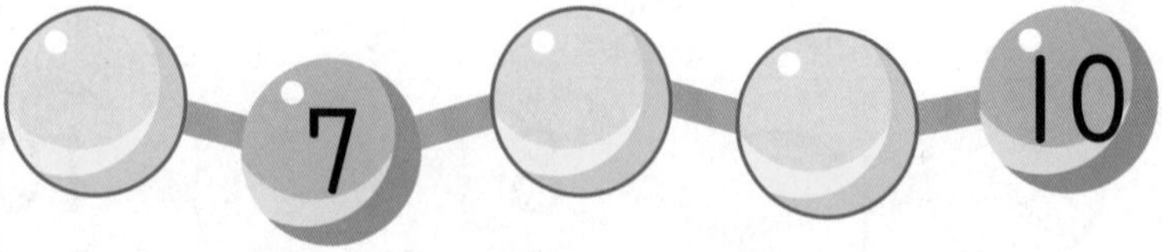

(10)

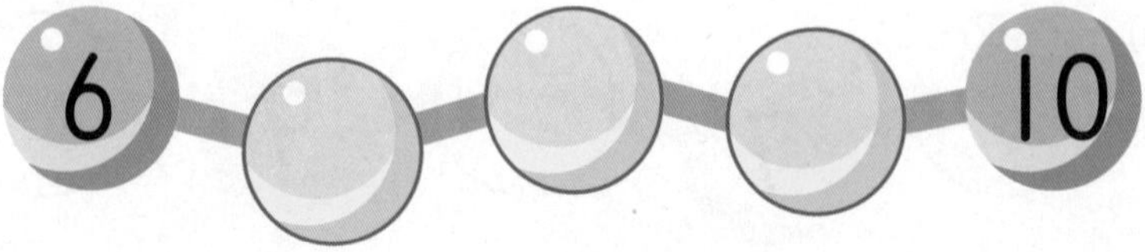

● 빈 곳에 알맞은 수를 쓰세요.

(1)

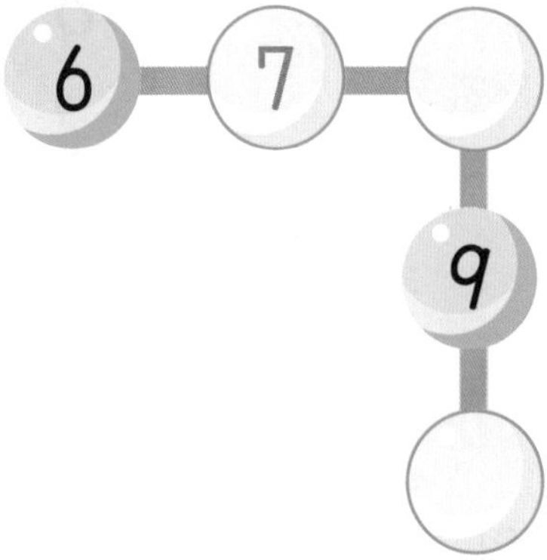

(3)

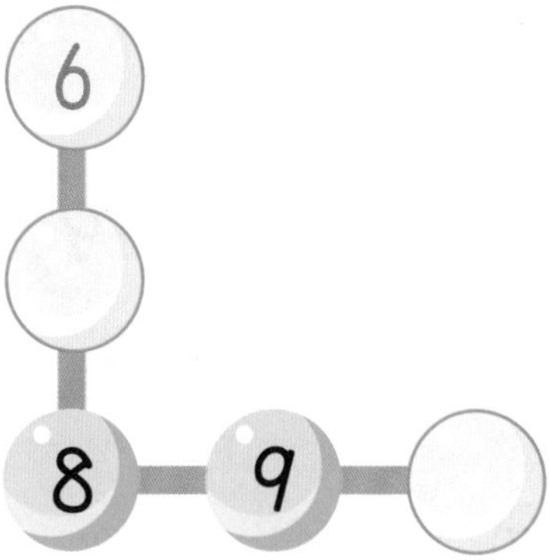

(2)

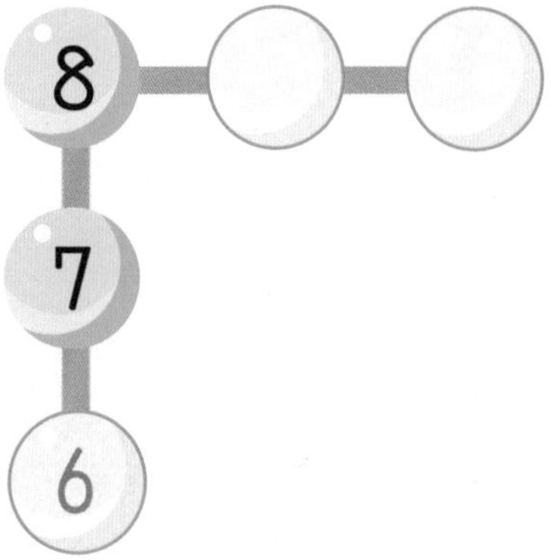

(4)

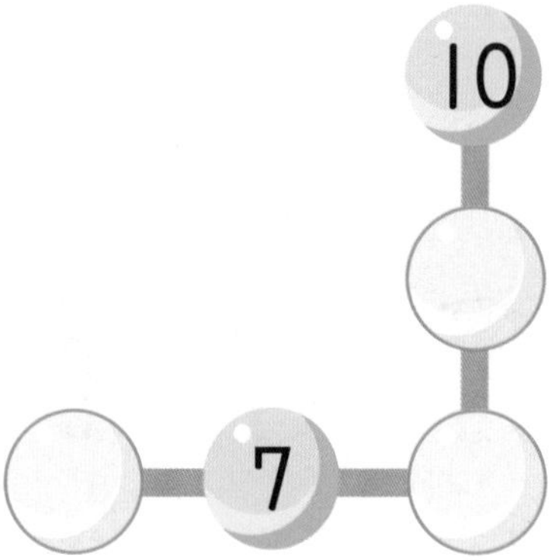

(5)

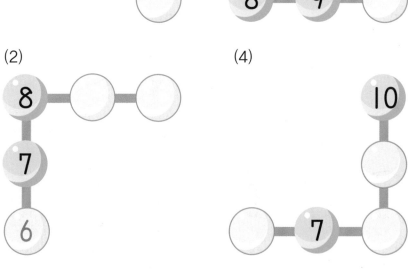

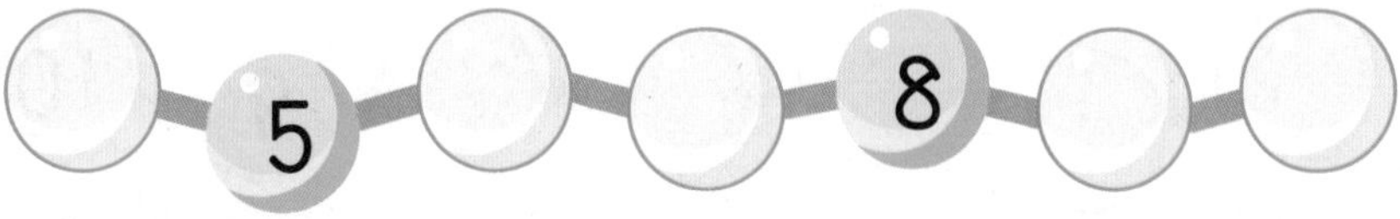

(6)

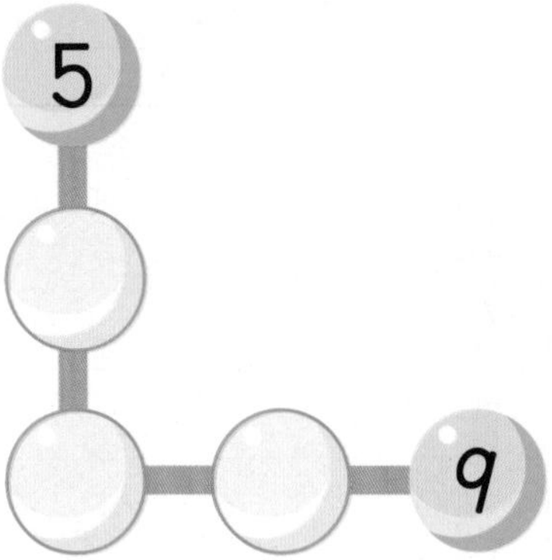

(8)

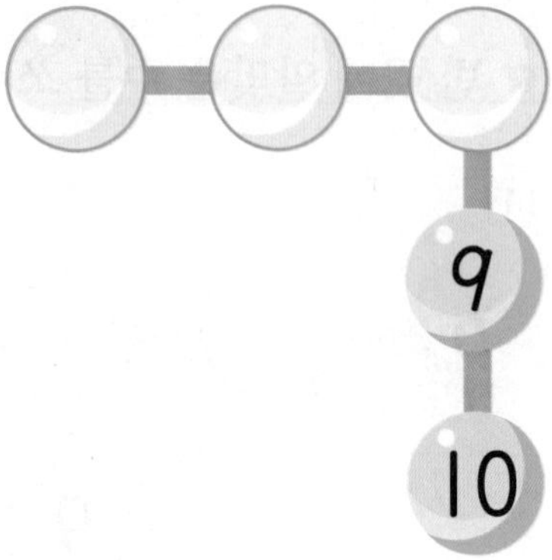

(7)

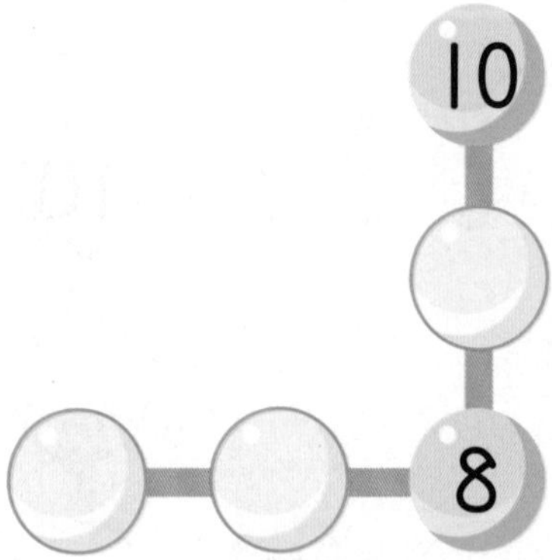

(9)

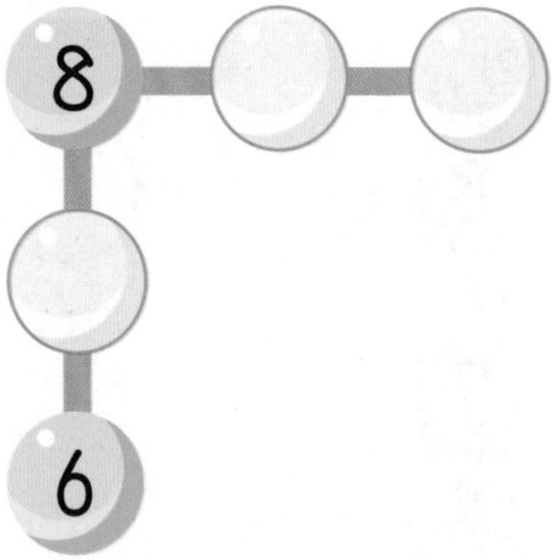

(10)

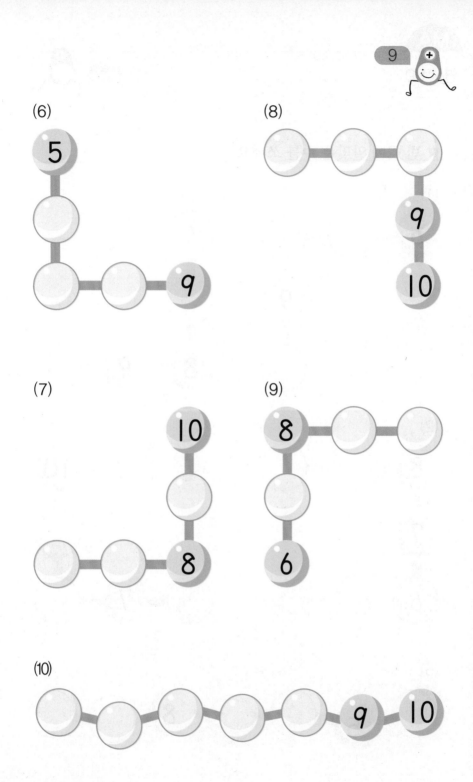

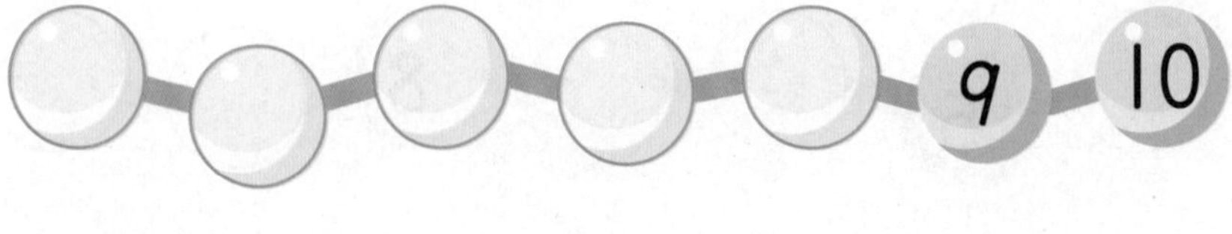

● 더 큰 수에 ◯를 하세요.

(1) 7 5

(2) 6 8

(3) 9 5

(4) 10 8

(5) 8 9

● 더 작은 수에 △를 하세요.

(6) 9 7

(7) 6 10

(8) 8 5

(9) 10 9

(10) 7 8

● 주어진 수를 큰 수부터 차례대로 쓰세요.

(1) 6 5 8 ➡ □ □ □

(2) 5 9 10 ➡ □ □ □

(3) 7 10 6 ➡ □ □ □

(4) 9 6 8 ➡ □ □ □

(5) 8 7 10 ➡ □ □ □

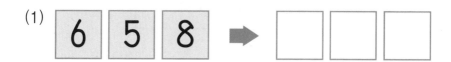

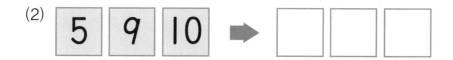

(6)

8	10	7	6

➡

(7)

6	7	9	8

➡

(8)

9	8	10	7

➡

(9)

7	10	6	9	8

➡

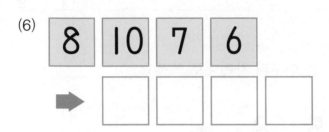

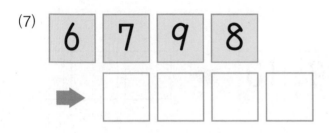

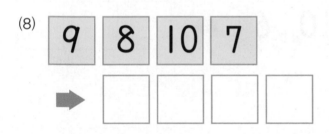

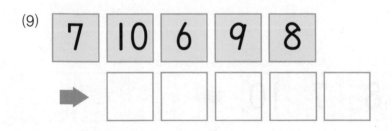

● 주어진 수를 작은 수부터 차례대로 쓰세요.

(1) 7 6 8 → ☐ ☐ ☐

(2) 9 5 6 → ☐ ☐ ☐

(3) 8 7 9 → ☐ ☐ ☐

(4) 6 10 8 → ☐ ☐ ☐

(5) 10 8 9 → ☐ ☐ ☐

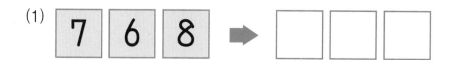

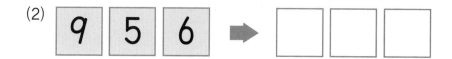

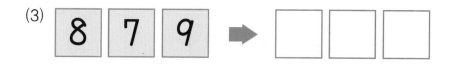

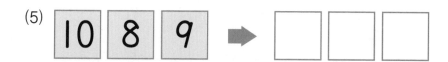

(6)

7	9	6	8

(7)

9	6	10	7

(8)

8	10	7	9

(9)

10	9	8	6	7

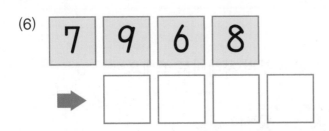

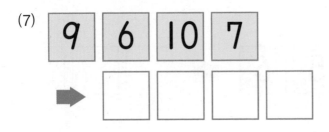

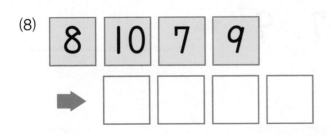

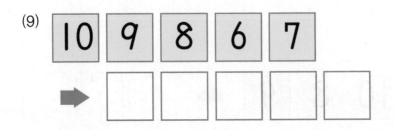